高等职业教育扩招系列教材

养猪与猪病防治

解志峰　主编

中国农业大学出版社
· 北京 ·

内容简介

本教材系统介绍了养猪与猪病防治等内容，将理论知识与实践技能有机结合，结构完整，图文并茂，实用性强，突出了高职人才的培养目标，符合畜牧业的发展需要。在编写过程中，作者以指导生产实践为主要目标，以科学的态度明确学习内容。教师可以就其学习内容，组织理论教学和生产实习。

本教材不仅可供高等职业院校畜牧兽医专业、畜牧专业、动物医学专业、动物营养与饲料专业的师生使用，也可用作中等职业院校学生和基层畜牧兽医技术人员的参考书或培训教材。

图书在版编目(CIP)数据

养猪与猪病防治/解志峰主编. -- 北京：中国农业大学出版社，2020.12

ISBN 978-7-5655-2491-2

Ⅰ. ①养… Ⅱ. ①解… Ⅲ. ①养猪学－高等职业教育－教材 ②猪病－防治－高等职业教育－教材 Ⅳ. ①S828 ②S858.28

中国版本图书馆 CIP 数据核字(2020)第 272986 号

书　　名 养猪与猪病防治

作　　者 解志峰 主编

策划编辑 康昊婷 张 玉　　**责任编辑** 石 华

封面设计 郑 川

出版发行 中国农业大学出版社

社　　址 北京市海淀区圆明园西路 2 号　　**邮政编码** 100193

电　　话 发行部 010-62733489，1190　　读者服务部 010-62732336

编辑部 010-62732617，2618　　出 版 部 010-62733440

网　　址 http://www.caupress.cn　　**E-mail** cbsszs@cau.edu.cn

经　　销 新华书店

印　　刷 北京溢漾印刷有限公司

版　　次 2022 年 4 月第 1 版　2022 年 4 月第 1 次印刷

规　　格 185 mm×260 mm　16 开本　11.75 印张　290 千字

定　　价 38.00 元

教材编审委员会

编审人员

主　　编　解志峰（黑龙江农业职业技术学院）

副 主 编　车有权（黑龙江农业职业技术学院）

　　　　　陆江宁（黑龙江农业职业技术学院）

参　　编　倪士明（黑龙江农业职业技术学院）

　　　　　葛婧昕（黑龙江农业职业技术学院）

　　　　　邬立刚（黑龙江农业职业技术学院）

　　　　　赫英华（佳木斯市兽药饲料监察所）

主　　审　李凤刚（黑龙江农业职业技术学院）

总 序

黑龙江是农业大省。黑龙江农业职业技术学院是三江平原上唯一一所农业类高职院校，也是与区域社会经济发展联系非常紧密的农业类高职院校，具有服务国家“乡村振兴”战略的地缘优势。在过去70多年的办学历史中，涉农专业办学历史悠久，培养了大批工作在农业战线上的优秀人才。在长期培养实用人才、服务区域经济的实践中，学院形成了“大力发展农业职业教育不动摇、根植三江沃土不动摇和为‘三农’服务不动摇”的办学理念。20世纪90年代初，学院在农业职业教育领域率先实施模块式教学，在全国农业职业教育教学改革中走在前列。学院不断深化改革，努力服务经济社会发展；不断创新办学模式，努力提升人才培养质量。近年来学院先后晋升为省级骨干院校、省级现代学徒制试点院校，在服务区域经济社会方面成效显著。

学院涉农专业是省级重点专业，有国家财政重点支持的实训基地，有黑龙江三江农牧职教集团，校企合作办学成效显著，有实践经验丰富的“双师”队伍，有省级领军人才梯队，师资力量雄厚。

2019年，学院深入贯彻落实教育部等六部门关于印发《高职扩招专项工作实施方案》的通知、教育部办公厅《关于做好扩招后高职教育教学管理工作的指导意见》和国务院关于印发《国家职业教育改革实施方案》等文件精神，创新性地完成高职扩招任务，招生人数位居全省首位。学院针对扩招学生的实际情况和特点，实施弹性学制，采用灵活多样的教学模式，积极推进“三教”改革。依靠农学分院和动物科技分院的专业优势，根据区域经济发展的特点，针对高职扩招生源的特点，出版了种植类和畜牧类高职扩招系列特色教材。

种植类专业核心课程系列教材包括《植物生长与环境》《配方施肥技术》《作物生产与管理》《经济作物生产与管理》《作物病虫草害防治》《作物病害防治》《农业害虫防治》《农田杂草及防除》共计8本。在内容方面，教材本着深浅适宜、实用够用的原则，突出科学性、实践性和针对性；在内容组织形式方面，以图文并茂为基础，附加实物照片等相应的信息化教学资源，突出教材的直观性、真实性、多样性和时代性，激发学生的学习兴趣。

畜牧类专业教材包括《动物病理》《动物药理》《动物微生物与免疫》《畜禽环境控制技术》《畜牧场经营与管理》《动物营养与饲料》《动物繁育技术》《动物临床诊疗技术》《畜禽疾病防治技术》《养禽与禽病防治》《养猪与猪病防治》《牛羊生产与疾病防治》《中兽医》《宠物内科》《宠物传染病与公共卫生》《宠物外科与产科》共计16本。教材注重还原畜禽生产实际，坚持以够用、实用及适用为原则，着力反映现代畜禽生产及疾病防控前沿的新技术新技能，突出解决寒地畜禽生产中的关键问题。

本系列教材内容紧贴企业生产实际，紧跟行业变化，理论联系实际，突出实用性、前沿性。教材语言阐述通俗易懂，理论适度由浅入深、技能训练注重实用，教材均由具有丰富实践经验的教师和企业一线工作人员编写。

本系列教材将素质教育、技能培养和创新实践有机地融为一体。希望它的出版不仅能很好地满足我院及兄弟院校相关专业的高职扩招教学需要，而且可以积极推动北方种植业和畜牧业的生产、专业和课程的建设与改革以及教学质量等的提高。

院长：

前 言

《养猪与猪病防治》是黑龙江农业职业技术学院国家级重点建设畜牧兽医专业的项目化教材。本教材依据高等职业"项目引导、任务驱动"的教学改革思路，基于养猪与猪病防治系统化进行课程开发，"以能力为本位，以职业生产实践为主线，以完成具体的生产环节为载体，以完成生产任务为行动体系"的总体设计要求，按照养猪生产环节进行编写。学生也按照养猪生产过程与猪病防治系统进行学习。本教材理论和实践的统一性和一致性体现了养猪生产技术与猪病防治的完整性，形成了适应岗位需要，突出职业能力，便于教、学、做一体化的畜牧兽医专业教材的特点。

《养猪与猪病防治》分为养猪篇与猪病篇，共 13 个模块。其编写分工如下：养猪篇模块一猪场建设、模块二种猪生产、模块三仔猪生产由解志峰编写，模块四培育后备猪技术由邬立刚编写，模块五生长育肥猪的饲养管理技术由倪士明编写，模块六猪场管理由葛婧昕编写；猪病篇模块七猪病的预防、模块八猪的病毒性传染病、模块九猪的细菌性传染病、模块十猪的寄生虫病、模块十一猪的营养代谢性疾病由车有权编写，模块十二猪的常见内科病由赫英华编写，模块十三猪的其他常见疾病由陆江宁编写。

由于编写时间和编者水平有限，书中难免存在疏漏之处，敬请读者提出宝贵意见。

编 者

2020 年 8 月

目 录

养猪篇

养猪生产主要讲授国内外养猪概况，猪的生物学特性和行为特点，猪的品种、杂交与杂种优势等。通过学习这些知识，学生能了解养猪基本知识，为养猪饲养管理打下基础；通过对后备猪的培育，种猪的选育，仔猪、种猪的饲养管理的学习，学生能够掌握猪的饲养管理技术，为能够从事基本的养猪生产，也为其毕业后零距离就业奠定基础。

模块一

猪场建设

【学习目标】

1. 掌握猪场规划设计的基本原则。
2. 了解猪舍设计与建筑。

【技能目标】

1. 能根据场址实际情况进行规划布局。
2. 能根据猪场规模、生产工艺确定各类猪舍的数量。

项目一　猪场场址的选择

1. 地势和位置

猪场建筑的地域应选在依山傍水，四周有天然隔离屏障（如河流、湖泊、山川等），地势高燥、平坦、背风向阳（朝南偏东15°最佳）、稍有斜坡的地方。地势高燥有利于排出场内雨水和污水，保持圈舍干燥与环境卫生；背风可以避免或减少冬季西北风对猪群的侵袭；向阳可以充分地利用太阳能采暖，减少能源消耗，降低饲养成本。

猪场的位置应选在距居民区、工作区、生产区较远（一般在500 m以外）的地方，并在下风方向。这样既有利于自身的安全，又可减少猪场污水、污物和有害气体对居民健康产生的危害。新建的猪场不宜在发生过疾病的旧场基础上重建，以防旧病复发，应选择土质坚实、渗水性强、未被病原体污染的地区。

2. 水资源和水质

猪场用水量较大，需要丰富的水源。水质应符合生活饮用水的卫生标准，并确保未来若干年不受污染，便于取用和进行卫生防护，并易于净化和消毒。水源的建设还要给今后的猪场生产和发展留有余地。猪舍内饮水器应定位于活动和排粪区，以保证睡卧区的干燥。一个万头猪场日用水量达150～250 t，各类猪只需水量参考值见表1-1。

3. 交通运输

猪场的饲料和商品猪等进出量较大，故猪场应建在交通比较方便的地区，但应避开交通主干道。

表 1-1　各类猪只需水量参考值　　L/(头·d)

序号	类别	总需水量	饮水量
1	种公猪	40	10
2	空怀、妊娠母猪	40	12
3	哺乳母猪	75	20
4	断奶仔猪	5	3
5	育成猪	15	6
6	育肥猪	25	6

4. 能源供应

在现代化程度较高的规模化猪场，机电设备较为完善。猪场需要足够的电力，才能确保养猪生产的正常运转，所以猪场需要靠近电源，供电有保障。一个万头猪场的装机容量(除饲料加工外)一般可达 70～100 kW。当电网不能稳定供给时，猪场应自备小型发电机组，以应对临时停电等紧急断电的情况。

5. 卫生防疫要求

猪场环境应符合当地政府的区划和环保要求。猪场场址应坐落在周边集镇或居民区的下风口；远离村庄、居民区，猪场的周围 1 000 m 内应无人居住，周边生态环境较好，猪场要远离交通要道，距公路主干道至少 1 000 m，与其他养殖场的间隔距离为 2 000 m 以上；禁止在生活饮用水源保护区、风景名胜区、自然保护区建场。

在场区内外种植乔木和灌木隔离林带，宽为 3～5 m，栽 2～3 行；在猪舍之间种植 2 行乔木隔离林带；在猪舍墙上种藤蔓植物；在裸露地面种草栽花，以净化空气，预防疫病，美化环境，还可减轻热辐射，降低舍温 10%。

6. 面积要求

猪场生产区面积一般可按每头繁殖母猪 45～50 m^2 或每头上市商品育肥猪 3～4 m^2 考虑，猪场生活区、管理区、隔离区另行考虑，并留有发展余地。一般一个年出栏 1 万头的商品猪场的建筑面积以 15 000 m^2 为宜。

项目二　猪场的布局

1. 总体规划与布局

在总体规划与布局上，独立性强、设施较为完善的规模化猪场应从有利于生产、方便生活等方面来考虑(图 1-1)。

(1)生产区　生产区是指为猪群提供发挥生产性能和良好生长发育条件的区域，主要包括猪舍、消毒室(池)、运动场、猪转群通道和装猪台等。生产区应有严密的围墙，大门入口处应设严格的防疫消毒设施，配设更衣消毒室，工作人员经消毒更衣后方可进出；生产区外的车辆禁止入内，生产区内的车辆严禁出区；从各猪舍的场内饲料库领料要有专用的饲料通道，并且饲料通道与饲料库相通；为方便猪只从一个饲养阶段向另一个饲养阶段转群或在出售肉猪时，装车通常需要在生产区外靠近污道处设置转群通道，在肥育舍或需要外售的猪舍末端靠围墙一角设置装猪台，与场外道路相连，一般由通道、坡道和平台组成；为了保证种公猪、后备猪和妊娠及空怀母猪良好的繁殖能力，在有条件时可在猪舍各栏南墙外的背风向阳处设立运动场。

(2)生活区　包括职工宿舍、食堂、文化娱乐室、运动场等。其应设在上风向或侧风向和地势较高的地方，以保证良好的卫生条件，便于同外界联系。

(3)生产辅助区　包括饲料加工调配车间、饲料储存仓办公室、后勤保障用房、发电机房、门卫室及消毒池等。各区的顺序应根据当地全年主导风向和猪场场址的地势来安排。

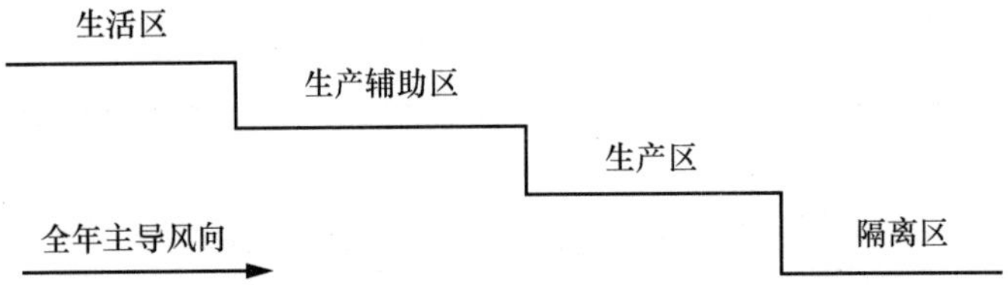

图 1-1　猪场总体规划

2. 生产区各类猪舍的布局

(1)建筑布局　指根据养猪场的生产工艺、饲养管理方式和猪只对环境的要求，对各类猪舍的排列、方位、间距等进行合理的布局。其主要包括猪舍的排列形式、排列次序、朝向确定和间距安排等。养猪场的猪舍应布置成横向成排、竖向成列，一般分为单列式、双列式和多列式3种。单列式适合于猪舍数量在4栋以下的小型猪场；双列式适合于猪舍数量较多的猪场；多列式适合于大型猪场。不管哪种形式的排列，都应根据运送饲料和运输粪便的实际情况，合理安排净道和污道。

(2)猪舍排列次序　根据养猪生产工艺流程，母猪一般需要在不同类别的种猪舍之间往复流动，而商品猪则从分娩哺乳猪舍向肥育猪舍单向流动，最后经装猪台出场上市。因此，猪舍的排列顺序应是配种猪舍→妊娠猪舍→分娩哺乳猪舍→保育猪舍→生长猪舍→肥育猪舍。

(3)猪舍朝向确定　在我国大部分地区猪舍的最佳朝向为南或南偏东。在必要时可从建筑手册上查阅当地民用建筑的适度朝向以做参考或向建筑设计部门咨询。

(4)猪舍间距安排　主要根据光照、通风、防疫、防火和节约土地等因素而定。在我国大部分地区，猪舍的间距为猪舍高度的4～5倍。在高纬度地区，猪舍的间距可取较大间距，以充分保证后排猪舍在冬季的光照。

(5)其他建筑布局　猪场生活区和生产管理区的办公室等可根据当地城镇规划进行，以美观、实用和节约用地为原则。猪场道路要求直且线路短，路面不积水，不透水，向一侧或两侧有1°～3°的坡度，并在两边修筑排水沟。同时为了方便各生产环节的联系，场内道路应分设净道、污道，互不交叉。生产区不宜设直通场外的道路，而生产管理区和隔离区应分别设置通向场外的通路，以利于卫生防疫。猪场绿化要求根据不同的目的、栽培的不同树种，分别设立场界隔离林、道路两旁绿化林、场内区间隔离林和场内空地绿化带，以利于改善场区小气候和美化猪场环境。猪场场地规划与建筑布局如图1-2所示。

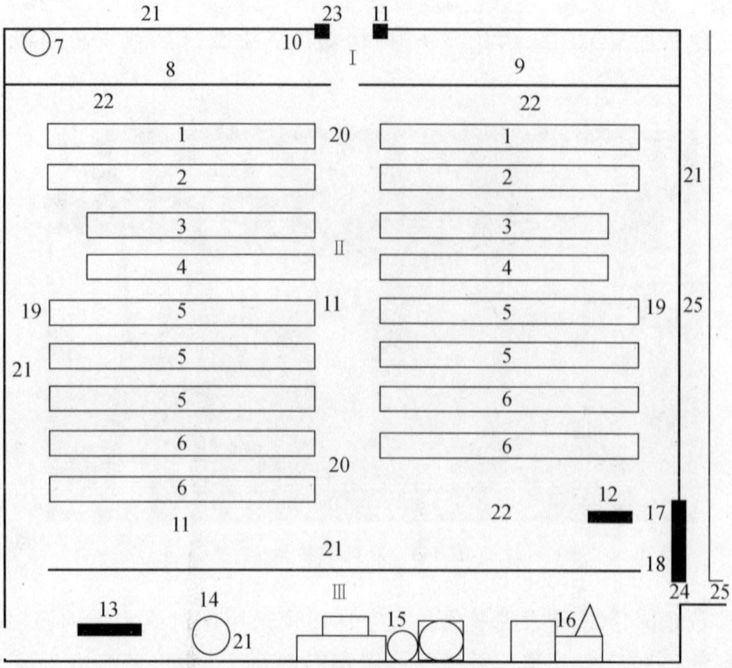

Ⅰ. 场前区;Ⅱ. 生产区;Ⅲ. 隔离区

1. 配种舍;2. 妊娠舍;3. 分娩舍;4. 保育舍;5. 生长舍;6. 肥育舍;7. 水泵房;8. 生活和办公用房;9. 生产附属用房;10. 门卫室;11. 消毒室;12. 厕所;13. 隔离舍及剖检室;14. 死猪处理设施;15. 污水处理设施;16. 粪污处理设施;17. 选猪间;18. 装猪台;19. 污道;20. 净道;21. 围墙;22. 绿化隔离带;23. 猪场大门;24. 粪污出口;25. 场外污道。

图 1-2　猪场场地规划与建筑布局(基础母猪 600 头)

(资料来源:杨公社. 猪生产学. 北京:中国农业出版社,2012)

项目三　猪舍建筑与设备

任务一　猪舍的建筑设计

1. 猪舍的形式

(1)按屋顶形式分　猪舍有单坡式、双坡式等。单坡式一般跨度小,结构简单,造价低,光照和通风好,适合小规模猪场。双坡式一般跨度大,双列猪舍和多列猪舍常用该形式。其保温效果好,但所需的投资较多。

(2)按墙的结构和有无窗户分　猪舍有开放式、半开放式和封闭式。开放式是三面有墙,一面无墙,通风透光好,不保温,造价低。半开放式是三面有墙,一面半截墙,保温效果稍优于开放式的保温效果。封闭式是四面有墙,又可分为有窗和无窗两种。

(3)按猪栏排列分　猪舍有单列式、双列式和多列式。双列式猪舍见图 1-3。

2. 猪舍的基本结构

一列完整的猪舍主要由墙壁、屋顶、地板、粪尿沟、门和窗、猪栏、走道等构成。

(1)墙壁　要求坚固、耐用,保温性好。比较理想的墙壁为砖砌墙,水泥勾缝,离地 0.8～

1.0 m的水泥抹面。东、西山墙，南、北围墙以及舍内猪栏隔墙：在高为1.2 m的范围内为实砖墙，其上部为空砖墙。如果采用集约化养猪，种猪和成品肉猪群的猪舍也可砌半墙，上面采用转帘。

图1-3　双列式猪舍

(2)屋顶　多数是人字形屋顶或平顶。人字形屋顶采用木材或水泥钢筋混凝土屋架，屋面盖瓦，瓦下是一层油毡和纤维板等。平顶既可用钢筋混凝土浇筑，务必要保暖防漏，又可以采用轻钢结构的活动厂房，经济耐用。

(3)地板　坚固、耐用、渗水良好。首先，比较理想的地板是水泥勾缝平砖式；其次，为夯实的三合土地板。三合土要混合均匀，湿度适中，切实夯实。

(4)粪尿沟　开放式猪舍要求在前墙外面设粪尿沟；全封闭、半封闭(冬天扣塑棚)猪舍的粪尿沟可设在距南墙40 cm处，并加盖漏缝地板。粪尿沟的宽度应根据舍内面积设计，但宽至少应为30 cm。漏缝地板的缝隙宽度要求不得大于1.5 cm。

(5)门和窗　开放式猪舍运动场前墙应设有门，高为0.8～1.0 m，宽为0.6 m，要求特别结实，尤其是种猪舍；半封闭猪舍则在与运动场的隔墙上开门，高为0.8 m，宽为0.6 m；全封闭猪舍仅在饲喂通道侧设门，高为0.8～1.0 m，宽为0.6 m。通道的门高为1.8 m，宽为1.0 m。无论哪种猪舍，都应设后窗。开放式、半封闭式猪舍后窗的宽与高皆为40 cm，上框距墙顶应为40 cm；半封闭式中隔墙的窗户及全封闭猪舍的前窗要尽量大，下框距地应为1.1 m；全封闭猪舍的后墙窗户可大可小。若条件允许，可装双层玻璃。

(6)猪栏　除通栏猪舍外，在一般密闭猪舍内均应建隔栏。隔栏材料基本上是两种：砖砌墙水泥抹面及钢栅栏。纵隔栏应为固定栅栏，横隔栏可为活动栅栏，以便进行舍内面积的调节。

(7) 走道　一般设三条走道，即中间一条(1 m)，两边各一条(0.8 m)。

3. 猪舍的类型

首先，猪舍的设计与建筑要符合养猪生产工艺流程；其次，要考虑各自的实际情况。黄河以南的地区以防潮隔热和防暑降温为主；黄河以北的地区则以防寒保温和防潮防湿为重点。

(1)公猪舍　公猪舍一般为单列半开放式，内设走廊，外有小运动场，以增加种公猪的运动量，一圈一头。

(2)空怀、妊娠母猪舍　空怀、妊娠母猪最常用的一种饲养方式是分组大栏群饲，一般每栏饲养空怀母猪为4～5头，妊娠母猪为2～4头。圈栏的结构有实体式、栏栅式、综合式3种，猪圈布置多为单走道双列式。猪圈面积一般为7～9 m^2，地表不要太光滑，以防母猪跌倒，也有用单圈饲养，一圈一头。

(3)分娩哺育舍　舍内设有分娩栏，多为两列式或三列式。分娩栏位结构也因条件而异。

①地面分娩栏：采用单体栏，中间部分是母猪限位架，两侧是仔猪采食、饮水、取暖等活动的地方。母猪限位架的前方是前门。在前门上设有食槽和饮水器，供母猪采食、饮水。限位架后部有后门，供母猪进入以及清粪操作。在栏位后部设漏缝地板，以排除栏内的粪便和污物。

②网上分娩栏：主要由分娩栏、仔猪围栏、钢筋编织的漏缝地板网、保温箱、支腿等组成。

(4)仔猪保育舍　可采用网上保育栏，1～2窝/栏，网上饲养，用自动落料食槽，自由采食。网上饲养减少了仔猪疾病的发生。这种培育方式有利于仔猪的健康和仔猪成活率的提高。仔猪保育栏主要由钢筋编织的漏缝地板网、围栏、自动落食槽、连接卡等组成。

(5)生长舍、育肥舍和后备母猪舍　这三种猪舍均采用大栏地面群养方式，自由采食。其结构形式基本相同，只是在外形尺寸上因饲养头数和猪体大小的不同而有所变化。

任务2　猪舍设备

1. 猪栏

猪栏的设置和结构形式因猪场的管理水平、规模大小、投资状况、饲养工艺的不同而差异较大。规模化猪场一般分为公猪栏和空怀配种猪栏、妊娠母猪栏、分娩母猪栏、断奶仔猪保育栏和生长肥育猪栏。猪栏的结构形式和大小首先以满足猪在该阶段适宜空间和环境的需要而定，其次是便于饲养人员对猪的管理。

(1)公猪栏和空怀配种猪栏　该栏配置应考虑有利于猪配种和猪舍的利用。封闭式猪舍公猪栏和空怀配种猪栏的配置方式有两种。

第一种配置方式是公猪栏和待配母猪栏紧密相连，3～4个待配母猪栏对应1个公猪栏，同时公猪栏又是配种栏。在这种配置中，母猪栏必须是个体定位饲养栏。公猪栏设在母猪栏的后方，每个公猪栏只饲养1头公猪。这样有利于利用公猪检查鉴定发情母猪，也便于管理。

第二种配置方式是公猪栏与空怀配种猪栏均为单列式猪舍，分成前、后两列(小猪场可并列成一排)，中间为配种区。其优点是母猪群养有利于相互诱导发情，便于母猪发情。

这两种猪栏的配置方式各有其优缺点。第一种配置方式的优点是占地面积小，无须另设专用配种栏，在配种时只需移动母猪，操作程序被简化。但第一种配置方式对断奶母猪体质的恢复及公猪运动不利。第二种配置方式则相反。

(2)妊娠母猪栏　妊娠母猪栏的形式有多种。农户养猪不分妊娠与分娩，1猪1栏。集体养猪则多为2～3头猪/栏。规模化猪场多采用大小栏相结合(群养单饲)。少数猪场采用个体定位饲养，即1头母猪1个栏。①妊娠母猪群养单饲栏：母猪群养在1个大栏内。在大栏前部，安装长为60 cm，宽为50～55 cm的单饲隔栏。大栏内的每1头母猪都占有1个小隔栏。当母猪采食时，自动进入小隔栏，平时则在大栏内自由活动与休息。②妊娠母猪个体定位饲养栏：与群养单饲栏相比，妊娠母猪个体定位饲养栏占地面积少，节约基建投资；集约化程度高，便于管理；易于观察母猪发情，做到及时补配；母猪相互隔离，不打架、不争食，日粮分配趋于合理，并能防止机械原因引起的流产。舍内设备投资的增加，母猪肢蹄病就会相应增多，这将会在一定程度上影响母猪利用年限。群养单饲栏方式则与之相反。

妊娠母猪个体定位栏如图 1-4 所示。

图 1-4 妊娠母猪个体定位栏

(3)分娩母猪栏 规模化养猪一般都是将分娩母猪集中在专用分娩舍内分娩。母猪集中分娩比分散分娩更便于管理,节省劳力和降低劳动强度。母猪网床分娩栏可使母猪和仔猪不与粪尿接触,减少仔猪疾病传播,并有利于环境控制,满足仔猪对环境条件的要求。分娩栏的中间部分为母猪限位区,两侧为仔猪活动区。在限位区的前端设有母猪食槽和饮水器,在限位区的尾端设有防止母猪后退装置(横杆)与连接两侧仔猪活动区的通道。在仔猪活动区设有保温装置(保温箱、电热地板、红外线灯),并备饲料槽与饮水器。分娩母猪栏如图 1-5 所示。

图 1-5 分娩母猪栏

(4)断奶仔猪保育栏 仔猪在断奶后一般被转到保育栏内继续培育。刚断奶的仔猪正值生长发育旺盛阶段,增重速度相对较快,饲料利用率也较高。此时仔猪的各种生理机能还不健全,适应性较差,所以人为地给仔猪提供一个清洁、干燥、温暖、空气新鲜的优良环境是非常必要的。断奶仔猪保育栏如图 1-6 所示。

(5)生长肥育猪栏 生长肥育猪栏的隔栏、地板结构多种多样。第一种样式包括水泥隔板、水泥地面或水泥漏缝地板。这些样式较为经济,但其被损坏后不易修理。第二种样式包括金属隔栏或金属漏缝地板。这些样式造价较高,但维修、消毒都较方便。第三种样式包括铝合金隔板、水泥地面与金属漏缝地板相结合。这些样式投资大,一般猪场不易做到。

图 1-6　断奶仔猪保育栏

2. 猪舍的地面处理

一般农户和养猪大户及小规模集体猪场多用水泥地面或立砖地面。少数猪场采用片石或三合土地面。现代化猪场则以水泥地面和漏缝地板相配套。无论采用何种形式，均应干燥、卫生，便于消毒。

（1）水泥地面、立砖地面　水泥地面首要的是把基础处理好。立砖地面要挑选平面整齐、抗压性强的砖，立直挤严。对两种地面进行比较可知，立砖地面有较好的弹性和保温性，但消毒不易彻底。

（2）漏缝地板　漏缝地板种类较多。其种类包括块状、条状和网格状等。使用的材料有水泥、金属、塑料和陶瓷等。漏缝地板如图 1-7 所示。

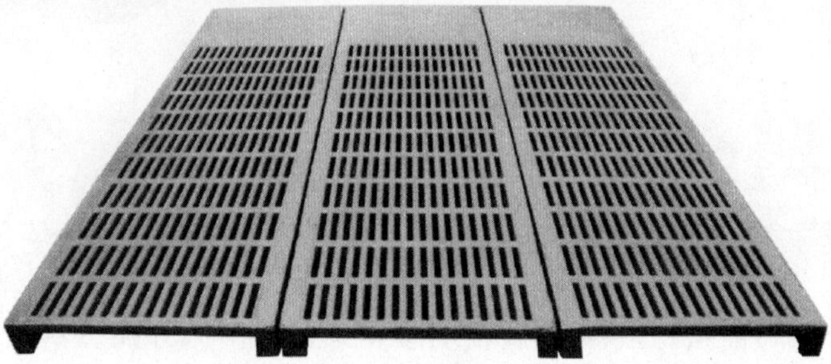

图 1-7　漏缝地板

①水泥漏缝地板：水泥漏缝地板的规格很多，其具体规格要根据猪栏的规格来定。在制作水泥漏缝地板时，最好用金属模具。水泥、沙、石原材料的配制要合理，并要用振动器捣实，表面要平整光滑，内无蜂窝状疏松空隙，避免粪尿积存。漏缝地板内要有钢筋“龙骨”，确保地板有足够的承受强度。

②金属漏缝地板：由于漏缝较大，粪尿易于下漏，缝隙不易堵塞，并有一定的防滑性。

③塑料漏缝地板：塑料漏缝地板是由工程塑料模压而成，条宽为 2.5 cm，缝宽为 2 cm。它可由小块拼装组合而成，使用方便。该地板因其保温性能好，导热系数低而被广泛应用于哺乳仔猪休息区和断奶仔猪保育栏。

3. 猪舍内的供水系统

猪舍内的供水系统包括猪的饮用水和清扫用水两个部分。水源丰富的猪场可用一套供水系统。其中猪的饮水系统包括以下两种。

(1)自动饮水系统　自动饮水系统包括供水管道、过滤器、减压阀(或补水箱)和自动饮水器等部分。自动饮水系统可四季日夜供水,且清洁卫生。有条件的猪场可安装自动饮水系统。

(2)非自动饮水系统　非自动饮水系统是我国传统养猪设备之一。常用的有水泥槽和石槽等,适用于没有自来水设备的小场和个体养猪场。这种设备投资少,但卫生条件差,浪费水。猪舍内的供水设备如图 1-8 所示。

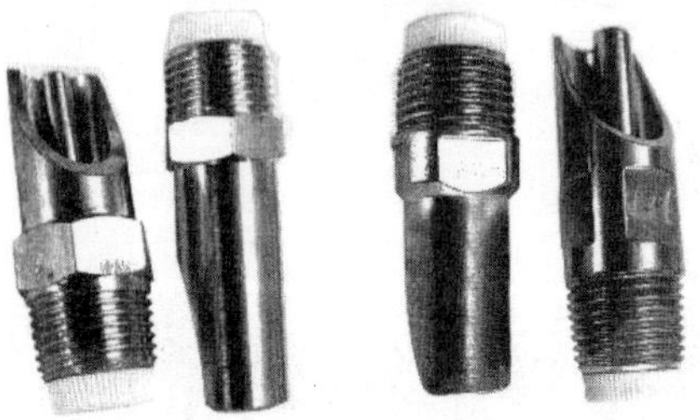

猪用饮水器（铜制、不锈钢制）

各种型号饮水器

饮水器配件

碗式饮水器：铸铁制

图 1-8　猪舍内的供水设备

4. 猪舍内的供料设备

猪食槽的种类繁多。其被分为水泥食槽和自动食槽两大类。

(1)水泥食槽　适用饲喂湿拌料。其可被分为连通式水泥食槽和单个食槽:连通式水泥食槽多饲喂生长肥育猪和群养种猪;单个食槽则多用来饲喂网床分娩母猪和定位饲养种猪。水泥食槽坚固耐用,价格低廉,并可兼作水槽。卫生条件差是其不足之处。

(2)自动食槽　自动食槽也称自动采食箱。它有圆形与长方形两种,以长方形应用较为普遍。自动采食箱有“全天候”喂猪的功能,省工、省力、清洁卫生,适用于集约化饲养,但制作工艺复杂,投资也大。猪舍内的自动食槽如图 1-9 所示。

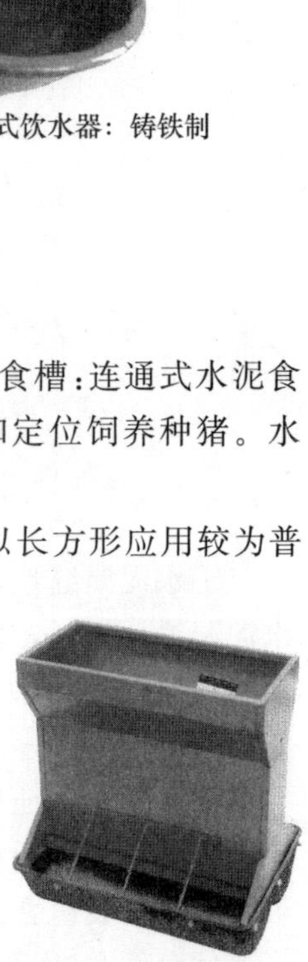

图 1-9　自动食槽

5. 猪舍内的供热保温和通风降温设备

(1)供热保温　猪舍内的供热分为暖气集中供热和“土暖气”分散供热等四种。

①暖气集中供热:暖气集中供热就是指猪舍用热和生活用热都由中心锅炉提供,各类猪舍的温差靠散热片的多少来调节。暖气集中供热可节约能源,减少空气污染,但投资大,灵活性也差。

②“土暖气”分散供热:“土暖气”分散供热是指在需要供热的猪舍

内，安装一个或几个民用暖气炉来提高舍温。“土暖气”分散供热的灵活性大，便于控制舍温，不受电源限制，投资少。维修方便，但管理不便，也污染环境。

③红外线灯局部供热：红外线灯供热简单、方便、灵活性强，只需安装好电源插座即可使用，但受电源限制。

④垫草防寒保温：垫草防寒保温是传统保温方法之一，仍被规模小的猪场和农户采用。其对哺乳、断奶仔猪使用的效果较差且费力较大，但很经济。

(2)通风　通风有纵向通风与横向通风之分。横向通风的单机马力较小，通风效率差，且噪声大；纵向通风是近几年发展起来的新方法。虽然其单机马力较大，但数量少，可节约总投资，且风量大，耗电少，噪音小，经久耐用。猪舍风机如图 1-10 所示。

图 1-10　猪舍风机

相关知识

1. 猪场筹划

养猪场的规划建设是集营养、管理、疾病防治、机电设备和建筑工程为一体的系统工程。在进行养猪生产前，要进行猪场筹划。在筹划时，要考虑当地条件，用较少的投入获得较高的经济效益，同时要选择的设计模式应符合先进的养猪生产工艺要求；为养猪生产创造便利的环境条件。

(1)猪场建设项目的可行性研究　可行性研究报告要解决 5 个方面的问题：一是确定投资方向，提出筹建猪场的基本情况；二是筹建猪场的目的和依据，选择生产工艺技术上的可行性，决定投资规模、资金供应、市场销售的条件、经济上的利益等；三是猪场场地规划，自然和社会条件，选址方案的比较；四是确定何时开始投资，何时建成投产，何时收回投资；五是明确资金筹措、工程建设、经营管理等事项的承担者。其具体内容如下。

①项目的背景和发展概况：主要说明项目建设地的基本情况、建设背景及理由，前期工作的发展过程，投资者的意向及投资的必要性等可行性研究的基本内容。

②市场分析与建设规模：主要完成市场调查、市场预测、市场推销战略、销售收入预测、建设规模和产品方案等。市场分析在可行性研究当中占有重要位置。因为生产规模的确定、技术方

案的选择、投资概算，甚至场地规划与建筑等都必须是在对市场需求充分了解后才能确定。

③建设条件与场地规划应根据产品方案和规模来研究资源、饲料、燃料、动力、人力等需求和供应的可靠性，并确定场地规划和建筑布局方案。其主要内容包括品种资源、原材料及饲料供应的可靠性，场地规划时的自然条件、基础设施和社会联系等综合因素。

④生产技术方案主要是指猪场应采用的生产工艺、设施设备等技术方案。除用文字叙述外，技术方案的重要数据和指标应列表说明，并绘制总平面布置图、工艺流程图。

⑤环境保护与劳动安全猪场建设项目必须执行国家有关环境保护和职业安全方面的法律法规，要求对影响环境和劳动者健康的污染源进行评价，并提出治理的最佳措施和方案。

⑥劳动组织与定员要求应根据生产规模、项目组成及工艺流程，明确企业组织机构、劳动定员总数和相应人员的来源及培训计划。

⑦项目实施进度安排的主要内容包括项目实施准备、资金筹措、设备订购、工程实施、生产运转、竣工验收等，要求统一规划、综合平衡、切实可行。

⑧投资估算和资金筹措。投资估算包括固定资产投资总额和流动资金。资金筹措是指根据总投资估算结果，研究落实资金来源渠道和筹措方式，从中选择条件优惠的资金并制订投资使用计划和借贷偿还计划。

⑨财务效益和社会效益分析。财务效益的内容包括生产成本和销售收入估算，养猪场建成生产后的获利能力、债务偿还能力的财务状况，即财务评价。社会效益分析是指对不能定量的效益影响进行定性描述。

⑩可行性研究结论和建议应依据分析结果，总结和对比建设方案，对项目的建设条件、产品方案、工艺流程、生产技术、经济效益、社会效益和环境影响等提出结论性意见和建议；对在可行性研究中尚未解决的、应修改的、存在争论的问题等提出处理意见和结论。

⑪可行性研究附件是指在可行性研究报告以外单独形成的文件，主要包括附件和附图。其中附件有项目建议书、项目立项批复文件、场地规划报告书、贷款意向书、环境影响报告、市场调查报告和主要对比方案说明等；附图有养猪场场地规划示意图、总平面布置方案示意图、生产工艺流程示意图和猪舍布置方案示意图等。

(2)猪场的经营方向与规模确定

①经营方向：指养猪场根据当地市场需要和自身优势在可行性研究的基础上生产产品的主要方向。其一般有种猪生产企业、肉猪生产企业和种肉猪兼养生产企业3类。种猪生产企业是以提高种群品质、生产和销售优良种猪为目的。其企业利润主要来源于种猪销售收入。在种猪市场需求过剩时，按肉猪出售。肉猪生产企业是以提高肥育性能、生产和销售商品肉猪为目的。其企业利润主要来源于商品肥育猪的销售收入。目前的规模化养猪场一般都由种猪繁育场和肥育场组成，有的相邻而设，有的则分开建设。在必要时，可根据自身的条件适当调整。

②猪场规模：指在养猪生产正常运营的情况下，养猪场年出栏商品猪的头数一般被分为1 000头、3 000头、5 000头、10 000头、15 000头、20 000头、25 000头和30 000头等多种规模。通常规模为1 000～5 000头的猪场被称为小型养猪场，5 000～10 000头的猪场被为中型养猪场，10 000头以上的猪场被称为大型养猪场。当猪场规模超过30 000头时，宜分场建设，以免造成疫病防治、环境控制和粪污等废弃物的处理不便。需要说明的是，猪场规模越大，相对投资和运营管理费用就越低，实现的机械化和自动化就越有利，但是也不可盲目追求大规模，应根据投资、场地和市场需求来确定。

(3)猪场的饲料筹划与设施配置

①饲料筹划:指根据其生产现状和猪的食性特点,猪场对饲料资源的开发利用、加工调制、营养搭配和数量供应做出的合理安排。在养猪场正常经营的前提下,饲料成本占总成本的60%~80%。因此,猪场的饲料筹划既要根据其生产计划安排好饲料作物的种植和原料的采购及加工,又要依据猪的生理和生产特点,科学搭配饲粮,合理选用全价配合饲料、浓缩料和预混料,还要根据猪场的饲养规模,按照猪群配种、分娩和猪群周转计划中不同月份的猪只的存栏数,参考猪群饲养日粮定额,制订饲料需要计划。

②设施配置:指根据生产规模、饲养工艺和技术要求,养猪场对各个生产单元和环节所需要的设备做出的合理配置。猪场的设备主要包括猪栏、漏粪地板及饲料加工、饲喂饮水、通风降温、供热保温、清洁消毒、兽医诊疗、检疫检验、废弃物处理等方面的设备。根据猪场的生产要求和财力状况,以分娩舍、保育舍为重点,高度重视环境控制和卫生防疫等方面的设备配置。

(4)猪场的品种确定与猪群更新

①品种确定:指养猪场根据经营方向确定使用的猪品种或品系。品种是猪场生产好坏的内因,是不断提高养猪场经济效益的基础。猪场筹划必须根据品种特点和面对的市场对品种做出合理的选择。我国地方品种猪发情明显、繁殖力高、肉质好、耐粗饲、抗病力强,但是生长速度慢、瘦肉率低,直接用于商品的生产效益不高。因此,利用地方品种与瘦肉率高、生长速度快的引进品种杂交,生产二元杂交母猪,再与引进品种杂交,生产商品猪是一种良好的生产方式。引入我国的瘦肉型品种猪具有生长速度快、饲料报酬高,瘦肉性能好的特点,是许多规模化猪场利用率较高的一类品种。目前我国许多工厂化养猪场直接用引进品种进行杂交生产,商品猪的产肉能力得到了显著提高。对于繁殖性能好的猪种或品系而言,一头猪一年可生产育成仔猪25头左右,而一头繁殖力低的母猪一年的育成仔猪数量还不到15头。因此,选定优良猪种,建立健全杂交繁育体系和良好的种猪繁育体系对猪场筹划来说是十分重要的。

②猪群更新:指对养猪场的各类猪群在合理的生产周转中逐年进行的淘汰和补充。猪场的猪群是由种公猪、繁殖母猪、后备猪、哺乳仔猪、育成猪和肥育猪组成,其各自所占的比例叫作猪群结构(表1-2)。随着猪群年龄和生产性能的变化,需要对其进行淘汰和补充,因而形成了猪群的周转,如图1-11所示。

表1-2 猪群结构

猪群类别	年龄	占基础母猪/%	基础母猪/头					
			100	200	300	400	500	600
育成母猪	2~4月龄	60	60	120	180	240	300	360
后备母猪	4~8月龄	50	30	100	150	200	250	300
鉴定母猪	8月龄至1.5岁	40	12	80	120	160	200	240
	1.5~2岁	35	35	70	105	140	175	210
	2~3岁	30	30	60	90	120	150	180
	3~4岁	20	20	40	60	80	100	120
基础母猪	4~5岁	10	10	20	30	40	50	60
	5岁以上	5	5	10	15	20	25	30
核心母猪	基础群中挑选	25	25	50	75	100	125	150

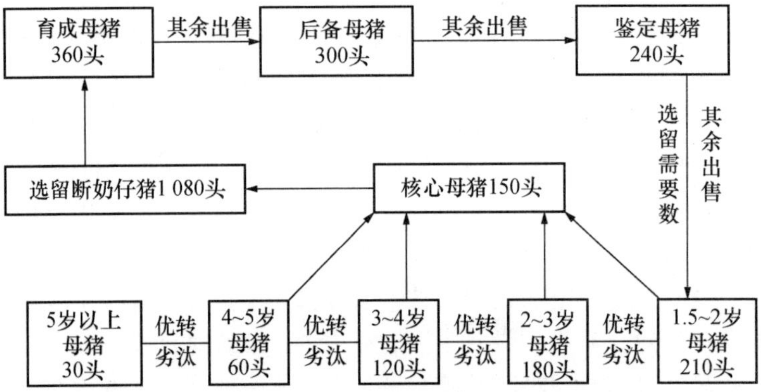

图 1-11 猪群结构与周转(基础母猪 600 头)

(5)猪场的防疫灭病与粪污处理

①防疫灭病在预防措施中应坚持自繁自养的原则。从外地、外场购进种猪时,应进行检疫,并隔离观察 1 个月以上,确认无病后方可混入猪群;要加强饲养管理,做好清洁卫生工作,提高猪对疾病的抵抗力;猪舍(场)工作人员要坚持严格的出入洗澡、更衣、换鞋和消毒制度,以切断传染途径;要定期做好预防接种工作,以预防传染病。在扑灭传染病措施中,应做到发生疫情后立即向有关部门报告,同时尽快做出确切诊断;严格消毒,隔离病猪及封锁疫区;要及时治疗病猪或按《家畜家禽防疫条例实施细则》无公害处理病死猪;对假定健康群进行紧急接种疫苗。

②认真贯彻"预防为主,防重于治"的方针,搞好综合性兽医防疫卫生工作。建立健全猪群饲养管理、兽医防疫卫生制度和免疫程序,并认真贯彻执行。重点是认真做好卫生消毒工作,猪舍、场地、用具、饲槽、产床、网床等要经常洗刷、清扫;及时观察猪群的健康状态,加强疫情报告和防治工作;根据本地区疫病发生的种类,确定科学的免疫规程和制订常规的驱虫方案。

③猪场布局科学合理。生产区与生活管理区必须分开,生产区周围应有防疫保护措施,生产区大门口应设更衣消毒室;各猪舍门口设消毒池;场内有专用的进料道、出粪道、展示厅和装猪台等。

④兽医防疫人员在接到疫情报告后应立即到现场检查、诊断;根据疫情的种类采取严格的控制措施,把疫情控制在最小范围内并及时予以扑灭。

猪场粪污处理是其筹划时的重要内容。做好这项工作既可防止环境污染,又能变废为宝。一是猪场多采用人工清粪方式,即人工将干粪清除,污水经明沟或暗沟排出猪舍,污水比较少,容易处理;二是采用自动清粪,即采用清粪设施自动清除粪污。常见的方式有机械清粪和水冲清粪。由于自动清粪产生的污水量较大,养猪场必须进行粪污处理,以利于环境保护和资源的综合利用。在一般情况下,猪场粪污常用作肥料和能源(沼气),还有用于养鱼、养藻等。工厂化养猪粪污处理工艺流程如图 1-12 所示。

2. 种猪舍温、湿度的调控

在种猪舍中,最适宜的温度:配种舍为 12～15℃,妊娠舍为 18℃,哺乳舍为 18～23℃。①种猪舍在夏季应有通风或喷淋降温设备。种猪应每天进行淋浴或通风降温。通过滴水和地面、屋顶洒水,增加蒸发,降低环境温度。②安装排风扇,增加通风量(但当温度为 35℃以上时,单纯通风无法起到降温作用)。③安装湿帘或空调(种公猪舍)。湿帘的使用可保证降温达5℃，也可考虑在种公猪舍安装空调。④为减少辐射热，可在屋顶喷洒白石灰或安装屋顶反光板。⑤场内多栽乔木，种植藤蔓类植物。⑥在饲料中添加0.4%～0.6%小苏打也能起到防暑降温的作用。⑦对定位栏和分娩舍的母猪可用滴水降温系统。滴水器安装在猪肩部上方，定时在猪颈、肩和背部皮肤上进行低流量滴水降温，降温效果显著。但滴水降温速度较慢，不能很好地控制整栋猪舍的温度。

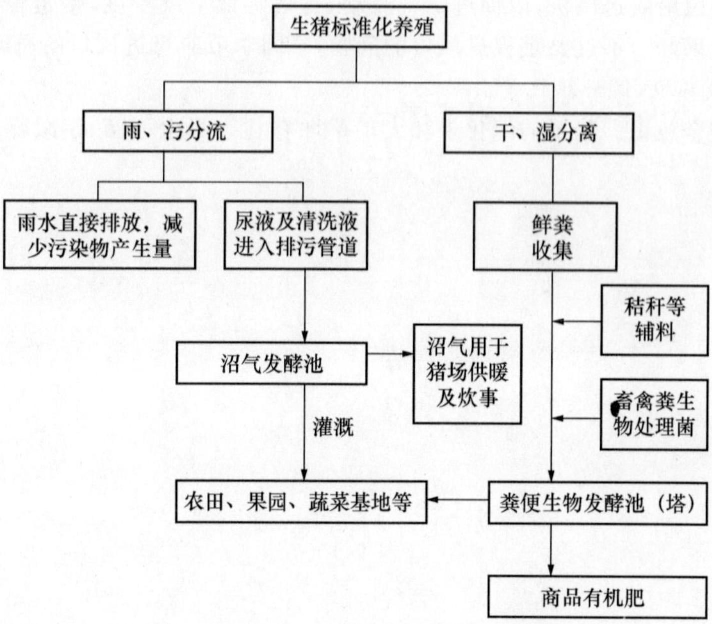

图1-12　工厂化养猪粪污处理工艺流程

3. 种猪光照和辐射的调控

采光分为自然光照和人工光照。开放式或半开放式猪舍和一般有窗猪舍主要依靠自然采光，必要时辅以人工光照；无窗猪舍则靠人工光照。

(1)自然光照　猪舍的方位、舍外情况、窗户面积、入射角和透光角的大小、舍内的反光情况等都影响采光。

适宜的猪舍方位为舍外附近无高大建筑物和大树，这样有利于光照。窗户面积越大，进入舍内的光线越多。采光系数是窗户的有效采光面积与舍内面积的比例。如果窗户的有效采光面积以1表示，那么种猪舍的采光系数就以(1∶10)～(1∶12)为宜。

入射角和透光角越大，越有利于采光。入射角是猪舍地面中央的一点到窗户上缘所引起直线与地面水平线之间的夹角，入射角一般不应小于25°。透光角是猪舍地面中央的一点向窗户上缘和下缘引出的两条直线所形成的夹角，透光角一般不应小于5°。

玻璃对猪舍的采光有很大的影响。其一般可阻止大部分的紫外线。当舍内物体反光率低时，大部分光线就被吸收，舍内光线比较暗；当舍内物体反光率高时，大部分光线就被反射出来。舍内表面应平整、刷白，保持清洁，以提高光照强度。白色表面的反射率为85%，黄色表面的反射率为40%，灰色表面的反射率为35%，深色表面的反射率为20%，砖墙表面的反射率为40%。

(2)人工光照　人工光照以电灯为光源。在养猪业中，人工光照主要用于补充自然光照的不足。在充分利用自然光照的情况下，可在早晨和傍晚给予一定的人工光照。

(3)辐射控制 搭遮阳网或在猪场和猪舍周围种植高大乔木，以减少阳光照射，降低环境及猪舍内的气温。

4. 加强通风换气、减少有害气体的浓度

加强通风换气，排除有害气体。如果单靠开门窗等自然通风方式不能降低舍温，就可采取机械通风。安装风扇或送风机，以促进空气流动，有效降低空气湿度，带走舍内热量。纵向通风比横向通风效果好。不过要重视进风口的问题，不同季节应对进风口的风速进行调节。

5. 加强防疫环境，做好绿化带

树立环保安全意识。猪场的绿化带和人工草坪有利于吸尘灭菌，消减噪声，防暑防疫，净化空气。

模块二

种猪生产

【学习目标】

1. 了解各阶段种猪的营养需求。
2. 掌握种公猪、配种前母猪、妊娠母猪、哺乳母猪的饲养管理技术。
3. 会鉴定发情并正确配种。

【技能目标】

1. 能科学管理种公猪的各阶段的生产工作。
2. 会对种公猪进行调教、采精、精液处理。

项目一　配合日粮

1. 明确饲养标准

(1)种公猪饲养标准　瘦型成年公猪每天需消化能 32.4～38.9 MJ/kg、粗蛋白质 14%、赖氨酸 0.60%、钙 0.75%、磷 0.60%、食盐 0.35%。

(2)配种前种母猪饲养标准　后备母猪每天需消化能 35.52 MJ/kg、粗蛋白质 14%～16%、赖氨酸 0.70%、钙 0.95%、磷 0.80%;经产母猪每天需消化能 28.42 MJ/kg、粗蛋白质 12%～13%、赖氨酸 0.50%～0.55%、钙 0.75%、磷 0.60%、食盐 0.35%。

(3)妊娠母猪饲养标准　每天需消化能 25.56～27.84 MJ/kg、粗蛋白质 12%、赖氨酸 0.55%、钙 0.75%、磷 0.60%、食盐 0.35%。

(4)哺乳母猪饲养标准　每天能量需要与泌乳量有关。如果每天产奶 5 kg,则需要消化能 54.3 MJ/kg;如果每天产奶 6.5 kg,则需要消化能 63.2 MJ/kg、粗蛋白质 18%、赖氨酸 0.60%、钙 0.75%、磷 0.60%、食盐 0.35%。

2. 掌握饲粮配合的原则

①选择饲养标准应根据生产实际情况,并按照猪可能达到的生产水平、健康状况、饲养管理水平及气候变化等适当调整。

②因地制宜,因时制宜,尽量利用本地区现有饲料资源。

③注意饲料的适口性，严禁选用发霉、变质或有毒的饲料原料。

④注意考虑猪的消化生理特点，选用适宜的饲料原料，并力求多样搭配。

⑤配合饲料要注意经济性的原则，尽量选用营养丰富、质优、价廉的饲料原料。

⑥添加剂的使用应符合安全、经济和使用方便等要求，并注意用量、用法、限用和禁用等规定。

3. 选择适宜饲料原料

(1)能量、蛋白质饲料原料　种猪饲粮中的能量饲料一般选用谷类籽实及其加工副产品、富含淀粉的块根块茎、油脂等。猪常用的能量饲料一般是玉米和麸皮。

(2)矿物质、维生素饲料　为了提高钙、磷利用率，要选择好钙、磷饲料原料。常用的原料有石灰石粉(钙 35%左右)和磷酸氢钙(钙 21%、磷 16%左右)。

4. 原料的质量控制和主要成分测定

配合饲料质量的好坏与原料品质关系重大，所以营养成分参数值最好来自科研部门近期测定发表的饲料成分数据。蛋白质饲料中的粗蛋白质及矿物质饲料中的钙、磷应以本场实测值为宜，还应控制饲料原料的水分，防止因发霉而变质。

5. 饲粮配合的方法和日粮配方举例

饲粮配合有很多方法，其常用的主要有试差法、对角线法和配方软件进行饲粮配方制作。例如，哺乳母猪的日粮组成如表 2-1 所列。

表 2-1　哺乳母猪的日粮组成

原料	绝对量	原料	绝对量
玉米/kg	655.6	磷/%	0.63
豆粕/kg	160	胱氨酸/%	0.26
鱼粉/kg	20	磷酸氢钙/kg	13
膨化大豆/kg	90	石灰石粉/kg	8
麸皮/kg	40	食盐/kg	3.4
赖氨酸/%	0.97	多维预混料/kg	10
蛋氨酸/%	0.31		

注：总量为 1 000 kg。其中，消化能为 13.63 MJ/kg、粗蛋白质为 18%、钙为 0.85%。

6. 合理加工调制

(1)粉碎　指通过轧碎、切割、冲击等方法，降低饲料原料粒度。猪饲料的粉碎粒度一般要求为 1.0～2.0 mm。如果粉碎粒度过粗，饲料转化率和猪的生产性能则会被降低；如果粉碎粒度过细，猪易患胃溃疡和呼吸道疾病。

(2)饲料混合　是饲料加工工艺中最关键的环节之一。其目的是生产出营养物质均匀的混合饲料。规模猪场常用的混合机主要有立式混合机和卧式混合机。立式混合机的造价低，占地面积小，但残留多，每批料混合时间长(一般为 15～20 min)。卧式混合机的混合时间短(3～6 min)，混合均匀度高，可以添加较多的液体饲料，但占地面积大，配套功率大。一般在生产配合饲料和预混料时，搅拌机的混合均匀度的变异系数要求分别为≤10%和

≤5%。

种猪既可采购全价料，又可用商品浓缩料以及自产能量饲料或预混料与自产蛋白质饲料、能量饲料按比例配制而成的饲料。

项目二　饲养管理种公猪

任务一　饲养种公猪

饲养目标是维持公猪适宜的膘情，保持体表清洁卫生，肢蹄健壮，性欲旺盛，精液品质优良，产精量大。

1. 种公猪的类别及生理特点

(1)类别　种公猪分为纯种公猪和杂种公猪。

(2)生理特点

①射精量大：250 mL/次(150～500 mL/次)。若除胶状物以外，其全程精液平均少于80 mL/次，则被视为射精量不足。总精子数目多，一般为1.5亿/mL(正常的总精子数目每毫升应为1亿以上，不低于每毫升0.5亿)。

②交配时间长：5～10 min。

③在精液干物质中，蛋白质含量高，粗蛋白质占60%以上。在精液组成中，精子占2%～5%，附睾分泌物占2%，精囊分泌物占15%～20%，前列腺分泌物占55%～70%，尿道球腺分泌物占10%～25%，还有部分矿物质和维生素。

2. 种公猪的合理饲养

(1)满足营养需要，注意营养均衡　体况适中，消化能为12.55～12.97 MJ/kg，粗蛋白质14%～15%、赖氨酸0.6%、钙0.95%、磷0.80%。注意补充维生素A、维生素D、维生素E、B族维生素、锌、锰、硒、碘。维生素A、维生素D、维生素E、B族维生素按NRC标准的2～5倍添加，应给予足够量的氨基酸平衡的动物性蛋白质。在配种高峰期，可适当补充鸡蛋、多种维生素等。种公猪应不肥不瘦，七八成膘。

(2)饲粮供应　按饲养标准供应全价饲粮。根据具体情况适当调整。对于常年配种的种公猪而言，全年营养均衡，保持高营养水平；对于季节配种的种公猪而言，在配前20～30 d，增加20%～30%的饲料量。其在配种季节保持高营养水平，在配种季节过后逐渐降低营养水平。当冬季舍温低于10℃时，青年公猪则需要增加10%～20%的饲料量。成年公猪每天需摄入蛋白质350 g，赖氨酸12 g，钙、磷各15 g(其中有效磷为7 g)。饲粮要求适口性好，以精料为主，体积不宜过大。严禁饲喂发霉变质和有毒的饲料。有条件的猪场可适当搭配青绿饲料。当配种任务重时，应给种猪补充动物蛋白质和硒；当公猪处于热应激时，添加维生素C，以利于改善精液质量。种公猪全价料配方如表2-2所列。

(3)饲喂技术　采用限量饲喂方式，定时定量，不宜过饱，保持8～9成膘。日喂2次；在配种期间，成年公猪的限量为2.5～3.0 kg/头；在非配种期间，成年公猪的限量为2 kg/头。宜采用生干料或湿拌料，充足饮水。饮水量为10～12 L/d，水流量为2 L/min，饮水器的高为70～80 cm。

表 2-2 种公猪全价料配方

原料名称	含量/%	配方营养成分	含量/%
玉米 2(GB2)	71.53	粗蛋白质	15
麦麸	10	钙	0.9
大豆粕 2(GB2)	9	总磷	0.6
DDGS-糟及糟液干燥物	4	可利用磷	0.4
秘鲁鱼粉	2	盐	0.34
石粉	1.5	赖氨酸	0.75
磷酸氢钙	1	蛋氨酸+胱氨酸	0.53
核心料	0.5	苏氨酸	0.6
盐	0.3		
胆碱	0.1		

注:配比和为 99.93%,猪消化能为 13.38 MJ/kg。

任务二 管理利用种公猪

1. 种公猪的科学管理

(1)单圈饲养 防止种公猪咬架(图 2-1),避免不良刺激,防止自淫。在种公猪性成熟后,最好把其单圈饲养。若是将其小群饲养,应从小合群,且每栏不超过 2~3 头。

(2)合理运动 加强运动能增强体质,提高精子活力。如果运动不足,则种公猪就会出现四肢无力,虚胖爱睡,性欲降低,精子活力下降,配种困难的症状。但过度运动易使种公猪过度疲劳。在生产上,常用自由运动、驱赶运动、放牧运动等方式(图 2-2)。要求坚持常年运动,每天上、下午各运动 1 次,每次运动时间为 1.5~2.0 h,行程为 2 km 左右。

图 2-1 种公猪单圈饲养

(3)刷拭与修蹄 种公猪应每天刷拭皮肤,以保持皮肤清洁,促进血液循环,有利于种公猪的健康。

(4)定期称重和检查精液品质

①定期称重。可按月龄称重。

②精液品质检查。人工授精:每次在采精稀释前、稀释后和使用前都要检查;本交授精:每

图 2-2 种公猪的运动

月检查1～2次;在后备公猪使用之前或由非配种期向配种期过渡时,应提前半个月检查精子活力,精子活力低于0.7的种公猪不宜使用。

(5)提供良好的环境,防寒防暑

①圈栏面积:6～9 m^2,屋顶到地面不低于3 m;地面要防滑,并有防寒及降温设施。

②温度:18～20℃,最低温度为10℃,最高温度为25℃。当环境温度高于30℃时,种公猪会产生繁殖障碍。

③相对湿度:60%～75%。

④阳光充足:光照时间为8～12 h/d。

⑤空气新鲜,控制有害气体。通风良好,及时清除粪便。

(6)搞好疫病防治和驱虫　每年2次用阿维菌素驱虫,每次驱虫间隔7～10 d,用药2次;每月用1.5%的兽用敌百虫进行一次猪体表及环境驱虫;每年在春秋季进行2次猪瘟、猪肺疫、口蹄疫等疾病的防疫。公猪圈应设严格的防疫屏障及进行经常消毒。表2-3为某猪场种公猪免疫程序。

(7)建立良好的生活制度　每天饲喂、运动、采精等都要在相对稳定的时间里进行,以便形成规律。

表2-3　某猪场种公猪免疫程序

月龄	疫苗	剂量用法
3	猪瘟	4头份,肌内注射
3	口蹄疫	2 mL,肌内注射
3	伪狂犬	1头份,肌内注射
4	丹毒肺疫	1头份,肌内注射
4	副猪嗜血杆菌	2 mL,肌内注射
4	萎缩性鼻炎	2 mL,肌内注射
9	猪瘟	4头份,肌内注射
9	口蹄疫	2 mL,肌内注射
9	伪狂犬	1头份,肌内注射
10	丹毒肺疫	1头份,肌内注射
10	副猪嗜血杆菌	2 mL,肌内注射
10	萎缩性鼻炎	2 mL,肌内注射

2. 种公猪的合理利用

(1)初配年龄和体重　地方品种为7～8月龄,80～100 kg;引入品种为8～9月龄,100～130 kg。

(2)公母比例　本交为1∶(20～30);人工授精为1∶100。

(3)配种强度　①人工采精:对刚经训练调教后备公猪一般1周采精1次,12月龄后的后备公猪的采精次数每周可增加至2次,成年后的后备公猪的采精次数每周2～3次;②本交配种:青年公猪可每周配2～3次或隔天1次,成年公猪日配1～2次。若配2次,应隔8～12 h,连用1周,休息1 d。使用过度会导致精液品质下降,母猪受胎率下降,减少使用寿命;使用过少则导致成本增加,公猪性欲不旺,附睾内精子衰老,受胎率下降。

(4)利用年限　一般为2～3年,不超过4年,即公猪不超过5岁。

(5)淘汰与更新　具有这些情况之一者应淘汰：①肢蹄患病；②生殖器官患病无法治愈；③精液品质差即活力少于0.5，密度小于0.8亿/mL；④所配母猪受胎率在50%以下；⑤利用3年以上，性欲明显降低的公猪；⑥种公猪的年更新率一般为30%～40%。

项目三　饲养管理配种前母猪

任务一　母猪体况评定

1. 配种前母猪的类别

初次发情到配种的后备母猪；断奶到再发情的经产母猪。

2. 体况评定

母猪体况是衡量其生产性能的一个关键指标。过肥易造成卵巢脂肪浸润，从而影响卵子成熟和正常发情，出现不发情、排卵少、卵子活力弱、受精能力低；过瘦易造成内分泌失调，卵泡不能正常发育，发情延迟或不发情；更不能保证有足够营养以满足胎儿及自身生长、乳腺发育、乳汁分泌等生理功能的需要。适宜繁殖体况应为七八成膘。

(1)体况评分　种猪体况评分共分5个等级(表2-4)，每级1分。1分过瘦，躯体扁平，髋关节和脊柱骨明显突出。2分瘦，躯体扁平，髋关节和脊柱骨突出。3分适中，髋关节和脊骨看不到，躯体呈管状形。4分肥，髋部和脊柱骨摸不到，尾根因肥而内陷。5分过肥，髋关节和脊柱骨被皮下脂肪严重包裹，略有凹陷。猪体况评分如图2-3所示。

表2-4　种猪体况评分等级

体型评分	体形	臀部及背部外观
1分	过瘦	骨骼明显外露
2分	瘦	骨骼稍外露
3分	适中	手掌平压可感骨骼
4分	肥	手掌平压未感骨骼
5分	过肥	皮下厚覆脂肪

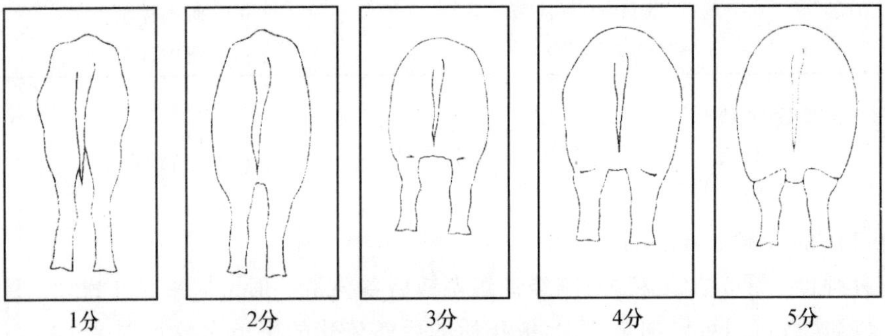

图2-3　种猪体况评分

(资料来源：加拿大阿尔伯特农业局畜牧处．养猪生产．刘海良，译．北京：中国农业出版社，1998)

断奶母猪体况应不低于2.5分，临产前母猪的体况应为3.5分。其整个妊娠期应从2.5分逐渐向3.5分过渡，大部分时间应维持在3分。当母猪的体况过瘦或过肥时，应增减饲料喂量来调整母猪体况。在标准饲养的基础上，1 分与 5 分体况的母猪日饲喂量分别可增加或减少 0.5～0.6 kg，2 分与 4 分体况的母猪日喂量分别增加或减少 0.2～0.3 kg。

(2)母猪体况要求　配种时的膘情要求为七八成膘。经产母猪 P_2 点背膘为 12.5～18.0 mm，初产母猪 P_2 点背膘为 18～20 mm。母猪体况平均应为 2.5～3.0 分。允许 10%的母猪在配种时的体况为 2.5 分。母猪在分娩时的 P_2 点背膘以 19 mm 为宜。

①过瘦的危害：A. 体况 3 分以下的母猪易导致后腿踝关节和肩的磨损。B. 特别是当栏面不良时，危害更重。C. 体况 2.5 分以下的母猪配种分娩率降低，产仔减少。

②过肥的危害：A. 体况 3.5 分以上的母猪排卵减少，产仔少，配种后，胚胎易死亡。B. 如果母猪在怀孕前期的体况超过 3.5 分，仔猪在出生后的体重就变小。C. 体况超过 4 分的母猪易出现难产，产程加长。

任务二　母猪在配种前的饲养管理

1. 初配年龄和体重

(1)地方品种　3～4 月龄性成熟，6～8 月龄初配，体重为 75 kg。

(2)引入品种　5～6 月龄性成熟，7～8 月龄初配，体重为 100～120 kg，体重为成年母猪体重的 50%～60%。一般满足 3 个条件：7 月龄以上；第二个发情期以上；体重为 100 kg 以上。

2. 饲养管理

(1)后备母猪在配种前的饲养管理

①提前 6～8 周购入，场外隔离，建立后备母猪资料档案、疫苗注射。检测猪伪狂犬病(PRV)、猪繁殖与呼吸综合征(PRRS)、猪瘟(CSF)、口蹄疫(FMD)。免疫：4～5 月龄免疫呼吸道疾病用支原体灭活疫苗(瑞倍适)，间隔 3 周免疫 2 次。萎缩性鼻炎(克伟)：间隔 3 周免疫 2 次，5～7 月龄免疫繁殖疾病。针对成年母猪群中已存在的病毒毒株，可以通过驯化产生对病毒毒株的免疫力。为了减少细菌性疾病对繁殖的影响，目前使用常用药物进行保健。保健组合：利高霉素(林可霉素＋壮观霉素)，预防为 1～2 kg/d，治疗为 3 kg/d；泰妙菌素＋多西环素(或阿莫西林＋金霉素)，剂量为泰妙菌素 100 mg/kg。

②提供适宜的环境(温湿度、光照、空气质量)。

③小群饲养：4～6 头/栏。

④足够的面积：至少 1.5～2 m^2/头，地面要防滑。

⑤短期优饲：在配种前 10～14 d，每天增加精料 1～2 kg；在配种结束后，再恢复原饲养水平，可增加排卵 1～2 枚。

⑥每天多接触母猪，建立人与猪的亲和关系。

⑦每天两次查情并准确记录。

(2)经产空怀期的饲养管理　空怀期是指母猪由仔猪断奶到再发情配种的时间间隔。

①继续喂哺乳母猪料。

②不用特意减料，待 1～2 d 应激过后，可自由采食，以恢复膘情，具体可按膘投料。

③单栏或小群饲养。

④加强管理，避免因合群造成的损伤。

⑤做好发情鉴定。

⑥驱虫。通灭:每 33 千克体重为 1 mL,肌内注射:产前两周进行。

⑦保健药物添加。利高霉素:产前、产后各 1 周,按 1～2 kg/d 饲料添加。

⑧消毒措施。百胜-30 经 1∶1 000 倍稀释后,洗浴母猪体表。

任务三　母猪不正常发情的原因及科学处理

1. 母猪不正常发情的常见类别

(1)后备母猪乏情　后备母猪的初情期为 160～200 日龄,超过 210 日龄或体重超过 120 kg 的后备母猪不发情则称为乏情。

(2)初产母猪乏情　有 50%以上的初产母猪在仔猪断乳后一周内不发情。初产母猪在断奶后到再发情的平均时间为 20 d(占 81%),超过 30 d 未发情称为乏情,超过 70 d 未发情称为不发情。

(3)经产母猪乏情　经产母猪在断奶后 15 d 仍不发情,则称为经产母猪乏情。二胎母猪在断奶后到再发情的平均时间为 8.5 d,超过 14 d 未发情称为乏情,超过 75 d 未发情称为不发情。三胎以上母猪在断奶后到再发情的平均时间为 3～8 d,超过 11 d 未发情称为乏情,超过 75 d 未发情称为不发情。

2. 母猪不正常发情的原因

(1)营养问题　营养不全价;饲料营养水平过低或过高;过肥过瘦;饲料原料霉变。

(2)管理问题　配种过早;环境不良;夏季高温;缺少异性刺激;群体过大或过小;缺乏运动。

(3)疾病问题　长期患慢性疾病影响了性腺发育;患繁殖障碍性疾病;产后感染;持久黄体;激素使用不当等。

3. 促进母猪发情排卵的措施

(1)改善饲养管理条件。

(2)公猪诱情　后备母猪在 160～180 日龄时每天与 10 月龄以上的性欲较强的公猪直接接触 15～20 min;断奶的经产母猪每天与公猪接触 15～20 min,用不同公猪刺激比用同一公猪效果好。

(3)合群并圈　将不发情的母猪与发情母猪在同一圈内饲养。

(4)增加运动。

(5)按摩乳房。

(6)改变环境　换圈。

(7)激素催情　以上措施仍不发情的母猪可用激素处理。其具体做法如下。

①初产母猪:在断奶当天,肌注孕马血清 1 000～1 500 IU。

②经产母猪:断奶后 21～23 d 仍不发情,再肌注孕马血清促性腺激素(PMSG)1 000～1 500 IU,人绒毛膜促性腺激素(HCG)500 IU 或一次注射一头份催情合剂 PG600(PMSG+HCG)。

(8)红糖疗法　针对断奶后体况瘦弱,断奶 20 d 以上不发情的母猪,用红糖 500 g(每头母猪)在铁锅中加热翻炒至有焦味,加入 1 000 g 水,煮沸 15 min,糖水拌料,一次喂服,效果良好。

(9)药物预防和治疗　在饲料中添加抗生素,产后注射抗生素。如果母猪有子宫内膜炎,可清洗子宫,在消炎后,再用激素处理。

任务四　母猪的淘汰与更新

在生产中，母猪一般可利用7～8胎。如果每年2胎，则可利用4年，因此，母猪年淘汰率为25%～30%。具有这些情况之一者应淘汰：①产仔数低于7头。②连续2胎少乳或无乳（营养、管理正常）。③在断奶后的2个情期，不能发情配种。④食仔或咬人。⑤患传染病或无治疗意义的其他疾病。⑥肢蹄损伤。⑦后代有畸形。⑧母性差。⑨体重过大，行动不便。⑩后代生长速度及胴体品质均低于平均值。

项目四　配种

任务一　鉴定母猪发情

1. 母猪发情排卵规律

(1)发情周期　一次发情开始到下一次发情开始的时间间隔。其一般为18～23 d，平均为21 d。发情持续期为3～5 d，平均为4 d。

(2)排卵规律　母猪发情持续时间为40～70 h，排卵在它的后1/3时间内，初配母猪要晚4 h。发情期一次排卵数为20～25枚，排卵持续时间为10～15 h。

2. 发情鉴定

(1)发情鉴定方法　发情鉴定方法如图2-4所示。

①外部观察：发情后轻度不安，不断在栏内走动、咬栏；遇到公猪鼻对鼻或闻公猪会阴或拱肋部；爱爬跨、竖耳、翘尾；常有鸣叫、跳圈、食欲减退或停止采食；喜欢爬跨其他母猪或被母猪爬跨、频频排尿、神情呆滞等外部表现。地方品种会表现明显的症状，影响采食。引入品种的症状表现不明显，不影响采食。

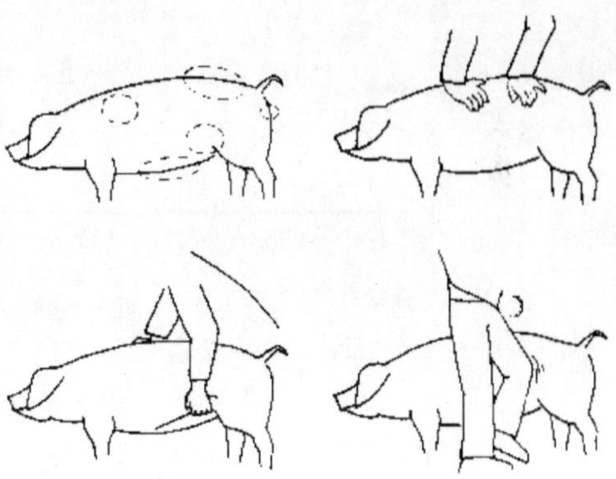

图2-4　发情鉴定

②外阴检查：阴户轻度肿胀、阴唇松弛，随后明显，阴道湿润、黏膜充血，逐步由浅红变桃红直到暗红，阴道内黏液流出由多到少、由淡变浓，由稀薄变黏稠，阴户肿胀，阴唇颜色变深。

③静立反应检查：双手用力压母猪的背部或骑上母猪背部，如果母猪不走动并用力支撑，神情“呆滞”（静立反射），就说明母猪正在发情。如果公猪在场，利用公猪的气味及叫声可增加发情鉴定的准确性。

④试情法：把公猪赶到母猪圈内。如果母猪拒绝公猪爬跨，就证明母猪未发情；如果母猪主动接近公猪，接受公猪爬跨，就证明母猪正在发情。

⑤每天早晚2次查情，做好记录。

(2)注意事项

①阴门黏液分泌增多、透明，注意与生殖道炎症的母猪排出的脓性分泌物的区别。

②每天应安排在上午7:00～9:00和16:00～17:30进行发情检查，此时效果最好。

③必须在安静的环境下,并且有公猪在旁时,工作人员进行按压母猪背部(或骑背)检查。

④试情公猪应选用善于交流、唾液分泌旺盛、行动缓慢的老龄公猪。

⑤需做好发情鉴定记录:发情母猪耳号、胎次、发情时间、外阴部变化、压背反应。

⑥掌握好观察发情时间:在吃料时,母猪头向饲槽,尾向后,排列整齐。如果人在后面边走边看,很快就可把所有猪查完,并做好准确判断;在睡觉时,猪吃完料开始睡觉,这时不发情的猪很安静,躺卧姿势舒适,对人、猪反应迟钝。而发情母猪对异常声音敏感,当人或猪走近时,会站起活动或干脆不睡,经常活动。我们可以很容易地从中找出发情中的母猪。

3. 适时配种

(1)确定配种时间的理论依据　排卵的持续时间为 10～15 h。精子存活时间为 10～20 h。卵子存活时间为 8～12 h。精子到达受精部位需要 2～4 h。配种(或输精)应在排卵前 2～4 h,即发情后 24～36 h。

(2)生产最佳配种时间的判断　如图 2-5 所示。

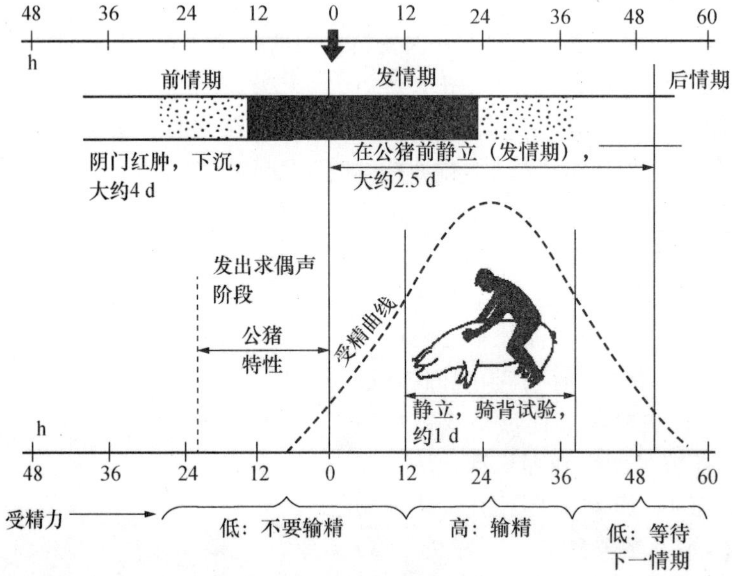

图 2-5　最佳配种时间判断

(资料来源:加拿大阿尔伯特农业局畜牧处 . 养猪生产 . 刘海良,译 . 北京:中国农业出版社,1998)

①精神状态:由兴奋到发呆,手压背部不动(静立反射)。

②外阴变化:由红肿到颜色发淡,出现褶皱。

③阴道内黏液:由稀薄到黏稠,黏液起丝。

人工授精的第一次输精应在静立反应产生后的 12～16 h(公猪在场),隔 12～14 h 进行第二次输精。人工授精应根据品种、年龄等灵活掌握,即老配早,少配晚,不老不少配中间。本交配种应在静立反应时配种。

民间配种顺口溜:母猪发呆,配种受胎;按腰不动,一配就中;阴户打皱,配是时候;阴户黏草,配种正好。

任务二　公猪调教及采精

1. 公猪调教

(1)开始时间　7～8 月龄,体重为 100～120 kg。

(2)方法

①观摩法:将公猪赶至待采精栏,让其观摩成年公猪采精,激发小公猪性冲动,经观摩 2～3 次大公猪和母猪交配后,再让其试爬假母台进行试采。

②发情母猪引诱法:选择发情旺盛、发情明显的经产母猪,让新公猪爬跨,等新公猪阴茎伸出后用手握住螺旋阴茎头,有节奏地刺激阴茎螺旋体部可试采精液。

③外激素或类外激素喷洒假母台:用发情母猪的尿液、公猪的精液和包皮冲洗液喷涂在假母猪背部和后躯,引诱新公猪接近假母猪,让其爬跨假母猪。

(3)注意事项

①要有固定的采精室(10 m^2 左右)。采精室要能防止公猪逃跑,地面要避免光滑。

②调教要在种公猪进食后 1 h 或进食前进行,以利于保持公猪大脑的清醒。

③要有足够的耐心,不粗暴对待公猪。每次调教不应超过 15～20 min,每天只能进行一次,一周不超过 3 次。

④要注意调教人员的安全。

⑤在采精成功后,应在第 2 天和第 3 天同一时间重复 1 次,以后每周采 1 次。调教前的后备公猪最好不安排本交。

2. 采精

(1)采精前的准备

①设施准备。采精场地:总面积约为 10 m^2,采精区为 2.5 m×2.5 m。假母猪:宽为 26 cm,长为 100 cm,高度一般为 50～55 cm,后端至后支架应有 30 cm 固定在地面上。防滑垫:100 cm×60 cm,防护栏、赶猪板:长为 100 cm,宽为 60 cm。集精杯、集精袋、过滤网、橡皮圈、纸巾、一次性手套、加温壁橱。具体如图 2-6 和图 2-7 所示。

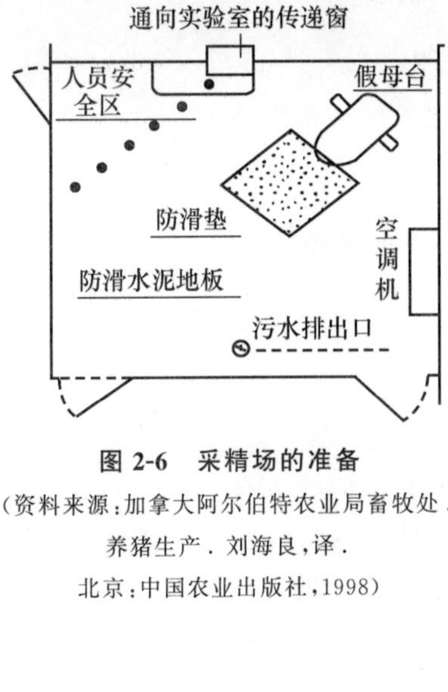

图 2-6　采精场的准备

(资料来源:加拿大阿尔伯特农业局畜牧处．养猪生产．刘海良,译．北京:中国农业出版社,1998)

图 2-7　公猪采精场地

②仪器的清洗、消毒、预热。先配制好稀释液，放在 35℃水浴锅中预温。准备载片与盖片，预热至 37℃。

③采精室采精用品准备。集精杯，干燥，打开盖子，放在 37℃的干燥箱中约 5 min。放两层食品袋装入保温杯内，过滤网用橡皮筋固定，最后用一张纸巾盖在网上。

④公猪的准备。用 0.1%的高锰酸钾对公猪包皮周围进行消毒。

(2)采精操作　如图 2-8 所示。

①采精操作。

A. 用右手按摩公猪包皮以尽可能多地排放包皮腔中的尿液，并用纸巾拭干。

B. 公猪阴茎勃起后，脱去外层手套。蹲(或坐)在假母猪左侧，右手呈空拳，拳心向上，阴茎进入空拳，并立即锁定阴茎的龟头(注意不要抓握阴茎体部)，顺其向前冲力，将阴茎尽可能地拉出。

C. 弃去开始的 25 mL 左右清亮的液体后，再开始收集含精子多的部分，防止包皮积尿流入集精杯。要让公猪射精完全，不要过早终止射精。采精后，去除滤网。将精液放入实验室，将公猪赶回圈休息。

图 2-8　采精的手势

(资料来源：加拿大阿尔伯特农业局畜牧处．养猪生产．刘海良，译．北京：中国农业出版社，1998)

②采精要点。

A. 在喂食后 2～3 h 后采精。

B. 最高采精频率为隔天一次，最好每 3 天采一次精。

C. 应固定采精时间、地点、频率和人员。最好在每天上午 9:00～10:00 进行采精。

D. 不要收集最初射出的精液，尽量只收集浓的精液。

E. 不要过早终止采精，以防公猪不适。

任务三　精液处理

1. 精液品质检查

(1)直观检查项目

①色泽：乳白色或浅灰白，精子密度越高；色泽越浓，透明度越低。

②气味：略带腥味，如有异常气味，应废弃。

③射精量：公猪一次射精量为 150～500 mL，平均为 250 mL。

④pH(酸碱度)：7.0～7.8。

(2)镜下检查项目

①活力：鲜精活率要求不低于 0.7。活力低于 0.5 的精液应被废弃。

②密度：指每毫升精液中所含的精子数，正常的全份精液的密度在 1.5 亿～3 亿/mL。浓份精液密度在 3 亿～6 亿/mL。精子的密度分为密、中、稀、无 4 级。

③畸形率：不超过 18%，每 2 周检查一次精子畸形率。

2. 精液稀释

(1)稀释要求

①原精液储存时间不超过 30 min。

②未经品质检查或检查不合格的精液不能稀释。

③稀释液与精液要求等温。两者温差不超过 1℃,即稀释液应加热至 33～37℃,以精液温度为标准,来调节稀释液的温度,绝不能反过来操作。

④在进行稀释时,将稀释液沿盛精液的杯(瓶)壁缓慢加入精液中,然后轻轻摇动或用消毒玻璃棒搅拌,使之混合均匀。

⑤如做高倍稀释,应先进行低倍稀释[1∶(1～2)],稍待片刻,再将余下的稀释液沿壁缓慢加入,以防造成"稀释打击"。

⑥稀释倍数的确定:活率≥0.7 的精液,一般按每个输精剂量含 40 亿个总精子,输精量为 80～90 mL 来确定稀释倍数。

例如,某头公猪一次采精量是 200 mL,活力为 0.8,密度为 2 亿/mL,要求每个输精剂量是含 40 亿精子,输精量为 80 mL,则总精子数为 200 mL×2 亿/mL= 400 亿,输精头份为 400 亿÷40 亿=10 份,加入稀释液的量为(10×80 mL)－200 mL=600 mL。

⑦在稀释后,要求静置片刻,再做精子活力检查。如果稀释前后的活力一样,就可进行分装与保存;如果活力下降,就说明稀释液的配制或稀释操作有问题,不宜使用,并应查明原因加以改进。

(2)实验室内精液处理程序

①配制稀释液在使用前 1 h 内完成。

②评定精液活率(例如,0.70)。如果活率低于 0.70 的精液应倒掉。

③称量采集精液重量来确定其体积(1 g=1 mL)(例如,300 g)。估测精子密度(例如,2.4 亿/mL),计算总精子数(例如,300 mL×2.4 亿/mL=720 亿)。

④每头份按 80 mL 含 40 亿总精子数计。

⑤计算可稀释头份数(例如,720 亿÷40 亿/头份=18 头份)。

⑥计算稀释后的精液总体积(例如,18 头份×80 mL/头份=1 440 mL)。

⑦应添加稀释液的量(例如,1 440 mL－300 mL=1 140 mL)。

⑧调整稀释液与精液温度一致(±1℃)。

⑨根据公猪耳号、品种和采精日期,标记精液。

⑩将稀释后的精液放置室温(21℃)2 h,然后放入精液保存箱(17℃)。

3. 精液分装

①精液的分装有瓶装、管装和袋装。

②精液瓶为常用的精液包装物,瓶上一般有刻度,容量为 80～100 mL。将稀释后的精液以每 80～100 mL 为单位分装至输精瓶,并在瓶上标明公猪品种、耳号、生产日期、稀释液名称等。

4. 精液保存

①恒温冰箱应保持(17±1)℃。低于 15℃,精子受冷应激,容易休克,引起死亡;高于 18℃,精子缓慢复苏,处于运动状态,消耗能量,缩短保存时间。

②每天两次将精液袋颠倒两次,再放入恒温冰箱。

③不同的稀释液决定了精液保存时间的不同。一般不超过 3～7 d。

5. 精液运输

①保温、防震、避光。

②在运输时，精液容器应装满封严，并用毛巾包好，以免运输中振荡产生泡沫，尽量缩短运输时间，控制温度变化。在冬季，用保温箱调节箱内温度，一般为在 20～25℃，防止忽高忽低。应避免阳光直射，烟酒气味。

任务四 输精

1. 输精前准备

①将两支输精管放入窄长的塑料袋中。

②准备一个石蜡油瓶(或红霉素软膏)、3 张纸巾、两只聚乙烯手套。

③将两袋精液放在泡沫塑料箱中。

④将以上用品带到配种栏或母猪限位栏内。

⑤双手戴上手套。

⑥检查母猪的外阴肿胀情况和黏液。

⑦站在母猪的左后侧，用蘸有高锰酸钾水拧干的毛巾擦拭外阴。

⑧左手将尾部挡向母猪的右侧，用纸巾将阴门及阴门裂内的污物擦拭干净。

⑨将精液袋从泡沫箱中取出，上下颠倒两次。

⑩将输精管从塑料袋中抽出，一手握住输精管的手柄或输精管的后 1/3 处，另一只手将红霉素软膏或精液涂在输精管的管头(应避开输精管前口)，然后可将精液袋口掰开，将管头插入输精管内卡紧。

2. 输精操作

①插入输精管，双手分开母猪外阴部，然后左手使外阴口保持张开状态，当输精管以 45°向生殖道内进入 10 cm 左右时，将输精管平推。在感到有阻力时，向左旋转并用力将输精管向前送入，直到感觉输精管前端被锁定(轻轻来回，拉不动)，一次性输精器在插入过程中，在感到有阻力时，再用力推送 5 cm 左右，使其卡在子宫颈中。

②在输精过程中，应不断抚摸母猪的乳房或外阴、压背、抚摸母猪的腹侧以刺激母猪，使其子宫收缩产生负压，将精液吸纳。在输精时，除非输精开始时的精液不下，勿将精液挤入母猪的生殖道内，以防精液倒流。具体操作见图 2-9。

③防止精液倒流。用控制精液袋高低的方法来调节精液流出的速度。输精时间一般为 3～7 min。在输完后，可把输精管后端一小段折起，用精液袋上的圆孔固定，输精器滞留在生殖道内 3～5 min，让输精管慢慢滑落或当精液输完后，以较快的速度将输精管向下抽出，以刺激子宫颈口收缩，防止精液倒流。

3. 输精中特殊情况的处理

①如果母猪始终不安定，就可在公猪面前输精；如果仍然不顺利，就可能不是最佳输精时间。

②如果精液倒流，就放低精液袋，精液回流到精液袋中，然后输精管呈水平状态，只需将输精袋斜向提起，注意按摩侧腹，检查输精管位置是否正确，可前后移动输精管。如果仍然不行，可将输精管取出，重新插入，弓背母猪可加大腰部下压力度，使其腰部下凹。

③在输精管刚刚插入时，如果母猪排尿，就将该输精管废弃或消毒处理，另换一支输精管。

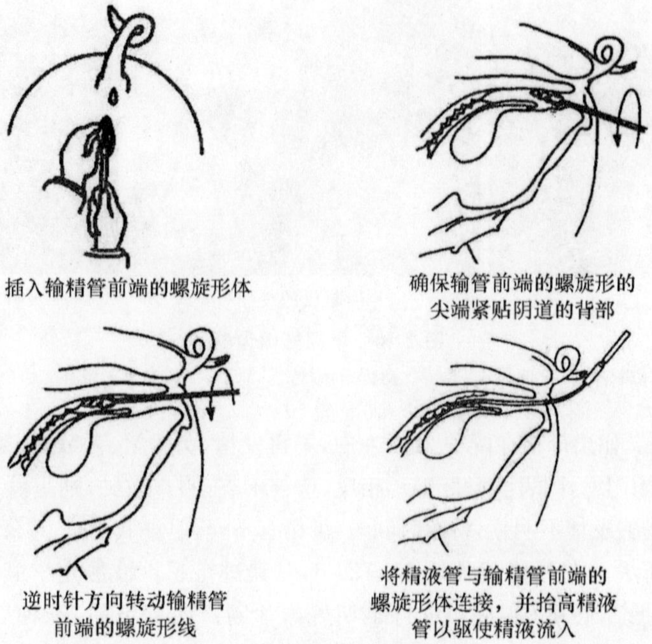

图 2-9　输精过程

（资料来源：加拿大阿尔伯特农业局畜牧处．养猪生产．刘海良，译．北京：中国农业出版社，1998）

任务五　人工辅助本交配种

1. 人工辅助本交配种的方法

①按配种计划将公、母猪赶进配种场地。

②消毒。交配前用 0.1％的高锰酸钾溶液清洗公、母猪外生殖器，再用清水擦净。

③挤净包皮积尿。

④人工辅助将母猪尾巴拉开，保证体内受精。

⑤观察射精情况，一般控制 2 次射精。

2. 注意事项

①配种场所保持安静，地面平坦，环境清洁。

②配种时间最好在早饲前或晚饲前 1 h 进行。

③配种的公、母猪体形大小最好相近。

④配种地点应选在母猪圈附近，禁止在公猪圈附近配种。

⑤配种后不应洗澡或躺在阴暗潮湿的地方。

项目五　饲养管理妊娠母猪

任务一　饲养妊娠母猪

1. 早期妊娠诊断

母猪的早期妊娠的诊断(图 2-10)可以使用以下几种方法。

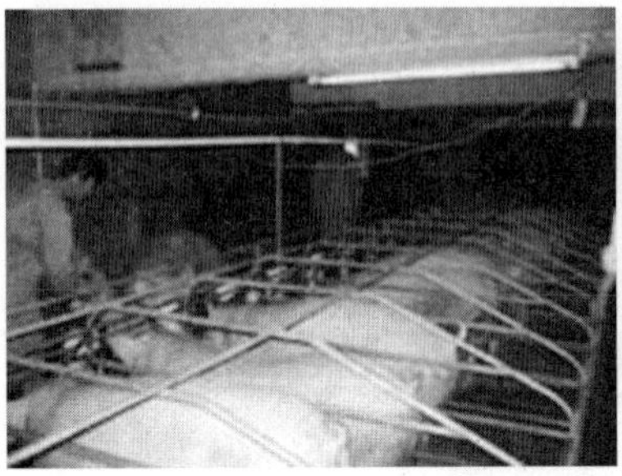
查情

诊断仪的使用

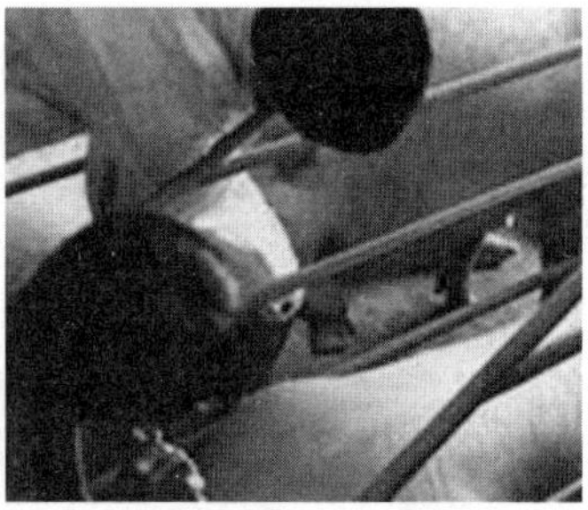
诊断仪探头放置部位

图 2-10 早期妊娠诊断

（资料来源：耿明杰，常明雪．动物繁殖技术．北京：中国农业出版社，2013）

(1)外部观察法　如果母猪在配种 21 d 左右，不再发情，贪睡觉、食欲旺、易上膘、皮毛光、性温驯、行动稳、夹尾走、阴门缩，则表明已妊娠。相反，精神不安，阴户微肿，则是没有受胎的表现，应及时补配。假发情的母猪发情不明显，持续时间短，虽稍有不安，但食欲不减，对公猪反应不明显。

(2)超声波诊断法　在母猪配种后 20～29 d，对其进行超声波测定。其原理是利用超声波感应效果测定猪的胎儿心跳数，从而进行早期妊娠诊断。实验证明，配种后 20～29 d 的诊断的准确率约为 80%，配种 40 d 以后的准确率为 100%。

①具体方法：打开电源开关，并在母猪腹底部后侧的腹壁上（最后乳头上方 5～8 cm 处）上涂一些植物油，将诊断仪的探头紧贴在测量部位。如果诊断仪发生连续响声（嗜——嗜——，如电话通了），说明已妊娠；如果发出间断声音（嗜——嘟——嗜——，如电话占线），几次将探头调整方位均无连续声音，说明未妊娠。

②注意事项：A. 每测试一头母猪前必须涂上耦合剂，以保证探头和猪体接触良好。B. 初次测试未孕应隔 7～10 d 复测进行确定。C. 最早可在配种 18 d 进行初测，30 d 后复测以保证精确测试结果。

2. 预产期推算

(1)3.3.3 法　即从配种之日起，加上 3 月 3 周零 3 d，计 114 d。

(2)计算法　月加 4，日减 6，过大月减 1，过平月加 2。

3. 分析胚胎生长发育规律

(1)胚胎生长发育规律

①前期（配种至妊娠 28 d）：受精卵经 3～4 d 达到子宫角，再经 22 d 才着床形成胎盘，均匀分布，与母体建立密切联系。在形成胎盘前胚胎没有保护，容易死亡；对外界不良刺激敏感。胚胎处于强烈的分化期，绝对增重很小，在 40 胚龄时，不足初生重的 1%。

②中期（妊娠 28～84 d）：增重亦不大，80 日龄的胚胎重约为 400 g，约占初生重的 30%。75 d 以后妊娠是乳腺发育的关键时期。过量摄入能量会增加脂肪沉积，减少乳腺分泌细胞的数量和乳腺中 DNA 和 RNA 的量（DNA 是细胞总数的度量，RNA 是组织中蛋白质合成能力的指标），从而导致泌乳期的泌乳量减少。

③后期（妊娠 88～110 d）：胚胎增重快，特别是最后 20 d 的胚胎生长最快，仔猪初生重的 60%～70%是在此期生长的。胎儿的增长率呈指数级增长，对营养物质的需求增加；若采食量不足，母猪就可能动用妊娠前期积累起来的自身组织，以满足胎儿发育的需要，这就会影响胎

儿发育和泌乳的基础。

(2)影响胚胎生长发育的因素　母猪每次发情排卵 20～30 枚,形成胚胎 17～18 个,形成胎儿 10～15 个,其余都死亡了。在胎盘形成前,胚胎死亡数占受精卵的 25%,在胎盘形成后,胚胎死亡数占受精卵的 12%～15%。胚胎在妊娠 36 d 前死亡又被母体吸收,即化胎;36 d 后死亡形成木乃伊或死胎。导致胚胎死亡的原因如下。

①遗传因素:染色体畸形;排卵数及子宫内环境;近亲繁殖。

②营养因素:A. 营养缺乏。缺乏维生素 A、维生素 E、维生素 D、B 族维生素、泛酸、叶酸、胆碱、硒、锰、碘、锌,导致胚胎死亡、畸形、早产、假妊娠。B. 妊娠前期能量水平过高,配种后 48～72 h 的高采食量导致胚胎死亡。饲料的高采食量会降低血浆中黄体酮水平及子宫特异蛋白质分泌,导致胚胎成活率降低。C. 母猪过肥乳腺发育受影响,胚胎死亡率增高,难产增多,出生仔猪均匀度差。

③管理和环境因素。A. 温度。当环境温度超过 32℃时,母猪出现热应激,激素分泌失调,母猪在配种后的 3 周,特别是第一周内,即使 32～39℃仅持续 24 h,也会使产仔数减少或产死胎。公猪受高温影响精液品质下降,此时配种,受胎率低及胚胎成活率降低。7—9 月应添加维生素 C、维生素 E、硒、镁等,做好防暑降温。B. 在分娩时,仔猪缺氧窒息。70%～80%的胚胎在分娩时死亡。胎盘收缩,血液流通不畅;部分胎盘脱离子宫;在分娩期末位于子宫前端的胎儿由于移行距离过长,脐带早断而窒息死亡。

④疾病因素:某些疾病对母猪的繁殖形成障碍。临床上出现母猪“假妊娠”、死胎、木乃伊增加、产弱仔、产后即死、母猪流产等不良后果。如猪瘟、细小病毒、日本乙型脑炎、伪狂犬病、繁殖与呼吸综合征等。

⑤其他因素:母猪年龄、精液品质、配种时间是否适当;药物使用不当;铅、汞、砷、霉菌和龙葵素中毒;疫苗反应等均会引起胚胎畸形、死亡乃至流产。

任务二　妊娠母猪的饲养管理技术

1. 妊娠母猪的生理特点

(1)体重增加快　青年母猪增重为 35～45 kg。经产母猪增重为 30～35 kg,前期增重慢,后期增重快。

(2)营养利用率高。

(3)合成代谢能力强　母猪饲料的消耗量在妊娠期与哺乳期是相反关系。妊娠期采食量增加 1 倍,哺乳期采食量就下降 20%。

(4)营养分配特点

①经产母猪:第一是维持需求;第二是保证胎儿生长发育的营养需要;第三是妊娠后期乳房组织的发育需要和生殖道增厚的营养需求;第四是营养储存在体内。

②初产母猪:第一是维持需求;第二是保证胎儿生长发育的营养需要;第三是自身生长发育的需要;第四是妊娠后期乳房组织的发育需要和生殖道增厚的营养需求;第五是营养储存在体内。

(5)妊娠母猪的营养不足或过量的后果

①饲喂不足:仔猪初生重减轻;母猪泌乳量下降;仔猪成活率降低;母猪以后的繁殖性能下降。

②饲喂过量:饲养成本增加;胚胎死亡率提高;母猪容易难产;母猪容易压死仔猪;母猪泌乳期采食量降低;乳腺发育不良;以后的繁殖性能下降。因此,应遵循低妊娠、高泌乳的饲养原则。

2. 妊娠母猪的饲养

(1)遵循低妊娠、高泌乳的饲养原则,实施限制饲养

①限制饲养的好处:可增加胚胎成活率;减少母猪难产;减少母猪压死仔猪的概率;减少母猪哺乳期失重;有利于母猪哺乳期食欲旺盛;降低饲料成本;减少乳腺炎发病率;减少肢蹄发病率;延长母猪利用年限。

②限饲方法:单栏饲养法;隔日饲喂法;日粮稀释法;母猪电子饲喂系统。

(2)饲粮要求　饲粮应具有一定体积,即含一定量的粗饲料,猪吃后有饱腹感,但不能压迫胎儿。粗饲料所提供的氨基酸、维生素与微量元素很丰富,这些营养有利于胚胎的发育,同时可防止母猪的卵巢、子宫、乳房发生脂肪浸润,并有利于提高母猪的繁殖力与泌乳力。日粮营养全面,多样配合,全价适口。母猪在妊娠3个月后就要限制青粗饲料的供给量。适当增加轻泄性饲料,以防便秘,如麸皮。严禁喂发霉、变质、冰冻、有毒和有害的饲料;生饲并供足饮水。

表 2-5　妊娠母猪饲料配方

原料名称	营养含量/%	营养素名称	营养含量/%
干玉米	52	粗蛋白质	15
米糠粕	20	钙	0.96
豆粕 CP43	12.2	总磷	0.87
麦麸	8	可利用磷	0.4
DDG	4	盐	0.4
石粉	1.6	赖氨酸	0.67
磷酸氢钙	1.2	蛋氨酸+胱氨酸	0.54
盐	0.4	苏氨酸	0.56
预混料	0.5		
胆碱 50%	0.1		

注:配比和为100%、猪消化能为12.97 MJ/kg。

(3)分阶段饲养

①妊娠前期(0～28 d):胚胎顺利着床。控制采食量以减少胚胎的死亡。关键是配种后的48～72 h。应在配种后2 d内将饲喂量降低至2.0(1.8～2.2)kg/d。

②妊娠中期(29～84 d):调整体况。饲喂量为2.0～2.5 kg/d。

③妊娠后期(85～110 d);促进胎儿的快速生长。饲喂量为2.8～3.5 kg/d,(初产的饲喂量为2.8～3 kg/d,二产以后的饲喂量为3.2～3.5 kg)。

④产前(111 d至分娩):预防便秘,顺利分娩。产前24～36 h,饲喂量为2～2.5 kg/d,每天至少采食1.5～1.8 kg。否则,易患溃疡和便秘,产仔当天可少喂或不喂。

⑤青年母猪增加日粮:冬季可增加喂量10%～20%,日喂2～3次。妊娠期母猪在各阶段的推荐饲喂量(在体况正常情况下)见表2-6。

表 2-6　妊娠母猪在各阶段的推荐饲喂量

时间	日龄	饲喂量/[kg/(头·d)]
妊娠前期	配种至妊娠30 d	2.0～2.3
妊娠中期	妊娠30～75 d	2.0～2.8
妊娠后期	妊娠75～110 d	2.5～3.5
分娩前5 d		逐渐减量,分娩当天喂1.0或不喂

3. 科学管理妊娠母猪

(1)单栏或小群饲养　单栏饲养是指母猪从妊娠到产仔前，均饲养在限位栏内。小群饲养是指将配种期相近、体重大小和性情强弱相近的3～4头母猪，放在同一栏内饲养。占地面积为1.5～2 m^2/头，有足够多的饲槽(槽长与全栏母猪肩宽等长)，饮水器高度为平均肩高加5 cm，一般为55～65 cm。

(2)创造良好环境　卫生、清洁，地面不能过于光滑，坡度为3%左右，做好防暑降温工作。舍温为15～20℃(当温度超过32℃时，胚胎易死亡或流产)。妊娠初期应绝对安静，避免刺激。一般情况下，配种后21 d内不能打任何针(包括疫苗)。

(3)适当运动　前期限制运动，中后期适当运动，产前1周停止户外运动。

(4)做好日常管理，防止流产　态度温和，避免惊吓、打骂，经常触摸腹部，对初产母猪，产前进行乳房按摩。每天刷拭猪体以保持皮肤清洁。观察其采食、饮水、粪尿和精神状态的变化，预防疾病发生和机械刺激，如挤、斗、咬、跌、骚动等，防止流产。

任务三　母猪流产的原因及预防

1. 流产的原因

母猪怀孕不足16周，在胎儿出生、具备生存能力以前终止妊娠的现象称流产。其原因归纳如下。

(1)营养因素　长期缺乏蛋白质及维生素A、维生素E、维生素B_1、维生素B_2、维生素B_6、维生素B_{12}、泛酸、胆碱、锰、碘和锌等；硒添加过量。

(2)疾病因素　卵巢炎、子宫炎、阴道炎和感冒等。传染病和寄生虫病，如猪繁殖呼吸障碍综合征、圆环病毒病、细小病毒病、乙型脑炎、伪狂犬病、肠病毒感染、猪脑心肌病毒感染、巨细胞病毒感染、猪瘟、狂犬病、布鲁氏菌病、李氏杆菌病、丹毒杆菌病、钩端螺旋体病、附红细胞体病和弓形体病等。

(3)管理因素　夏季高温，通风不畅。地面过于光滑，行走摔倒，出入圈门挤撞。饲养员粗暴对待母猪或不正确的驱赶。突发性强声刺激。采食发霉变质饲料、有毒有害物质、冰冷饲料。

(4)其他因素　不合理用药、免疫接种不良反应、近交等。怀孕母猪服用子宫收缩药、泻药及利尿药、麻醉剂等都能导致流产。雌激素、前列腺素F可引起流产；大量使用糖皮质激素类药物可引起母猪流产，如地塞米松；各种雌激素类药物容易引起母猪妊娠中止和假孕；抗蠕虫药物，如苯丙咪唑类药物(芬苯达唑、阿苯达唑、噻苯达唑等)可能引起畸形胎而使妊娠中止，特别是在受精后20～40 d；大量使用血虫净(贝尼尔)可引起母猪流产；大环内酯类药物如使用量超过3 mg/kg体重，就可能引起怀孕后期母猪流产；阿散酸在饲料中的添加量超过250 mg/kg，可引起死胎或流产；在妊娠期接种流感疫苗和其他病毒性疫苗可引起母猪在怀孕后期流产。

2. 预防措施

(1)合理选配　避免近亲交配。

(2)搞好驱虫、免疫与消毒。

(3)正确饲养　合理配制饲粮，满足营养需要；严禁饲喂腐败及冷冻、有毒饲料，饲喂要定时定量，防止饥饿、过渴而出现暴饮暴食。

(4)科学管理　防止机械伤害，提供适宜的环境，不粗暴对待母猪。

(5)及时淘汰　对有遗传缺陷和习惯性流产医治无效的母猪要淘汰。

项目六　安全分娩

任务一　做好产前准备

1. 准备产房

(1)计算需要的分娩栏数量　某猪场有基础母猪100头，实行常年均衡生产，以周为一个生产节律，仔猪在4周龄时断奶，从断奶到配种时间间隔为7 d，情期受胎率为85%，分娩率为97%，空舍消毒1周，断奶后的仔猪留产房1周，再转入保育舍，试计算此猪场需多少分娩栏？

第一种算法：分娩栏需要数＝周产仔窝数×占栏周数

繁殖周期＝7＋114＋28＋21×(1～85%)＝152(d)

年产总窝数＝365÷152×97%×100＝233(窝)

周产仔窝数＝233÷52＝4.48(窝)

分娩栏需要数＝周产仔窝数×占栏周数＝5×6＝30

第二种算法：先求存栏哺乳母猪数，再求需要的分娩栏数

存栏哺乳母猪数＝基础母猪数×年产胎次×饲养日/365

哺乳母猪数＝100×2.33×(7＋28)÷365＝22.3

需要分娩栏数＝22.3×(35＋7＋7)÷35＝31.22

(2)接产要求　产仔舍必须实行全进全出。产仔舍应清洁、卫生、干燥。温度为15～22℃，相对湿度为50%～70%。产仔舍定期消毒。在使用前1周，用2%～3%火碱水溶液或其他消毒液彻底消毒。其消毒程序为清、冲、喷、熏、空，具体步骤如下。

①清扫：清除粪便、污物。

②冲洗：用高压水枪冲洗，特别是仔猪活动区的缝隙、饲槽等。

③喷洒或喷雾：用2%～3%火碱水溶液或其他消毒液彻底消毒，6～8 h后用清水冲洗备用。天棚顶用0.2%过氧乙酸喷洒消毒。

④熏蒸消毒：药量为每立方米空间用福尔马林42 mL、高锰酸钾21 g，容器的容量应为所盛福尔马林容积的4倍以上。其条件是温度达21℃以上，是以25℃为最好，相对湿度为60%～70%，密闭24 h。其操作方法为药量多时可用多个容器，多人操作，并将熏蒸人员分成几组，按照从舍内向门口的方向顺序，依次将福尔马林倒入高锰酸钾，在最后一组人员倾倒完成后，迅速关闭猪舍门窗并封严。

⑤空气干燥。消毒后，通风，打开门窗24 h后，再使用。

2. 准备接产用品

仔猪保温箱、毛巾、耳号钳子、耳标、记录表格、消毒用药(5%碘酊、0.1%高锰酸钾溶液、2%～5%来苏儿等)等。

3. 分娩前母猪的处理

入产房前把猪体清洗消毒，临产前对母猪后躯、乳头清洗、消毒。

4. 接产人员准备

饲养员接产，昼夜值班。指甲剪短磨光、消毒。

任务二　接　　产

1. 乳房变化

产前 15～20 d:乳房膨大,呈两条带状隆起,皮肤发红发亮,乳头呈“八”字形外展。

2. 乳汁出现

(1)前面乳头能挤出乳汁　约在 24 h 内产仔。

(2)中间乳头能挤出乳汁　约在 12 h 内产仔。

(3)后面乳头能挤出乳汁　在 4～6 h 内产仔,当最后一对乳头乳汁放线时,还有 1～2 h 产仔或即将产仔。

3. 外阴变化

产前 3～5 d,阴唇红肿,尾根两侧下陷。

4. 行为变化

(1)产前 6～10 h　叼草做窝。

(2)产前 1 h　躺卧,四肢伸直,阵缩渐快。

(3)阴户流出白色或混有血液的稀薄液体(羊水)　说明分娩马上开始。“三看一挤”中的“三看”:一看乳头、二看尾根、三看表现。“一挤”:挤乳。

2. 母猪分娩过程

在羊水流出后的 20～30 min 以内,就应产出第一头仔猪,时间过长会导致分娩困难。两头仔猪的产出间隔一般为 5～25 min。整个分娩过程为 1～4 h。在分娩完成后 10～30 min 内,就会排出胎衣,有时也在分娩中排出部分胎衣(胎衣处理)。

3. 接产技术

(1)消毒　母猪乳房及后躯消毒。

(2)擦黏液　三擦一破:用手指将仔猪的口、鼻的黏液掏出并擦净,再用抹布将全身黏液擦净;撕破胎衣。

(3)断脐　先将脐带内的血液向仔猪腹部方向挤压,距离腹部 4 cm 处,用消毒过的结扎线结扎,掐断或剪断,碘酒消毒。

(4)剪犬齿　产后 12～24 h,要剪平,不可扭转或拉扯,以免伤及牙龈。

(5)断尾　留 1/3,剪去 2/3。用 5%碘酊消毒。

(6)乳前免疫　必要时做猪瘟弱毒苗乳前免疫,剂量为 3 头份。注射疫苗 2 h 后,吃奶。

(7)开口药　口服庆大霉素 1 mL,防下痢。

(8)保温　放入保温箱内,箱内温度控制在 32～35℃。

(9)早吃初乳　10～20 min,不超过 1 h。随生随哺或产后同哺,吃初乳前将头几滴乳汁挤掉。

(10)填写产仔记录　种猪场应在 24 h 之内进行个体称重,并剪耳号。

(11)清理现场　清洗母猪乳房、外阴和体表,必要时用抗生素灌注生殖道,适当补充水分和营养;清洗圈栏和消毒,更换垫草。

4. 假死仔猪的急救

(1)假死　仔猪在出生后全身发软、不呼吸,但有微弱心跳。

(2)假死的原因　由仔猪在母猪产道内停留时间过长引起的窒息所致。

(3)假死的急救

①人工呼吸:用两手分别托住仔猪的头部和臀部,腹部向上,一屈一伸,促其呼吸。若能在38～39℃的温水中操作,急救的效果更好。

②吹气法:向假死仔猪鼻内用力吹气,促其呼吸。

③倒提拍背法:拍胸拍背,使呼吸道畅通。

④用酒精棉刺激:刺激仔猪鼻部促进呼吸。

5. 难产及其处理

(1)难产　仔猪不能顺利产出称为难产。难产的类型分为:产道难产,由产道狭窄引起;胎儿难产,由胎位不正引起;产力难产,由子宫收缩力不够引起(催产素只对这种难产起作用)。

(2)难产的判断

①在羊水流出后,长时间(半小时以上)努责、阵痛,直到排出粪便而无仔猪产出,可视黏膜发绀等。

②母猪体弱、疲劳、产程过长,子宫收缩无力,仔猪长时间产不出。

③开始产仔顺利,后面无产力,产不出仔猪,产仔间隔超过 30 min。

(3)难产的处理

①注射催产素:产道正常、胎儿不大,胎位正常的处理方案。注射完催产素后,可按摩乳房,即双手按摩前 3 对乳房 5～8 min,可促进催产素分泌。若不奏效,可注射催产素:可按每 50 千克体重 1 mL,臀部肌内注射,20～30 min 后可产出。

催产素使用方法:在子宫颈口完全打开以后,再注射催产素;禁止在初产母猪上使用;对于正常分娩的母猪来说,应该在最少产出 6 头仔猪以后,再使用催产素;在母猪分娩 40 min 没有仔猪产出时,使用催产素;每头母猪最多使用两份剂量的催产素。

②人工助产:指甲剪短磨光,消毒、手臂涂润滑剂,如凡士林、肥皂水等。当胎位不正时,可将胎儿推到子宫矫正胎位;当胎儿过大,需施加外力将胎儿拉出。若腿在外时,一般可以直接拉出。当头向外拉出有困难时,可借助产科钩,要消好毒,钩不能离手,钩住胎儿眼窝、下颌等适当部位,轻轻拉出。动作要轻,防止损伤产道。

③助产后的处理:用青霉素、链霉素(青霉素 15 g、链霉素 5 g、0.9%生理盐水 1 000 mL)清洗子宫,在子宫灌洗半小时后,注射催产素 30 IU;在助产过程中尽量避免产道损伤或感染,助产后给母猪注射 5～7 d 的抗生素药物,以防感染。

6. 分娩前后母猪的护理技术

(1)母猪分娩前的护理

①产前 1 周进入产房。停止驱赶和放牧运动,让其在圈内自由活动。建立值班制度,观察母猪的临产征候。

②适当减料。膘情和乳房发育良好的母猪于产前 3～4 d 减料,逐渐减到妊娠后期营养水平的 1/2 或 1/3,到产前前 1 天为 1.5～1.8 kg,产仔当天不喂或少喂,并停喂青绿多汁饲料。膘情与乳房发育不好的母猪对其不减料,还应加喂一些含蛋白质较多的饼粕类饲料或动物性饲料。

(2)母猪分娩后的护理

①药物护理。产后要对母猪做适当的药物护理(包括产道冲洗、抗生素使用等)。

②根据膘情逐渐加料。母猪在分娩过程中一般不喂食。母猪在分娩后应喂给稀的温麸皮盐水汤。产后 2～3 h 第一次饲喂,喂量为 0.5 kg,以后逐渐增加饲喂量,5～7 d 达到最高采食量。

③保证清洁足够的饮水。

④对膘差、奶少的母猪加催乳料。

⑤保持安静，充分休息，细心观察。

项目七　饲养管理哺乳母猪

任务一　饲养管理哺乳母猪

①提供母猪需要的所有养分以满足母猪泌乳，维持繁殖性能需要的消化能 11.72 MJ/kg，粗蛋白质含量为17%以上、赖氨酸 0.85%～0.90%、钙 0.85%、总磷 0.78%(有效磷 0.35%)、食盐 0.5%。维生素按 NRC 2～5 倍添加。哺乳母猪饲料配方见表 2-7。

表 2-7　哺乳母猪饲料配方　%

原料名称	营养含量	营养素名称	营养含量
干玉米	55	粗蛋白质	18
大豆粕 CP46	16	钙	0.85
麦麸	14	总磷	0.78
DDG	4	可利用磷	0.4
发酵豆粕	4	盐	0.45
棉粕	2	赖氨酸	0.87
米糠油	1.5	蛋氨酸＋胱氨酸	0.63
石粉	1.3	苏氨酸	0.65
磷酸氢钙	1.15	色氨酸	0.21
盐	0.45	缬氨酸	0.85

注：配比和为 99.4%，猪消化能为 13.80 MJ/kg。

②保证饲料质量与成分稳定。新鲜适口，使用湿拌料、颗粒料。

③合理投喂。第一周逐步增加饲喂量，然后自由采食。饲喂量如表 2-8 所示。

表 2-8　哺乳母猪饲喂量

产后时间	饲喂量	备注
产后 2～3 h	饮以麸皮水(1 份麸皮加 10 份水)	产仔当天停料
1～4 d	1～2.5 kg/d	
5～6 d	2＋0.2 kg/头	
7 d后	2＋0.4 kg/头	
断奶前 3 d	2＋0.3 kg/头	断奶当天停料

注：母猪泌乳高峰采食量估算为(1.5～2)＋(0.4～0.5×哺乳仔猪数)，每天不得少于 5 kg。

④日喂 3～4 次，间隔均匀。具体时间为 5:00、11:00、16：00、21：00。

⑤保证充足饮水。夏季 25～35 L/d，水流量为 2 L/min。

⑥提供适宜环境。圈舍内干燥、清洁，温度适宜(15～22℃)，阳光充足，空气新鲜。

⑦保护好乳房和乳头，避免损伤，充分利用（特别是初产母猪）。

⑧合理运动和观察。当地面平整时，每天可安排母猪到舍外进行 1 h 的自由活动。

任务二　母猪无乳或少乳的原因分析及预防

1. 无乳或少乳的原因

(1)营养方面

①母猪饲料配制不合理，饲料单一。

②能量水平过低或过高，乳腺发育期喂量过多。

③维生素、微量元素缺乏（如维生素 E 和硒）。

④饲料突变。

⑤饲料原料粉碎过粗或过细（过粗导致消化不良，过细导致便秘）。

⑥饲料霉变。

(2)疾病方面　接产不当，产栏（圈）不洁，母猪产后患子宫内膜炎、乳腺炎，体温升高而无奶。

(3)应激

①母猪妊娠后期转群的驱赶以及环境的变化。

②分娩时的紧张。

③新生仔猪啃咬乳头。

④注射药物。各种应激因子均能刺激母猪的感受器官，引起兴奋，刺激相应的神经系统，致使泌乳下降。

(4)环境　环境嘈杂、高温等。

(5)其他　配种过早、胎次过高等。

2. 预防措施

①营养全价平衡，供量合理。保证维生素 E 和硒供应。

②避免机械撞伤。以免损伤乳头和乳房而发生乳腺炎。

③保持良好的卫生环境，预防疾病。

④初产母猪在产前半个月，每天进行 2 次乳房按摩。

⑤加强产后监控工作。

⑥适时配种和淘汰老龄母猪。

3. 催乳方法

①豆浆、小米粥、亚麻子糊（用亚麻子 5 kg，炒熟压碎混入粥料中，分 3～4 d 喂给，每天 2 次）等。

②将胎衣洗净，煮 20～30 min，切碎拌料，每天 2～3 次，严禁生吃。

③优质鱼粉和肉骨粉等动物性饲料。

④青绿多汁饲料。

⑤海带促乳：每周用海带 400 g，泡涨后切碎加入 100 g 动物油拌和，再加水 4 kg 煮成海带汤，将汤分成 7 等份，每天早晨给母猪喂一次。

相关知识

1. 我国地方优良品种

猪的品种是在一定的自然和社会经济条件下，经人工选择形成的具有共同来源、相似并能稳定遗传的外形和生产性能，拥有一定数量的种群。不同品种具有不同的外貌特征和生产性能。我们只有了解每个品种的特性，才能利用它们更好地为生产服务。根据来源不同，我国现有猪种可以分为地方品种、培育品种及引入品种 3 大类。

地方品种是指原产于我国的猪种。我国地方品种资源丰富，据 1986 年的《中国猪品种志》和联合国粮农组织(FAO)统计，中国现有地方品种 48 个。

按照各地猪种的生产性能和体形、外貌等特征，参考其来源、分布和饲养管理特点、当地的农业生产情况及自然条件等因素，可以分为 6 大类型：华北型、华南型、华中型、江海型、西南型和高原型。

我国地方品种猪的优点：适应性强、耐粗饲、性早熟、产仔数高、母性好、肉味香浓。其缺点：生长速度慢、饲料利用率低、瘦肉率低、脂肪含量高。

(1)华北型　华北型猪主要分布在秦岭淮河以北，包括黑龙江、吉林、辽宁、河北、新疆、内蒙古、宁夏、山西等地区，陕西、湖北、安徽、江苏等的大部分地区；青海西宁、四川广元等地区。这些地区气候较寒冷、干燥。饲养较粗放，喂猪的青饲料比例较高，多采取放牧或放牧与舍饲相结合。

①毛色与外形。猪的体形健壮，骨骼发达。外形表现为体躯高大，四肢粗壮，背腰狭窄，大腿部够充实，头较平直，嘴巴长，耳、头大，额间多纵行皱纹，皮厚多皱褶，毛粗密，鬃毛发达，毛色大多数为全黑。

②生产性能。产仔数多在 12 头以上，仔猪育成率高，乳头有 8 对左右，性成熟早，一般多在 3～4 月龄时开始发情。公、母猪在 4 月龄左右即初次配种，产仔数在三四胎以后才达到成年猪的较高水平。

③猪种代表。东北民猪(图 2-11)。

图 2-11　东北民猪

(2)华南型　华南型猪主要分布在云南西南和南部边缘、广西壮族自治区、广东省偏南的大部分地区及福建省的东南角和中国台湾地区。其分布地区位于亚热带，雨量充沛，气候温暖，夏季较长，饲料丰富，青绿色多汁饲料最多，养猪条件最好。

①毛色与外形。体躯较短、矮、宽圆、肥、皮薄毛稀，鬃毛短少，毛多为黑色或黑白花，外形

呈现背腰宽阔，腹多下垂，臀部丰圆，四肢开阔而粗短多肉，头较短小，面侧稍凹，额有横行皱纹，耳小上竖或向两边平伸。

②生产性能。产仔数一般每窝 8～9 头，个别高达 11～12 头，乳头为 5～6 对，性成熟较早，母猪多在 3～4 月龄时开始发情，6 月龄左右体重达 30 kg 以上可以配种。

③猪种代表。广西陆川猪(图 2-12)。

图 2-12　广西陆川猪

(3)华中型　华中型猪主要分布在长江和珠江之间的广大地区。该地区属亚热带，气候温暖，雨量充沛，自然条件较好，青饲料有甘薯藤、苦荬菜、萝卜菜、芋荷叶及各种水草与蔬菜边叶等。多汁料有南瓜、甘薯、胡萝卜等，精料有米糠、碎米、麦麸、油粕、豆类、豆渣和酒糟等。

①毛色与外形。体质较疏松，早熟，背较宽，骨骼较细，背腰多下凹，四肢较短，腹大下垂，体躯较华南型猪大，额部多有横行皱纹，耳较大且下垂，被毛稀疏，毛色多为黑白花。

②生产性能。介于华北型猪与华南型猪之间。乳头为 6～7 对，一般产仔猪数为 10～12 头，生长较快，成熟较早，肉质细致。

③猪种代表。浙江金华猪(图 2-13)。

图 2-13　浙江金华猪

(4)江海型　江海型猪主要分布于汉水和长江中下游。这一区域属自然交错地带。猪种间混杂，杂交类型较多，交错的地带也更宽阔，在长江下游和沿海地区最为突出，所有这一区域的猪种都被称为华北、华中过渡型，又称江海型。该区域气候温和雨量充沛，土质肥沃，适合种稻麦、玉米等作物。

①毛色与外形。毛黑色或少量白斑，头大小适中，额较宽，皱纹深且多呈菱形，耳长，大而下垂，面侧有不同程度的凹陷，背腰较宽，平直或稍凹陷，腹部较大，骨骼粗壮，皮多有皱褶，积累脂肪能力较强，增重较快。

②生产性能。乳头在 8 对以上，性成熟早，母猪在 3～4 月龄时开始发情，经产母猪产仔数

在13头以上,繁殖力高。

③猪种代表。太湖猪(图2-14)。

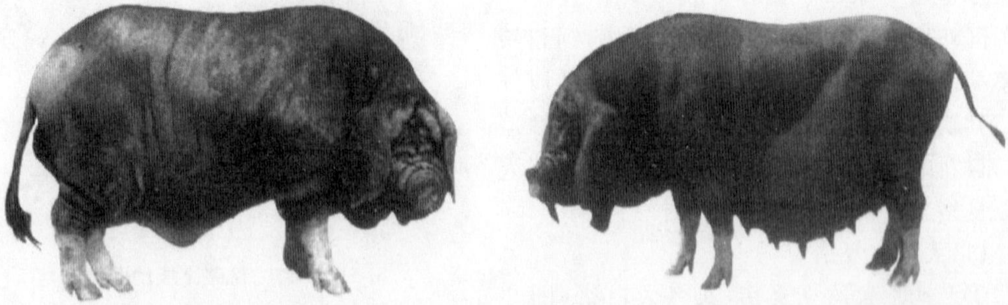

图 2-14 太湖猪

(5)西南型 西南型猪主要分布在云贵高原和四川盆地。云贵高原的气候西部冬暖夏凉,四季如春,有明显的干湿季,东部气候较湿润,阴雨天较多。四川盆地四周多山,盆地内丘陵广布,具有春旱、夏热、秋雨、冬季暖,无霜期长,降水丰富等特点。它是稻麦的重要产区。

图 2-15 四川内江猪

①毛色与外形。头大,腿较粗短,额部多有旋毛或横行皱纹,毛以全黑和"六白"较多,也有黑白花和红毛猪。

②生产性能。产仔数一般为8～10头,初生重为0.5～0.8 kg,哺乳率为92%,在较好的饲养条件下,6月龄公猪平均体重为65～85 kg,母猪平均体重为60～75 kg。

③猪种代表。四川内江猪(图2-15)和荣昌猪(图2-16)。

图 2-16 荣昌猪

(6)高原型 高原型猪主要分布于青藏高原,多集中在海拔较低的草原和河谷地带的农区和半农半牧区。该地区地势高、气候干寒,饲料较缺乏,故高原猪终年以放牧采食为主。

①毛色与外形。高原猪属小型晚熟种,长期放牧,体形紧凑,四肢发达,系短而有力,蹄小结实,嘴尖长而直,耳小而直立,背窄而微弓,腹紧,臀倾斜。由于高原气压低,空气稀薄,猪的运动量又大,故心肺较发达,身体健壮,皮相对较厚,鬃毛发达而富有弹性,并生有绒毛。

②生产性能。产仔数为5～6头,初生重为0.25～0.5 kg,哺乳率在夏季较高,在冬季较

低，屠宰率为72%左右。

③猪种代表。青藏高原的藏猪(图2-17)。

图2-17 青藏高原的藏猪

2. 主要外来品种及其利用

国外品种猪的优点是生长发育快，饲料转化率高，胴体瘦肉率高，遗传稳定，肉的品质好等。其缺点是饲料及环境要求较高，适应性差等。自新中国成立以来，我国引进的品种有大约克夏猪、长白猪、杜洛克猪、皮特兰猪等。

(1)大约克夏猪

①产地。大约克夏猪，又名大白猪(图2-18)，原产于英国，于18世纪育成，是世界上著名的瘦肉型猪。引入我国后，经过多年培育驯化，已经有了较好的适应性。其主要优点是生长快，饲料利用率高，产仔较多，胴体瘦肉率高。我国已经引入了英系(英国)、法系(法国)、加系(加拿大)和美系(美国)等大约克夏猪。

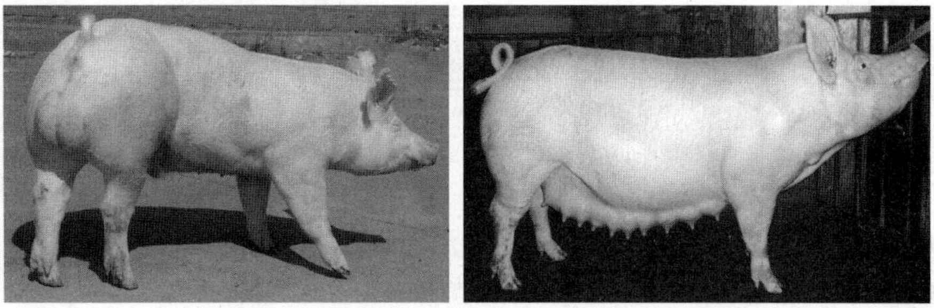

图2-18 大约克夏猪

②体形外貌。大约克夏猪最早分大、中、小三个类型。其中，中型猪属兼用型，小型猪属脂肪型。目前小型猪已少见，中型猪也日渐减少，而大型猪却遍布世界各地。大白猪体躯大，体形匀称，被毛全白，少数额角皮上有小暗斑，颜面微凹，耳大直立，背腰多微弓，腹充实而紧，四肢较高。

其被引入中国后，体形无明显变化，在饲养水平较低的地区，体形变小或腹围增大。成年公猪体重为250～300 kg，成年母猪体重为230～250 kg。新引进的英系、德系大约克夏猪的共同特点是四肢较短、臀部肌肉更发达，背宽、背中线呈一条凹沟，人们称之为双脊臀，如图2-19所示。

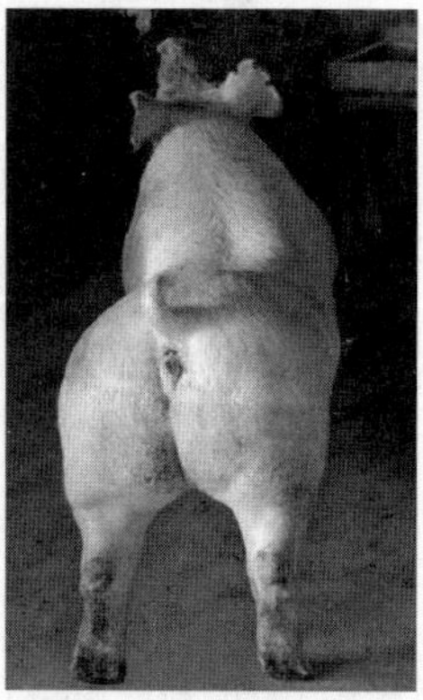

图2-19 大约克夏猪后躯

③生产性能。相对于其他国外引进猪种而言，大约克夏猪的繁殖性能较高。母猪于7～9月龄时达到性成熟，母猪平均妊娠时间为114 d，发情周期为18～22 d，发情持续期为3～4 d，母猪初产仔猪数为8～10头，经产母猪产仔数10～12头。母猪泌乳性较强，哺育率较高。大约克夏猪具有增重快、饲料转化率高的优点。畜牧业发达国家的大约克夏猪经高度选育已具有很高的生产水平。6月龄体重可达100 kg左右，胴体瘦肉率为61%。

④杂交利用　20 世纪初，被引入的大约克夏猪广泛分布于中国各地。经过长期的驯化，大约克夏猪已基本适应了中国的自然生态条件和养猪生产方式。在国内的二元杂交中，常用大约克夏猪作为父本，地方猪种作母本开展杂交生产。例如，用大白猪作父本与民猪杂交、获得了较好的杂交效果，其杂种一代猪日增重分别比母本提高 26.8%，眼肌面积增大，瘦肉率有所提高。在国外的三元杂交中，大约克夏猪用作母本或第一父本。

(2)长白猪

①产地。长白猪又名兰德瑞斯猪，原产于丹麦，它是世界上著名的瘦肉型猪种之一(图 2-20)。

图 2-20　长白猪

②体形外貌。长白猪体格长，成年公猪体重为 230～280 kg，成年母猪体重为 210～250 kg，长白猪外貌清秀，体躯呈流线型。被毛纯白且浓密柔软，头狭长，颜面直，耳大前倾，颈、肩部轻盈，背腰特长，腹部直而不松弛，体躯丰满，后腿肌肉发达，皮薄，骨细结实，乳头 6～7 对。被引入中国的长白猪经长期驯化，体质由纤弱趋于强壮，蹄质变得坚实，体形由清秀趋向疏松。各国培育的长白品系的体形、外貌大同小异，各有特点，如瑞典系长白猪的猪体较粗壮，美系长白猪的猪体较高，而后躯的肌肉不太丰满等。近十多年来，新培育出的丹系长白、英系长白、德系长白猪的共同特点是后躯肌肉更发达，背最长肌更粗，背中线呈一条凹沟，四肢较短。

③生产性能。母猪于 8～10 月龄时达到性成熟，公猪于 9～11 月龄时达到性成熟，母猪平均妊娠时间为 114 d，发情周期为 21～23 d，发情持续期 3～4 d，长白猪的繁殖性能较好。自引入中国后，母猪初产仔数为 9～13 头。该品种增重速度快，省饲料，但对饲料营养要求严格，6 月龄体重可达 95 kg 以上，胴体瘦肉率 62%以上。

④长白猪在国外二元杂交中常作为第一父本或母本。1964 年，长白猪首次被引入中国。在引种初期，存在易发生皮肤病、四肢较软弱、发情不明显、不易受胎等缺点。20 世纪 80 年代之后，经多年驯化，这些缺陷有所改善，体质日趋粗壮，适应性提高，分布范围日益扩大。各地多用长白猪作第一父本开展二元或三元杂交，在较好的饲养条件下，杂种猪生长速度快，且体长和瘦肉率的杂交改良效果明显。例如，以长白猪为父本，民猪、金华猪、荣昌猪、北京黑猪、上海白猪为母本的二元杂交后代，均能显著提高日增重、瘦肉率和饲料转化率；长杜监、长大太或长太大等三元杂交后代日增重可达 628～695 g，饲料转化率为 3.15%～3.30%，胴体瘦肉率为 57%～60%。

(3)杜洛克猪

①产地和特点。杜洛克猪原产于美国东北部，于 18 世纪育成，是世界上著名的瘦肉型猪，被俗称为红毛猪。其主要从美国、匈牙利、日本引入，现已遍布全国。其优点是体质健壮，抗逆性强，饲养条件比其他瘦肉型猪要求低，生长速度快，饲料利用率高，胴体瘦肉率高，肉质较好。

在杂交利用中一般作为父本(图 2-21)。

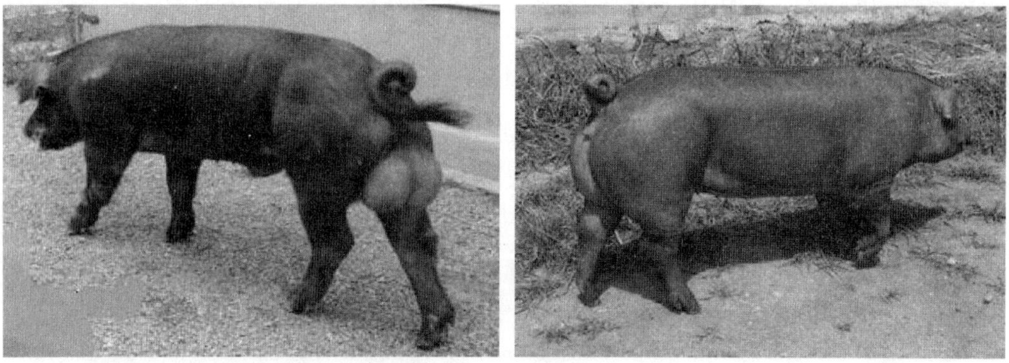

图 2-21 杜洛克猪

②体形外貌。杜洛克猪体形大,成年公猪体重为 350～400 kg,成年母猪体重为 400～450 kg,全身被毛呈金黄色或棕红色,色泽深浅不一。两耳中等大,略向前倾,耳尖稍下垂,头小清秀,颜面微凹,嘴短直,体形均匀,成年后背腰稍呈弓形,胸宽而深,四肢粗大,结实,多直立。

③生产性能。母猪于 6～7 月龄时开始第一次发情,公猪于 8～10 月龄时达到体成熟,母猪平均妊娠时间为 115 d,发情周期为 19～22 d,发情持续期为 2～3 d,杜洛克猪产仔数不高,母猪初产仔猪数为 8～9 头,经产母猪产仔数为 8～10 头,仔猪生命力强,断奶存活率较高。增重速度快,饲料利用率高,胴体瘦肉较多。在良好的饲养管理条件下,生后 6 月龄体重可达 100 kg 以上。胴体瘦肉率达 60%～65%。相对于其他国外引入猪种而言,杜洛克猪的体质更为强健,肌肉更为结实,尤其是腿部肌肉更丰满,比较耐粗饲,对饲料选择不严格,对各种环境的适应性较好,且肉用品质较好,肌内脂肪含量较高,美系杜洛克的肌内脂肪含量达 3.66%。大理石纹分布均匀,嫩度和多汁性较好,氟烷阳性率最低,PSE 和 DFD 肉少。

④杂交利用 中国于 1978 年从英国首次成批引进杜洛克猪,以后陆续从美国、匈牙利、日本等国家较大数量的引入。引入后的杜洛克能较好地适应中国的条件,成为中国商品猪的主要杂交亲本之一,尤其是终端父本。在中国"六五""七五""八五"国家养猪攻关课题筛选出的最优杂交组合中,大部分都是以杜洛克猪为终端父本,它能较大幅度地提高育肥猪胴体瘦肉率,且肉质良好。在国内近 10 年的二元杂交父本中,杜洛克占 51%;在三元杂交终端父本中,杜洛克占 58%。在利用杜洛克猪与中国地方猪种杂交的品种中,一代杂种猪毛色多为黑色,且存在产仔较少、早期生长较差等问题,故在有些地区杜洛克猪作为二元杂交父本不是很受欢迎,而往往将其作为三元杂交中的终端父本用。

(4)皮特兰猪

①产地。皮特兰猪原产于比利时的布拉邦特省。它是由法国的贝叶杂交猪与英国的巴克夏猪进行回交,然后再与英国大约克夏猪杂交育成的。其主要特点是瘦肉率高,后躯和双肩肌肉丰满(图 2-22)。

②体形外貌。体格适中,成年公猪体重为 180～220 kg,成年母猪体重为 160～180 kg,被毛呈灰白色,并带有不规则的深黑色斑点。偶尔出现少量棕色毛,头部清秀,颜面平直,双耳略向前,体躯呈方形,腹部平行于背部,肩部肌肉丰满,臀部肌肉特别发达。背直而宽大,体长

图 2-22 皮特兰猪

150～160 cm。

③生产性能。母猪于 6～7 月龄时开始第一次发情,公猪于 7～8 月龄时达到体成熟,母猪妊娠的平均时间为 115 d,发情周期为 18～21 d,发情持续期为 2～3 d,母猪初产仔猪数为 8～9 头,经产母猪产仔数为 8～10 头。该品种增重速度一般,在良好的饲养管理条件下,生后 6 月龄体重可达 90～100 kg。胴体瘦肉率为 70%。肉质欠佳,肌纤维较粗,氟烷阳性率高,易发生猪应激综合征(PSS),产生 PSE 肉。

④杂交利用　中国引入皮特兰猪的历史较短,始于 20 世纪 80 年代。因其胴体瘦肉率很高,能显著提高杂交后代的胴体瘦肉率,但繁殖性状欠佳,故在经济杂交中多用作终端父本。由于杜洛克猪生长发育快、氟烷阳性基因频率低,皮特兰猪生长速度相对较慢、氟烷阳性基因频率很高,所以可利用皮特兰猪与杜洛克猪杂交。杂交一代公猪作为杂交体系中的父本既可提高瘦肉率,又可减少应激综合征的发生。如皮杜长大四元杂交猪的后躯、臀部肌肉非常丰满,90 kg 体重的胴体瘦肉率可达 67%,应激综合征的发生概率低。

3. 猪的生物学特性

(1)性早熟,多胎高产　猪性成熟较早,常年发情且多胎高产,一般于 4～5 月龄时达到性成熟,于 6～8 月龄即可初次配种。猪妊娠期短,一般为 110～118 d,平均为 114 d。在正常情况下,一头母猪每年至少可分娩 2 胎,每胎产仔数为 10～12 头,若缩短哺乳期,可以达到 2 年 5 胎。就利用年限而言,我国地方猪种一般可达 5～6 年,培育猪种达 3～4 年。

据研究显示,在母猪卵巢中约有卵原细胞 11 万个,但在其繁殖利用的年限内只排卵 400 个左右,母猪在一个发情期内排卵 12～25 个,而实际产仔数只有 8～15 头。试验证明,通过外激素处理,母猪在一个发情期内的排卵数达 30～40 个,个别母猪的排卵数可达 80 个。如果将母猪 60 d 的泌乳时间缩短到 21～35 d,在断奶后 3～10 d,发情配种,母猪年产窝数就可达 2.2～2.5 窝。若母猪每胎产活仔数为 10 头,断奶时的仔猪成活率为 90%,每头繁殖母猪每年就可提供断奶仔猪 20～23 头。因此,在生产上应采取先进的繁殖技术,以充分发挥猪的多胎高产特性,提高养猪生产效益。

(2)生长速度快,沉积脂肪能力强　猪的初生重较小,平均为 1～1.5 kg,仅占成年猪体重的 1%。为了补偿妊娠期内发育不足,仔猪出生后的生长速度很快。30 日龄时的体重达初生重的 5～6 倍,60 日龄时的体重达 18～20 kg,160～170 日龄时的体重可达 90～110 kg。在肉用家畜中,与牛、马相比,虽然猪的胚胎期和妊娠期短,但从初生到成年时的生长强度很大。各种家畜的生长强度见表 2-9。

表 2-9　各种家畜的生长强度比较

畜别	妊娠期/d	生长期/月	初生重/kg	成年体重/kg	体重增加倍数
猪	114	36	1	200	7.64
牛	280	48～60	35	500	3.84
羊	150	24～56	3	60	4.32
马	340	60	50	500	3.44

猪的生长特点不仅在于体重的增加很快，而且体组织的变化也呈现明显的规律性。在一般情况下，小猪(1～2 月龄)阶段的骨骼生长较快，进入中猪(3～4 月龄)阶段后，肌肉生长加快，到大猪(5～6 月龄)阶段，脂肪沉积速度显著加快。现代瘦肉型猪肌肉的生长强度比脂肪型猪大，生长高峰也出现较晚，大多在 50～70 kg；而脂肪型猪的肌肉生长高峰则在体重较小时出现；同时随着体重和月龄的增加，脂肪组织在猪的生长发育后期生长速度明显加快。由于脂肪组织含能量多，此阶段猪的增重从饲料中需要的能值较高。生产中应根据这一规律科学饲养后备猪和肥育猪，即采用在猪的生长发育前期充分饲养，后期适当限饲的方法。这样不但能明显提高肉猪的瘦肉率，而且有利于降低饲料消耗。

(3)杂食性，饲料来源广，饲料转化率高　猪是杂食动物，不仅有发达的门齿、犬齿、臼齿，而且唾液腺发达。另外，猪胃是属于食肉动物单胃和反刍动物复胃之间的中间类型，容量为 7～8 L，同时消化道也很长，其中小肠长度为 16～20 m，大肠长度为 4～5 m。由于具有这样的消化道结构，猪不但能够广泛地采食动物性、植物性和矿物质等饲料，而且表现出采食量大、消化能力强、利用率高的特点。猪对精料有机物的消化率为 76.7%，对青草和优质干草的消化率分别为 64.6%和 51.2%。虽然猪的采食量大，对精料消化利用率较高，但猪有一定的择食性且喜欢甜味。由于猪对饲料中的粗纤维消化主要靠大肠微生物分解，若饲粮中的粗纤维含量过多，猪对饲料的适口性和消化率会降低。因此，猪的饲粮应以精料为主，控制日粮中粗纤维的比例。

(4)嗅觉和听觉灵敏，视觉较差　猪嗅区广阔，嗅黏膜的绒毛面积大，并且嗅区的神经非常密集，因此，猪的嗅觉非常灵敏。据测定，猪对气味的识别能力比狗高 1 倍，比人对气味的识别能力高 7～8 倍。仔猪在生后几小时便能依靠嗅觉辨别气味，寻找乳头，3 d 内即可固定乳头；猪还能依靠灵敏的嗅觉有效地寻找埋在地下的食物，识别同群内的个体，辨别自己的圈舍，并对外来的仔猪迅速识别，加以驱出；同时猪灵敏的嗅觉在性活动当中，也占有重要地位。例如，发情母猪闻到公猪特有的气味时，即使公猪不在场，其也会表现“呆立”反应。

猪具有外形大、内腔深而广的耳朵，因而听觉相当发达，即便很微弱的声音都能敏锐地觉察到。猪头转动灵活，能迅速判断声源的方向、强度和节律，对各种口令、呼名等声音的刺激容易建立条件反射。虽然这种特点有利于管理猪群，但也容易使猪群产生应激反应。另外，猪的视觉较差，视距、视野范围小，缺乏精确的辨别能力，不靠近的物体往往看不清。在养猪生产中，应根据猪的这些特性对猪群进行合理的调教、分群、合群、发情鉴定和采精训练等，以便提高养猪生产效益。

(5)对温、湿度敏感，喜欢清洁，容易调教　猪对各种生态条件的适应能力较强。其主要表现为对气候寒、暑，饲料多样性以及对不同饲养方式和方法的适应，但猪对温度和湿度的反应比较敏感。成猪怕热是由皮下脂肪层较厚、汗腺不发达以及皮薄毛稀对阳光的反射能力差等因素所致；仔猪，尤其是初生仔猪怕冷，是由其皮薄毛稀、皮下脂肪少以及体温调节中枢不发达等因素所致。当环境温度高于猪的临界温度时，猪的热应激开始，呼吸频率升高，采食量减少，生长速度减慢，饲料转化率降低，公猪射精量减少、性欲变差，母猪不发情；当环境温度低于猪的临界温度时，猪的冷应激开始，采食量增加，增重减慢。另外，猪在阴暗潮湿的环境中易患感冒、肺炎、皮肤病等疾病，特别是高温、高湿和低温、高湿的环境条件对猪群的健康和生产产生严重影响。在生产中，为了使猪群的生产性能得到充分发挥，应给不同类别的猪群创造不同的适宜环境。

猪是爱清洁的动物，采食、趴卧和排泄粪尿都有固定的地点。一般情况下，猪喜欢在清洁干燥处趴卧，在墙角潮湿有粪尿处排泄。同时猪又是神经类型较为平衡灵活的动物，通过调教训练可有效地培养猪群采食、趴卧和排泄粪尿“三点定位”的良好习性。如果猪群过大或围栏过小，上述习惯就会很容易被破坏，饲养管理应加以注意。

(6)定居漫游，群体位次明显　猪在开放式饲养或散养情况下，外出自由活动或放牧运动，能顺利地回到固定的圈舍，表现出定居漫游的习性。在圈养时，猪又表现出一定的群居性和明显的位次秩序。例如，当同窝仔猪自然散开时，彼此距离不远，若受惊，会立即聚集在一起或成群奔跑。当不同窝或不同群的猪合并时，刚开始就会激烈打架，并按不同来源，小群躺卧，经过几天后，才形成一个群居性的集体，并建立一定的位次关系。在猪群的位次关系中，往往体重大或“战斗力强”的猪的位次靠前，稍弱的猪的位次依次排在后面。若猪群过大，生活环境改变，位次关系就会出现混乱，甚至难以建立位次。此时猪之间相互争斗频繁，必然影响采食、卧息和增重。在生产中，应根据这一特点，合理安排猪群的饲养密度，及时进行调教，保证猪群健康有序的生活，以促进生产性能的提高。

4. 猪的一般饲养管理原则

(1)饲料类型　干粉料把粉碎好的各种饲料按照各类猪饲粮配方要求混合后(30 kg 以下幼猪的饲料粒度直径以 0.5～1.0 mm 为宜；30 kg 以上猪的饲料粒度直径以 1.5～2.0 mm 为宜)，投入食槽让猪采食。这种方法饲喂省事、成本低，但易起粉尘、受潮或空气氧化。利用自动饲槽饲喂，常常使用干粉料，但要求常备饮水。

生湿料在干粉料中按 1∶(0.9～1.0)的料水比例加水，混拌均匀后喂猪。生湿料比干粉料的饲喂效果好。若在喂猪之前用水浸湿 20～30 min，可提高饲料的适口性，也有利于消化吸收，但要注意避免酸败或稀汤料喂猪。饲粮含水过多，会冲淡消化液，从而影响饲料的消化吸收。

颗粒料通过制粒机加工成不同的颗粒状饲料，投入食槽让猪采食。颗粒料喂猪方法简单，便于投食，不起粉尘，损耗少，猪不能挑食，饲料转化率也高，特别是有助于幼龄猪对饲料的消化。但制粒增加了饲料成本。

(2)饲喂方法　提倡生喂。传统的熟喂有一定的优点，即软化粗纤维，提高适口性，对某些饲料(马铃薯、豆科籽实、饼粕类)还可起到去毒和提高消化率的作用。其缺点是熟喂不仅破坏了饲料中的某些营养物质，而且有些青菜焖煮还会导致由亚硝酸盐引起的猪食中毒。试验研究表明，生喂有助于提高饲料的利用率。常用料型有干粉料、生湿料和颗粒料等。

①限制饲喂是指限定猪的采食供应量。这种方法有利于根据不同的目的对某些猪群适当控制采食量，满足其生产要求，同时还能减少饲料浪费，提高饲料转化率。对于公猪、空怀或妊娠母猪、后备猪而言，为了适当控制膘情，适宜采用限制饲喂；对于生长肥育后期的肉猪而言，为了减少脂肪沉积，提高胴体瘦肉率，也常常采用限制饲喂的方法。

②非限制饲喂是指饲料箱或饲料槽中经常保持有饲料，猪可以随时采食饲料的方法。它能保证猪营养物质的充足供应，并能充分发挥猪的最大生长速度，但饲料浪费较大，尤其是干粉料。虽然采用生湿料每天饲喂 3～6 次虽然不能做到自由采食，但是可以让猪充分采食，每次的给料量以猪在 15 min 左右吃干净为宜。它不仅能让猪吃饱饲料，而且饲料不被浪费。对保育猪、生长猪和瘦肉型肥育猪常使用非限制饲喂方法。

(3)一般饲养管理原则

①科学配合饲粮，合理加工调制。猪属于杂食动物，不仅对饲料具有广泛的适应性，而且具有较高的消化力。但是任何单一的饲料都不可能满足猪生长发育所需要的营养。不同饲料组合的消化率和适口性都具有一定的差异。因此，精心挑选饲料，进行科学的搭配对提高猪的生产能力，降低生产成本都具有重要意义。

按照猪的饲养标准，科学配合饲粮生产选用几种当地生产较多和价格便宜的饲料制成混合饲料，使它所含的养分符合饲养标准规定的要求，这一过程和步骤被称为饲粮配合。

②合理加工调制饲料。经过加工调制可以改变其物理形态、化学结构、营养组成等，以提高饲料的饲喂效果，这也是养猪生产的一个重要环节。现代养猪生产主要进行饲料粉碎和混合工作。

(4)创造适宜环境，搞好兽医保健　创造适宜环境猪舍的主要功能是为猪提供适宜生长发育的环境，因此，猪舍应具有良好的保温隔热性能。在寒冷地区，冬季应为猪舍补充一定的热量，以使其保持适宜的环境温度；夏季应进行防暑降温。为了排出猪舍中的有害气体，猪舍应进行必要的通风换气，尤其要注意猪舍冬季的通风换气。这样做既能排除有害气体和水汽，又不会使舍内温度下降过多。猪舍内的粪便污水要及时清除，以减少有害气体的产生。另外，在猪舍周围植树种草可减少进入猪舍的灰尘和微生物。为了防止噪声对猪的影响，养猪场在选择场址时应该远离飞机场、公路等噪声源，场内要使用噪声低的机械设备。各类猪群所要求的主要环境参数见表 2-10。

表 2-10　各类猪群所要求的主要环境参数

猪群类别	环境温度/℃	空气相对湿度/%	气流速度/(m/s)		有害气体			
	适宜	适宜	夏季	冬季	NH_3/(mg/m^3)	H_2S/(mg/m^3)	CO/(mg/m^3)	CO_2/%
公猪	13～19	60～80	1.0	0.20	26	10	15	0.2
后备公猪及母猪	14～20	60～80	1.0	0.20	26	10	15	0.2
空怀及妊娠前期母猪	13～19	60～80	1.0	0.25	26	10	15	0.2
妊娠后期母猪	16～20	60～70	1.0	0.20	26	10	5	0.2
分娩哺乳母猪	15～22	60～70	0.4	0.15	26	10	5	0.2
哺乳仔猪	30～34	60～70	0.4	0.15	26	10	5	0.2
保育猪	22～25	60～70	0.8	0.20	26	10	5	0.2
生长猪	18～22	60～70	1.0	0.25	26	10	15	0.2
育肥猪	15～18	60～80	1.0	0.25	26	10	20	0.2

猪群的兽医保健是现代化养猪生产中的重要工作，必须引起高度重视。每天清扫圈舍，保持舍内卫生和猪体清洁。建立严格的消毒制度，定期消毒舍内外及各种设备，设置防疫设施。

定期疫苗接种，制定科学严格的免疫程序。外引猪应严格检疫，必须隔离饲养 1 个月左右，经确认无病，方可合群。定期驱虫，一般可每年春、秋两季各驱虫一次。及时隔离治疗病猪，对病死猪和废弃物进行无公害化处理。

除了科学的饲养方法外，养猪生产还必须加强猪群的日常管理，稳定工作程序，才能真正把猪养好，进而取得良好的经济效益。其具体方法如下。

①稳定日喂次数，改善饲喂效果。猪的日常饲喂必须注意定时、定量和定质，才能取得良好的饲养效果。定时：指固定每天的饲喂时间和饲喂次数，一般仔猪日喂 4～6 次，泌乳母猪日喂 3～4 次，其他猪日喂 2～3 次。定量：指固定每天每次的饲喂量。定质：指保证饲粮适宜的营养水平，品质稳定，确保卫生、无毒，以保证猪营养物质摄入的精确性。这“三定”原则有利于猪形成条件反射，提高其采食量和消化率。

②供给充足的饮水。水是猪体的重要组成成分之一，对饲料的消化、吸收和体温调节等生理过程起着十分重要的作用，是体内代谢必不可少的。因此，保证充足、清洁卫生的饮水是饲养管理的重要环节。水源提供不充足或不符合饮水标准的饮水都会给猪的生长、健康带来不利影响。猪的饮水量随饲料种类、饲喂方式、气温变化等有所不同。最好使用自动饮水设施。

③合理分群分圈。为充分有效地利用猪舍面积，便于猪群管理，应将全场猪按品种、性别、年龄、体质强弱和采食的快慢等进行合理的组群，分圈管理，以保证猪正常生长发育。各类猪群的大小应根据圈舍条件、猪只大小和生产需要等因素确定(表 2-11)。

表 2-11　猪的饲养密度和群体大小

猪别	体重/kg	每栏/头	每头猪所占面积/m^2	
			非漏缝地板	漏缝地板
哺乳仔猪	5～10	20～25	0.37	0.26
保育仔猪	10～25	15～20	0.56	0.28
生长猪	25～55	15～20	0.74	0.37
育肥猪	55～100	10～15	1.0～1.2	0.8～1.0
后备猪	90～110	6～10	1.4	1.2
妊娠猪	120～200	4～6	3.0～4.0	1.5～2.0
哺乳母猪	140～200	1	7	3.5～4.5
种公猪	127～170	1	7	4

④耐心调教。充分利用猪的各种生物学和行为学特性，耐心调教猪群，使其形成各种条件反射，如定点、定时采食和饮水，定点、定时排泄和运动等，这样有利于管理和减少应激。饲养管理必须做到制度化，平时认真观察猪群，防止惊吓和打骂猪只。突然的恐吓和不稳定的环境会破坏猪群的条件反射，形成不良习惯，导致管理的麻烦。

⑤重视运动。猪群进行适当的运动，可促进食欲，增强体质，尤其是对种猪更为必要。其方法有驱赶运动、自由运动和放牧。运动量小的规模化猪场的猪必须从营养、设施等方面给予充分的考虑，以防止猪不运动所带来的繁殖和肢蹄疾病等问题，特别应注意维生素和微量元素的供给量及平衡问题。

⑥全进全出，合理转群。现代集约化、规模化养猪通过各种合理的组织管理，保证猪群的批量生产，整齐一致，这是保证连续生产的基础，所以在养猪生产过程中要尽量做到母猪的同期发情、同期配种和同期产仔。只有这样，才能做到全进全出。在转群时，要注意空圈 1 周，以

进行冲洗消毒，要掌握转出和转进的数量，做到合理过渡。

(5)稳定的工作程序　稳定工作程序可有效利用时间，提高工作效率，同时也能让工人掌握每周应该从事的工作内容，猪场的日常管理将会显得更为秩序化、制度化。

①猪配种妊娠舍的周工作程序。

周一：A. 日常工作。B. 发情鉴定、配种。C. 做 30 d、50 d、90 d 妊娠检查。

周二：A. 日常工作。B. 发情鉴定、配种。C. 将妊娠 30 d 的母猪转到妊娠区(舍)。D. 补充后备猪。

周三：A. 日常工作。B. 发情鉴定、配种。C. 向产房索要并统计断奶母猪头数。D. 冲洗周二转出的猪舍栏并消毒。E. 转上周配种猪到返情检查区。

周四：A. 日常工作。B. 接收断奶母猪。C. 发情鉴定、配种。D. 评价种公猪，并做下周配种计划。

周五：A. 日常工作。B. 发情鉴定、配种。C. 冲洗临产母猪分娩栏床。D. 淘汰不宜种用公、母猪。E. 完成待配母猪的调入。

周六：A. 日常工作。B. 发情鉴定、配种。C. 冲洗周五转出猪的舍栏并消毒。D. 按免疫程序接种疫苗。E. 制订下周工作计划。

周日：A. 日常工作。B. 填写周报。

②分娩哺乳舍的周工作程序。

周一：A. 日常工作。B. 领 1 周所需的药品和用具。C. 准备保温箱和灯泡。D. 准备哺乳仔猪料和料槽，要求料槽经火碱浸泡、冲洗晾干后再用。E. 其他工作。

周二：A. 日常工作。B. 给 20 日龄(以组为单位)的仔猪首免猪瘟疫苗。C. 其他工作。

周三：A. 日常工作。B. 调整断奶舍环境。C. 统计断奶仔猪数，评价断奶母猪。D. 其他工作。

周四：A. 日常工作。B. 断奶母猪补耳标。C. 判定无价值断奶仔猪。D. 挑选哺乳性能好的母猪作寄母。E. 断奶。F. 冲圈消毒。G. 其他工作。

周五：A. 日常工作。B. 检修断奶产房设备，准备产房。C. 猪淋浴消毒，接下组临产母猪入产房。D. 挂分娩卡。

周六：A. 日常工作。B. 准备接产备用品。C. 制订下周工作计划。

周日：A. 日常工作。B. 填写周报。

③猪生长肥育舍的周工作程序。

周一：A. 日常工作。B. 保育转育成(称重、调群)。C. 冲洗保育舍并消毒。D. 完成本周即将出售肥猪的计划。

周二：A. 日常工作。B. 为星期四断奶猪的到来做好准备。C. 腾空肥育舍并消毒，准备星期五接育成猪，记录计划转进育成猪头数。D. 接种疫苗。E. 保育舍公猪去势。F. 给配种妊娠舍补充后备猪。

周三：A. 日常工作。B. 接种疫苗。C. 售猪。

周四：A. 日常工作。B. 接收并检查断奶仔猪，了解断奶仔猪健康状况，根据体重进行适当地调群。

周五：A. 把育成猪转到肥育舍。B. 准备周一保育仔猪的到来。C. 种猪初选并上耳标(肥育舍)

周六：A. 日常工作。B. 冲洗育成舍。

周日：A. 日常工作。B. 填写周报。

(6)猪群类别划分　猪场为了有计划地组织生产和更好地进行猪群的饲养管理，应以年龄、体重、性别和用途划分不同的猪群。

①哺乳仔猪：指出生后至断奶前的仔猪。

②断奶仔猪(保育猪)：指断奶至 25 kg 左右或者 70 日龄的仔猪。

③育成猪：指 70 日龄仔猪或 25 kg 左右仔猪至 4 月龄留作种用的幼猪。

④后备公猪：指 4 月龄至初配前留作种用的公猪。

⑤后备母猪：指 4 月龄至初配前留作种用的母猪。

⑥种公猪：凡已参加配种的公猪均称为种公猪。

⑦检定公猪：指 12 月龄左右初配开始至第一批与配种母猪产仔断奶阶段的公猪。

⑧基础公猪：指 16 月龄以上经检定合格的公猪。

⑨种母猪：通过检定的母猪。分为初产母猪和经产母猪。

⑩初产母猪：指生产第一胎仔猪的青年母猪。

⑪经产母猪：指生产两胎和两胎以上的母猪；鉴定母猪是指从初配开始至第一胎仔猪断奶的母猪。

⑫基础母猪：指一胎产仔经鉴定合格，留作种用的母猪。根据母猪生产阶段的不同，基础母猪又分为空怀期母猪、妊娠母猪和哺乳母猪。空怀母猪是指仔猪断奶后至再次妊娠前的母猪；妊娠母猪是指从卵子受精开始至分娩前的母猪；哺乳母猪是指分娩开始至仔猪断奶前的母猪。

⑬肥育猪：用来生产猪肉的猪统称肥育猪。生长猪是指体重 25 kg 或 30 kg 至 50 kg 或 60 kg 的猪；肥育猪是指体重 50 kg 或 60 kg 至 90 kg 或 100 kg 以上的猪。

5. 种猪的营养需要特点与配合日粮

(1)种公猪营养需要

①能量需要。种公猪能量需要是维持需要、配种活动、精液生成及生长需要的总和。种公猪每天能量需要量与其年龄、体重、配种频率、配种时活动量的大小及其所处的环境温度有关。瘦肉型成年种公猪(120～150 kg)所需的消化能在非配种期时(为维持需要的 1.2 倍)为 25.1～31.3 MJ/d，在配种期时为(为维持需要的 1.5 倍)32.4～38.9 MJ/d。青年公猪参照上限值。当舍温比最适温度下降 1℃时，则每天能量的摄入量应增加 3%左右。当舍温不足 15℃时，则每天的能量需要在原标准基础上增加 10%～20%。夏季的高温天气可适当增加饲料营养浓度。

种公猪不能长期饲喂高能量饲粮。否则，公猪体内沉积脂肪过多而肥胖，性欲减弱，精液品质下降。相反，如果能量水平过低，公猪体内脂肪、蛋白质耗损就易形成氮、碳代谢的负平衡。公猪变得过瘦，则射精量少，精液品质差，同样影响配种受胎率。一般以每千克饲粮含消化能 12.55～12.97 MJ 为宜。

②蛋白质、氨基酸需要。蛋白质对增加精液量，提高精液品质和延长精子存活时间有直接影响。形成精液的必需氨基酸有赖氨酸、色氨酸、胱氨酸、组氨酸、蛋氨酸等，尤其是赖氨酸更为重要。当饲粮中缺乏赖氨酸时，精子活力降低；当饲料中缺乏色氨酸时，公猪睾丸萎缩，出现死精症；当缺乏苏氨酸和异亮氨酸时，则公猪食欲减退，体重减轻，配种能力下降。配种公猪所

需的赖氨酸为0.6%，其他氨基酸可参照NRC标准。如在配种旺季公猪的饲粮中，应加喂鱼粉、血粉、鸡蛋等动物性蛋白质。

③矿物质需要。钙、磷不足会影响公猪正常代谢，性腺易发生病变，精子活力降低，出现死精、发育不全或活力不强的精子现象。公猪饲粮中含钙0.75%、总磷0.6%、有效磷0.35%，可满足需要，食盐含量以0.35%为宜。微量元素锌在公猪饲粮中应有足够的含量，以保证睾丸的正常发育。铁、铜、硒等也会直接或间接地影响精液品质。其饲粮中不可缺少，其余矿物质参照NRC标准。

④维生素需要。当日粮中缺乏维生素A时，公猪睾丸易肿胀、萎缩、性功能衰退，精液品质下降，长期缺乏会丧失繁殖能力。当日粮中缺乏维生素D时，钙、磷的吸收利用就会受到影响，精液品质也会受到间接影响。当日粮中缺乏维生素E时，则睾丸上皮变性，精子易形成异常。如果能保证新鲜、青绿、多汁饲料的经常供应，一般就不会引起维生素缺乏。如果每天能在户外晒1～2 h，可将皮内7-脱氢胆固醇转化为维生素D，即可满足其需要。一般维生素添加量可按NRC标准的2～5倍。

⑤水的需要。按日粮的3～4倍供应。

(2)配种前种母猪的营养需要　后备母猪饲料在蛋白质、氨基酸、主要矿物质供应水平应略高于经产母猪(表2-12)。

表2-12　后备母猪、经产母猪日粮中的主要营养物质含量

类别	能量/(MJ/kg)	蛋白质/%	钙/%	磷/%	赖氨酸/%
后备母猪	14.21	14～16	0.95	0.80	0.70
经产母猪	14.21	12～13	0.75	0.60	0.50～0.55

①能量需要。能量水平偏高可使后备母猪初情期提前，体重过大；能量水平偏低可导致后备母猪生长缓慢，初情期迟缓；能量水平过高可使后备母猪体格偏胖，抑制初情期或导致繁殖障碍，不利于发情或受胎率降低；经产母猪能量水平过低会使母猪在断奶后的发情间隔过长或不发情；经产母猪能量水平过高会导致经产母猪不发情或排卵少，卵子质量不好，甚至不孕。因此，消化能的供应量一般为：后备母猪35.32 MJ/(头·d)，经产母猪28.42 MJ/(头·d)。

②蛋白质、氨基酸需要。蛋白质、氨基酸不足会使后备母猪初情期延长，影响经产母猪的发情排卵。一般情况下，在后备母猪、经产母猪饲粮中蛋白质、赖氨酸的供给中，后备母猪粗蛋白质为14%～16%，赖氨酸为0.7%左右；经产母猪粗蛋白质为12%～13%，赖氨酸为0.5%～0.55%。

③矿物质需要。后备母猪若钙、磷供应不足，就会限制骨骼生长，增加肢蹄病的发生；若碘、锰供应不足，就会导致生殖器官发育受阻，发情异常或不发情。经产母猪因泌乳期有大量矿物质损失，必须加以补充。其主要矿物质供应量可参照NRC标准。

④维生素需要。母猪有储备维生素A的能力，可维持3次妊娠。如不及时补充维生素，就可出现乏情、行动困难、后腿交叉、斜颈、痉挛等现象，严重时影响胚胎生长发育。当母猪缺乏维生素E或硒时，就会造成发情困难。当维生素B_2、泛酸、胆碱时，就会出现不发情、假“妊娠”、受胎率低等现象。

⑤水的需要。一般为日粮的4～5倍，即每头每天12～15 L。

(3)妊娠母猪的营养需要

①能量需要。妊娠母猪能量水平过高,会影响繁殖及泌乳,甚至整个生产。过高的能量水平[ME 38.08 MJ/(头·d)]会导致胚胎死亡;过低的能量水平[ME 20.90 MJ/(头·d)以下]会降低仔猪初生重。妊娠期能量水平过高,母猪体重增加过大,泌乳期间体重损失过大不但浪费饲料,增加成本,而且会导致母猪产后食欲不旺,泌乳性能下降,母猪过度消瘦,断奶后发情配种受到影响。NRC 饲养标准推荐妊娠母猪所需的消化能为 25.56~27.84 MJ/(头·d)。

②蛋白质、氨基酸需要。如果蛋白质、氨基酸水平略低,则母猪产仔数、仔猪初生重及生长发育受到的影响不大,但水平过低会影响产仔数和初生重。如果长期缺乏蛋白质、氨基酸,就导致母猪繁殖力下降,卵巢功能失常,不发情或发情不规律,排卵数减少或不排卵,母猪泌乳量下降,仔猪易患下痢等疾病,断奶后母猪不能按期发情或配种不良等后果。此现象在 3 胎以后的母猪中常见。NRC 饲料标准推荐妊娠母猪所需的蛋白质水平为 12%~12.9%,赖氨酸为 0.52%~0.58%,其他氨基酸参照 NRC 饲料标准。

③矿物质需要。矿物质缺乏会导致母猪繁殖障碍,发情排卵异常,流产、畸形或死胎增加。NRC 饲养标准推荐:钙 0.75%、总磷 0.6%、有效磷 0.35%、氯化钠 0.35%,其他指标可参照 NRC 饲养标准。

④维生素需要。各种维生素都不可缺乏,否则将会导致母猪繁殖障碍或终生不育,可参照 NRC 饲养标准供给。

⑤水的需要。一般每头每天 12~15 L。

(4)泌乳母猪营养需要　其主要包括维持需要和泌乳的营养需要两大方面。猪乳的营养成分并不恒定,而是随品种、饲养水平及泌乳时期而有所变化。如果青年母猪的营养得不到满足,除影响仔猪外,还会严重影响青年母猪的自身发育和利用。

①能量需要。泌乳母猪的能量需要应考虑维持需要、泌乳需要和体重损失所需要的能量。泌乳母猪昼夜泌乳,随乳汁排出大量干物质,这些干物质含有较多的能量。如果不及时补充能量,一则会降低泌乳母猪的泌乳量;二则会使泌乳母猪由于过度泌乳而消瘦,体质受到损害。为了使泌乳母猪在 4~5 周的泌乳期内体重损失控制在 10~14 kg,一般体重 175 kg 左右带仔 10~12 头的泌乳母猪在日粮中的消化能浓度为 14.2 MJ/kg。

泌乳母猪每天所需消化能(DE)(kJ)=维持消化量(DE)+产乳消化量(DE)-母体失重提供的消化量(DE)+体温调节消化量(DE)。

②蛋白质、氨基酸需要。NRC 饲养标准推荐,体重 175 kg(产后),带仔 12 头,仔猪预期日增重 250 g,在母猪泌乳 4 周体重损失 10 kg 情况下,母猪应采食粗蛋白 1 086 g,(粗蛋白质 19.3%、日粮 5.65 kg),赖氨酸 0.75%~0.9% (45~55 g/d),其他氨基酸可参照 NRC 饲养标准。

③矿物质需要。在猪乳中,矿物质占 1%,其中钙 0.21%、磷 0.15%,钙磷比例为 1.4∶1,NRC 饲养标准推荐钙 0.75%、总磷 0.6%、有效磷 0.35%、母猪食盐 0.5%,日采食钙的含量至少为 40 g,磷的含量为 31 g。其他矿物质应按 NRC 标准添加。在母猪日粮中添加高铜可提高仔猪断奶体重。母猪日粮中缺硒可导致仔猪患白肌病、营养肝坏死和桑葚心。需保证饮水。

④维生素需要。按饲养标准的 2~5 倍添加。特别是维生素 A、维生素 D、维生素 E、维生素 B_2、维生素 B_6、胆碱、叶酸等格外重要。

⑤水的需要。泌乳母猪每天饮水量为日粮的 4~5 倍。

6. 环境因素对种猪繁殖性能的影响

(1)猪场周围的环境对种猪的影响 猪场的场址是猪获得健康环境条件的前提。如果选择的场址环境条件不适宜,就会对猪的健康产生不利影响。场址的环境条件主要是由地势、空气、土壤、水质等构成。选择的地势要高燥向阳,排水通风良好,空气、水质、土壤没有被污染,远离工矿企业、皮革肉类加工厂 3 000 m 以上,远离村庄、居民区,周围 1 000 m 内应无人居住,周边生态环境较好;猪场要远离交通要道,距公路主干道至少 1 000 m 以上,与其他养殖场间隔距离要在 2 000 m 以上。

(2)猪场内的环境对种猪的影响

①温度。公猪与母猪的适宜温度为 15～18℃;后备公、(空怀)母猪的适宜温度为 18～21℃;妊娠母猪在分娩前的适宜温度为 18～20℃,分娩期间的适宜温度为 25～26℃;分娩后 4～23 d 的适宜温度为 20～22℃。当气温高于 35℃以上,又不采取任何防暑降温措施时,妊娠母猪可产生流产,公猪的性欲下降,精液品质不良,并在 2～3 个月内都难以恢复。热应激可继发多种疾病。

A. 配种后的温度对母猪繁殖性能的影响。高温对母猪发情、配种、妊娠均有一定的影响。母猪在配种前后各 1～3 周内遭受热应激,卵子的形成、发育、排卵以及受精卵的着床都会受影响,从而使乏情率上升,发情周期延长,受胎率下降,早期胚胎死亡和吸收的比例增加,产仔数减少。妊娠初期的高温环境不利于妊娠的维持,其表现为乏情率和不分娩率提高,产仔数和初生窝重降低。其机理是热应激对甲状腺活动起抑制作用,血液中 ACTH 水平升高,下丘脑促使黄体素释放激素的释放阈值升高,于是抑制垂体前叶促性腺激素的分泌导致黄体酮分泌减少,从而影响母猪妊娠。妊娠期低温对繁殖会造成负面影响,配种后短暂的低温对母猪的繁殖性能有积极的影响,但较长时间的低温环境对母猪的繁殖性能有消极的影响。

B. 分娩后的温度对母猪繁殖性能的影响。哺乳母猪的最适宜温度为 15～20℃,环境温度低于临界温度就会影响动物的舒适程度和能量代谢,但不一定立即表现在生产中。在北方地区,若平均气温低于 10.6℃,不采暖的分娩舍就会影响母猪的繁殖性能。为此,应考虑季节性产仔,以避开长时间的低温或高温的影响。

由于温度高,光照时间长,南方猪的初情期比北方猪的初情期早,热带母猪的初情期比寒冷或温带母猪的初情期早。潮湿炎热环境可使青年母猪的初情期推迟 22 d。当温度高于 28℃时,猪性成熟普遍延迟。出生于最热月份的母猪的初配年龄较其他月份出生的母猪迟 21 d。只有 20%的热应激下的小母猪可在 10 月龄发情。月均气温、平均最高气温、平均最低气温及高于 30℃的时间与母猪第一情期受胎率的相关系数分别为－0.887 5、－0.850 7、－0.908 4 和－0.905 9。一年中 6—9 月的受胎率较低,均在 75%以下(7 月的受胎率最低,为 58.8%),而其他月份的受胎率都在 80%左右(2 月的受胎率最高,为 99.6%)。

C. 环境温度对公猪繁殖力的影响。高温对公猪繁殖极为不利,母猪繁殖性能与公猪密切相关。当环境温度高于 33～35℃,公猪深部体温超过 40℃时,就会导致睾丸温度升高,曲精细管上皮变性,影响精子生成,精子数减少。在附睾中发育的精子会受到损害,活率降低,畸形精子比例增加。高温导致精液品质变差,在此期间,与配母猪的受胎率必然降低。热应激也使公猪的性欲降低,无性欲的公猪比例增加。

D. 公猪精子的活力与环境温度呈负相关。环境温度越高,精液活力越低。夏季猪舍的温度多为 38～40℃,公猪性欲下降(高温使无交配欲的猪所占比例高于常温季节),精液品质降低(精液稀薄,且射精量减少,死精,弱精增多)是夏季母猪受胎率低的直接原因。温度对公猪精液品质的影响为6—8月的平均精液量(212 mL)比其他月份减少44 mL,下降17%;6—9月的精子活力低于0.8级。

②湿度。湿度对种猪的影响是多方面的。直接影响猪的热调节,从而危害种猪的健康和生产性能;间接影响是由病原微生物引起的。在低温情况下,如空气中湿度增加,就会增加空气的热容量、导热性以及机体放出的长波辐射,从而加剧了猪体的寒冷感。此外,试验证明,高湿度能促使致病性真菌、细菌和寄生虫的繁殖滋生,降低猪的抵抗力,猪易患疥癣、湿疹等皮肤病,从而影响种猪的生产力。各类猪群的空气相对湿度一般以50%~80%为宜,最高不应超过85%,最低不得低于30%。

③光照。光照强度不足和光照时间过短常使生长发育受阻,性成熟推迟,性机能减弱,抵抗力降低。

④空气(有害气体指数)、尘埃、氨(NH_3)。带仔母猪舍的氨气浓度要求不超过15 mg/m^3,其他猪舍的氨气浓度要求不超过20 mg/m^3。猪场内的有害气体还有硫化氢、二氧化碳、一氧化碳等。这些有害气体不仅直接损害猪群健康,而且导致机体抵抗力下降,诱发各种疾病,生产力下降。如果二氧化碳增多,则猪表现为萎靡,食欲下降,体质衰弱,增重变缓慢。一氧化碳常引起呼吸、循环和神经系统的病变或中毒。猪舍尘埃主要包括尘土、皮屑、饲料和垫草粉尘等,其中有机尘粒可占到50%或更高。在一般情况下,猪舍空气中尘埃含量为103~106粒/m^3。当分发干粉料和垫草时,猪舍空气中的尘埃含量就会增大10倍。据测定,一个年产1.2万头的猪场如果猪舍设计合理,每小时由猪舍排出的尘埃可达2 kg。产房和保育猪舍空气中的尘埃含量昼夜平均值不得大于1.0 mg/m^3。

⑤风速(气流)。气流有助于猪体在高温夏季的散热,对猪的健康生产有良好的作用。在冬季,由于气流增加猪体的散热量,能量消耗增多,甚至体重降低。一般认为,冬季猪舍气流应保持在0.1~0.2 m/s,并在严寒冬季堵塞屋顶、天棚、门窗上的一切缝隙,防止贼风侵袭。

⑥水质潜在的有害菌导致水污染的情况非常普遍。因饮用污染水而产生的健康问题包括胃肠炎、腹泻、沙门菌病、李氏杆菌病、梨形鞭毛虫病、伤寒、霍乱和肝炎等。因此,一定要保证饮水系统的安全使用。

7. 配种方式

(1)单次配种　母猪在一个发情期内,单次配种母猪只配种一次。虽然此法省工、省事,但配种佳期掌握不好易影响受胎率和产仔数。在实际生产中,这种方法应用较少。

(2)重复配种　母猪在一个发情期内,用1头公猪先后配种2次以上,其时间间隔为8~12 h。在生产中多安排2次,具体时间多安排在早晨或傍晚前。此配种方式可使母猪输卵管内经常有活力强的精子及时与卵子受精,有助于提高受胎率和产仔数。此配种方式多用纯种繁殖或青年公猪鉴定。

(3)双重配种　母猪在一个发情期内用两头公猪分别交配,其时间间隔为5~10 min。此配种方式只适于商品生产场。这样做的目的是提高母猪受胎率和产仔数。

8. 分娩制度

根据市场需要、场家生产条件、生产水平和种猪状况,可将母猪的分娩情况划分为常年分娩和季节分娩两种。

(1)常年分娩　常年分娩是指一年四季的任何时期都有母猪分娩。这样做可以充分利用圈舍及设备,均衡地使用种猪,随时向市场提供猪源。其缺点是要求有一定成本投入,解决防寒防暑问题。

(2)季节分娩　季节分娩是指将母猪分娩时间集中在有利于仔猪生长发育的季节里，减少保温防暑投资。其缺点是种猪利用不均衡，圈舍设备利用不合理，向市场提供猪源不均衡，一般北方多安排在2—3月、8—9月产仔为宜。

现在养猪生产多以规模化或工厂化的形式生产，实行常年分娩，以周为单位进行生产工艺流程，不再实行季节分娩。

9. 母猪繁殖障碍及解决方法

(1)母猪繁殖障碍的原因　这里讲的繁殖障碍主要是指不能如期发情排卵的母猪。其原因归纳为以下几个方面。

①卵巢功能失调。卵巢功能失调是常见的繁殖障碍。它主要是由卵泡囊肿、黄体囊肿、永久性黄体而引起的。卵泡囊肿会导致其丧失排卵功能，但仍能分泌雌激素，母猪由此表现为发情持续期延长或间断发情。黄体囊肿多出现在泌乳盛期或近交系中或老年母猪中，母猪由此表现为乏情。持久性黄体可导致母猪不发情。

②营养性繁殖障碍。母猪由营养不良也会造成繁殖障碍。如果长期营养水平偏高或偏低，母猪过度肥胖或消瘦，最终导致母猪发情排卵失常；如果母猪长期缺乏维生素和矿物质，特别是维生素A、维生素E、B族维生素、硒、碘、锰等，将会直接或间接导致母猪不能如期发情排卵。

③疾病性繁殖障碍。它主要是指生殖器官或其他组织器官的一些疾病。如卵巢炎、脑肿瘤等都会造成母猪不能发情排卵。

(2)解决母猪繁殖障碍的方法　在母猪出现繁殖障碍的状况后，首先，要认真仔细分析，查找原因。通常查找方法是根据繁殖障碍出现的数量、时间、临床表现等进行综合分析。在封闭式饲养管理条件下，营养因素不容低估。其次，考虑疾病或卵巢功能。如果是营养方面的原因，就要及时调整饲料配方，即对体况偏肥的母猪应减少能量给量，对非工厂化养猪可同时适当增加运动；对体况偏瘦的母猪应增加能量给量，同时保证饲粮中蛋白质的数量和质量。在封闭式饲养条件下，要特别注意矿物质和维生素的供给，以满足繁殖母猪所需要的各种营养物质。如果是由疾病造成的母猪繁殖障碍，有治疗可能的母猪就应积极治疗，否则应及时淘汰；如果是由卵巢功能引起的母猪繁殖障碍，只有持久性黄体较易治愈，一般可使用$PGF_{2\alpha}$或其他类似药物处理，以使黄体溶解，母猪发情。母猪在第二次发情时即可配种受孕。

在生产中，后备母猪的初次发情，配种困难是比较常见的。为了促进母猪发情排卵，尤其是当后备母猪在正常饲养管理条件下迟迟不发情时，可以通过诱情来解决。此法简单易行。其具体做法是在每天早饲后或晚饲后，将体质强壮、性欲旺盛的公猪与不发情母猪放在同一栏内一段时间，每次20～30 min，通过公猪爬跨和外激素刺激不发情母猪，经过1周左右即可有母猪发情。国外的做法是为了防止后备母猪不按时发情，在后备杂种母猪体重为70 kg左右、纯种母猪体重为80 kg左右时，开始让其与公猪接触，利用公猪爬跨和气味刺激促进母猪发情。如果接触1～2周后，无母猪发情，则应更换公猪，最好更换为成年公猪，母猪将会陆续发情。

此种做法不要过早实行，防止后备母猪对公猪产生“性习惯”而不发情。经实践证明，通过以下几种做法也能刺激母猪发情排卵：①被运输或转移到一个新猪舍后，母猪在应激刺激作用下可使母猪发情排卵。②重新组群，让陌生母猪互相接触。③让发情母猪与长期不发情母猪同栏饲养。④安排封闭式饲养条件下的母猪几日户外活动。

目前市场上出售的各种催情药物均属于激素类。在没有搞清楚病因之前，不要盲目使用这些激素药物，以免造成内分泌紊乱或者导致只发情不排卵的现象。滥用催情药物即使达到母猪配种的目的，也可能会造成母猪无法受孕的后果。

10. 母乳的作用和成分

(1)母乳的作用　母乳是仔猪出生后1周内唯一的营养来源。仔猪在出生后3周内的生长发育所需的营养物质主要来源于母乳。初乳是迄今为止任何代乳品所不能替代的一种特殊乳品。由此可见，养好泌乳母猪对于仔猪的生长发育非常重要。

(2)母乳成分　与其他家畜乳比较，猪乳成分的干物质含量多，蛋白质、矿物质含量高(表2-13)。

表 2-13　各种家畜的母乳成分 %

畜别	水分	干物质	干物质中			
			蛋白质	脂肪	乳糖	矿物质
乳牛	86.30	13.70	4.00	4.03	5.00	0.70
水牛	17.80	82.20	4.70	7.80	4.50	0.80
马	89.50	10.50	2.30	1.70	6.10	0.40
绵羊	83.44	16.56	5.15	6.14	4.17	1.10
山羊	86.88	13.12	3.76	4.07	4.44	0.85
猪	80.95	19.05	6.25	6.50	5.20	1.10

11. 哺乳母猪的泌乳规律和影响泌乳的因素

(1)母猪泌乳规律

①母猪乳房结构。母猪无乳池，每个乳头有2～3个乳腺，每个乳腺有一个小乳头管通向乳头，各乳头互不联系。

②母猪的泌乳特点。

A. 反射性泌乳。在开始分娩到胎衣排出后的一定时间内是连续的，以后属反射性放乳，不能随时排乳。

B. 每昼夜放乳次数多。平均泌乳22～24次，每次相隔约47 min。哺乳过程：唤乳—拱乳—放乳—再拱乳。

C. 放乳时间短。整个哺乳时间为2～4 min，放乳时间仅为10～30 s。

③泌乳量。

A. 泌乳期：自然饲养猪的泌乳期为57～77 d，人工饲养猪的泌乳期多为35～45 d，工厂化饲养猪的泌乳期多为28～35 d。

B. 泌乳量：地方猪种的泌乳量按60 d估算，一般为300 kg。现代猪种平均每天泌乳量为8～10 kg。不同乳头的泌乳量不同。前边3对乳头的泌乳量多，约占总泌乳量的67%，而后边4对乳头的泌乳量占总泌乳量的33%。

C. 泌乳高峰：一般在产后4～5 d泌乳量逐渐上升，20～30 d达到高峰，然后逐渐下降。

(2)影响泌乳量的因素

①品种。一般大型瘦肉型品种猪的泌乳量高,小型脂肪型品种猪的泌乳量低。

②年龄(胎次)。初产母猪的泌乳量低于经产母猪的泌乳量,从第二产次开始,其泌乳量会上升,以后保持一定水平,在6～7胎后,泌乳量有所下降。

③带仔数。带仔头数多的母猪泌乳量高。

④饲养管理的影响。哺乳母猪的饲料营养水平、饲喂量、环境条件、管理措施均会影响其泌乳量。

模块三

仔猪生产

【学习目标】

1. 学会仔猪的饲养管理工作。
2. 学会防治仔猪下痢的方法。

【技能目标】

1. 掌握仔猪编号、剪牙、断尾方法。
2. 掌握仔猪固定乳头、寄养补铁、补硒方法。
3. 掌握仔猪开食，能正确选择补饲方法。

项目一　哺乳仔猪的饲养管理技术

任务一　初生哺乳仔猪的护理

1. 调温

调整分娩舍和保温箱的温度，提供哺乳仔猪所需要的温度，以防低温对仔猪造成伤害。分娩舍的温度控制为 18～23℃，一般选用锅炉或热风炉供暖；出生 1 周内的仔猪的保温温度为 30～32℃；出生 2 周的仔猪的保温温度为 28～30℃，以后每周降 2℃。

保温箱设置在仔猪保育栏内（80 cm×50 cm×60 cm），一边设高为 20～25 cm，宽为 20 cm 的仔猪出人口，上部留宽为 30 cm 的正方形开口用于红外线灯照射和观察仔猪（图 3-1）。红外线保温灯（250 W）吊在仔猪栏内供暖。通过调整灯高，控制灯下温度。电热恒温板放置在仔猪休息处的地面。根据仔猪对温度的要求，调节温度（图 3-2）。

2. 称重

仔猪在出生后 12 h 内，吃初乳前，进行称量，并记录。

3. 剪牙

仔猪生后将上、下颌的犬齿用尖嘴钳剪掉，防止咬伤母猪奶头。其方法是左手固定仔猪，右手持钳，沿仔猪犬齿跟部平行剪去，剪平，不留茬口，剪后用钳子顺一下。

图 3-1 仔猪保温箱

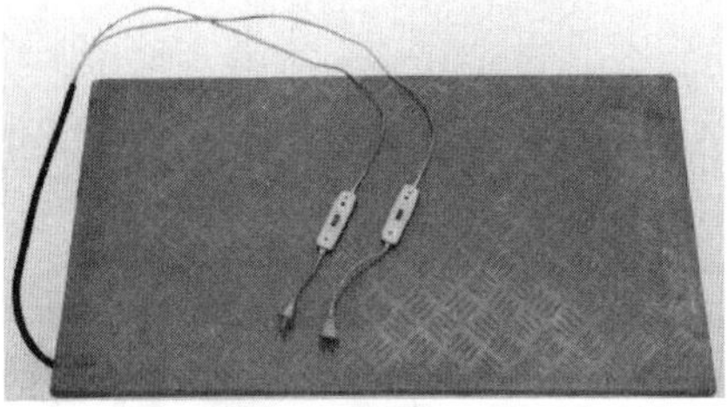

图 3-2 电热恒温板

4. 断尾

在仔猪出生后的 1 周内，对其进行断尾，防止发生咬尾现象。其方法是用断尾钳将仔猪尾断掉 2/3，留 1/3，断后用 5%碘酊消毒(图 3-3)。

5. 固定乳头

按体重、体质进行固定乳头，以使全窝仔猪发育整齐均匀，提高育成率。待全窝仔猪出生后，采用抓两头带中间的方法，将体重大、体质强的仔猪放在后边乳头上吃乳，将体重小、体质弱的仔猪放在前边的乳头上吃乳，将中等体重、体质一般的仔猪放在中间吃乳。

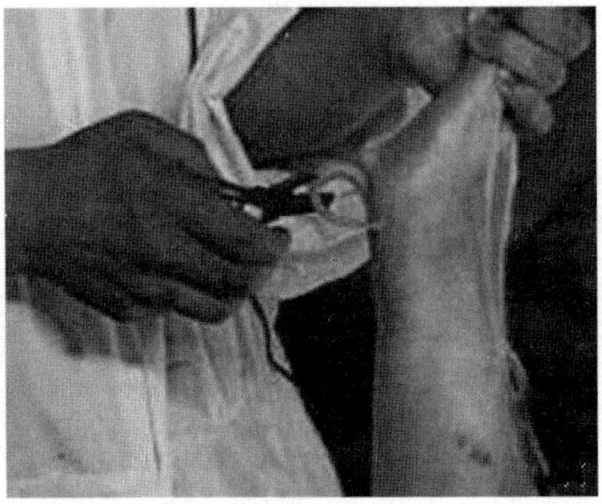

图 3-3 仔猪断尾

6. 编号

留种的仔猪在其出生后对其进行编号，以方便记录和档案管理(图 3-4)。

(1)剪耳法 在仔猪耳朵上剪缺刻或打孔洞，不同位置的缺刻或孔洞代表不同数字，将这些数字相加即为仔猪的编号。在剪耳时，操作者抓住仔猪后，用前臂和胸腹部将仔猪后躯夹住，用一只手的拇指和食指捏住将要打号的耳朵，用另一只手持耳号钳进行打号。在编号时，要剪在猪耳软骨上，2 个缺口不要剪得太近，注意要避开大的血管，剪完后用碘酒消毒。注意防止母猪咬伤操作者。

①大排法：排号原则为左大右小，上 1 下 3，公单母双，耳缺刻代表的数字相加为编号。左耳上缘缺刻为 10，下缘为 30，耳尖为 200，耳中部为 800。右耳上缘缺刻为 1，下缘为 3，耳尖为 100，耳中部为 400。

②窝排法：排号原则为左窝右号(左耳代表窝号，右耳代表个体号)，上大下小，公单母双。左耳尖缺刻为 200，左耳上缘近耳尖为 10，中间为 30，近耳根为 50，左耳下缘相对应为 1、3、5；右耳尖为 100，上缘、下缘剪法与左耳相同，右耳尖缺刻为 100。猪左耳缺代表的是窝数，右耳代表个体数。

(2)上耳标法 操作者将仔猪的编号在耳标上书写好后，将耳标上部和下部分别装在耳标器的上部和下部，然后抓住仔猪，用前臂的肘部和胸腹部将仔猪保定，用耳标器将耳标铆在仔猪耳朵上，注意要避开大的血管(图 3-5)。

(3)电子识别 将仔猪的个体号、出生地、出生日期、品种、系谱等信息转译到脉冲转发器内，然后装在一个微型玻璃管内，插到仔猪耳后松弛的皮肤下。在需要时，用手提阅读器进行识别阅读。

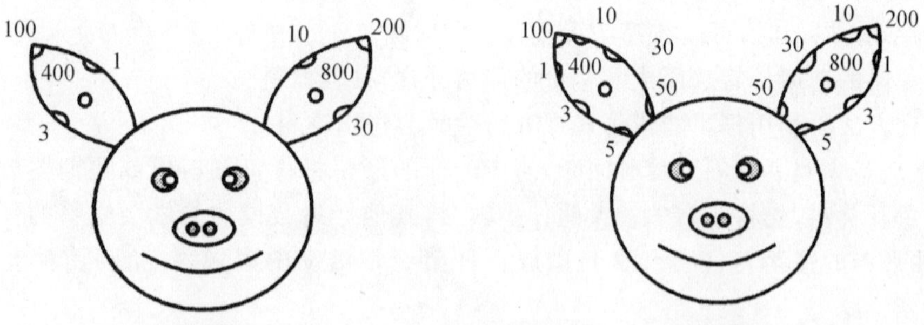

大排法　　　　窝排法

图 3-4　打耳号方法

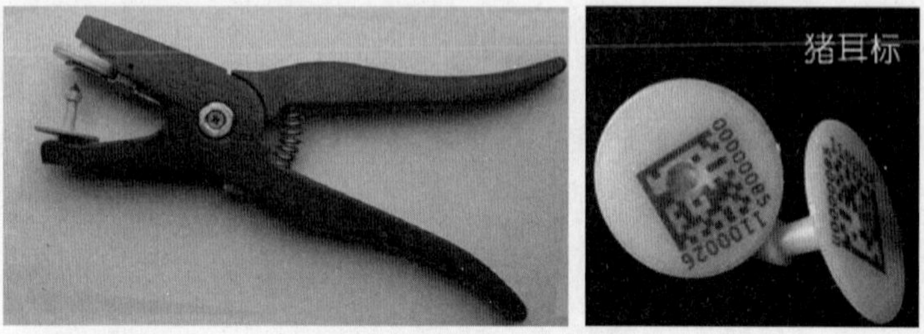

图 3-5　猪耳标钳及耳标

7. 仔猪补铁、补硒

仔猪在 3 日龄时补铁和补硒，防止仔猪发生铁、硒缺乏症。

(1)仔猪补铁　仔猪补铁主要有注射法和硫酸亚铁硫酸铜混合溶液法 2 种：注射法是指利用右旋糖酐铁制剂进行补铁。一般在仔猪 2～3 d 龄时每头注射 100～150 mg。

硫酸亚铁硫酸铜混合溶液法是用 0.25％硫酸亚铁和 0.1％硫酸铜混合水溶液，在仔猪拱奶时滴在乳头上让仔猪吸入。该法操作较麻烦，不适用于规模化生产。

(2)仔猪补硒　每头仔猪于生后 3 d 龄注射 0.5 mL 0.1％亚硒酸钠。

8. 寄养

某种原因导致母猪对所产仔猪不能哺育时，需要将其生产的仔猪过继给其他母猪完成哺乳，以提高哺乳仔猪的成活率。选择性情温驯、泌乳力强、产期相近的母猪做寄养母猪。在寄养前，将寄养母猪的乳汁涂抹在仔猪身上或喷洒气味较大的消毒药，以干扰寄养母猪的嗅觉，防止其咬伤仔猪，然后将仔猪放在寄养母猪乳头上，开始哺乳。

任务二　哺乳仔猪的饲养管理措施

1. 仔猪补水

在开食前，训练仔猪饮水，让仔猪学会使用饮水器。用自动饮水装置进行补水。饮水器安装高度要适宜。鸭嘴式饮水器的安装高度一般为 15～25 cm，杯式饮水器的安装高度为 10～15 cm。

2. 仔猪开食

适时训练仔猪开食补料，保证仔猪断奶前学会吃料。

(1)确定开食时间　当仔猪的断奶时间为 21 d 时，在生后第 5 天进行开食训练；当仔猪的断奶时间为 28 d 以上时，可以在第 7 天进行开食训练。

(2)开食料的选用　宜选用成品全价的仔猪开食料(教槽料)。

(3)开食方法　利用仔猪的模仿和探究行为教会仔猪吃料。

具体做法是当到了计划开食时间时，高床产仔的仔猪将仔猪饲料槽或喂饲器放在仔猪栏内，放入少量开食料，先将一窝中较大的仔猪教会，其他仔猪会模仿先学会吃料的仔猪也学会吃料。地面平养的仔猪将仔猪开食料撒放在仔猪经常活动的区域，仔猪利用探究行为学会吃料。

3. 补料

当仔猪学会吃料后，要过渡为用仔猪全价颗粒料进行补料，保证仔猪生长发育的营养需要。按顿饲喂，每天饲喂 6 次，遵照定时、定量，少喂勤添的原则，每头仔猪每次为 20～50 g，以不剩料为宜，以后随日龄增加而逐渐增加给料量。

4. 仔猪腹泻的预防

仔猪腹泻是仔猪死亡的最常见病症。养育哺乳仔猪必须注意预防腹泻，以提高成活率。预防腹泻必须采用综合措施：一是提高青年母猪的免疫力，保证初乳中特定抗体含量；二是通过寄养仔猪，平衡窝仔猪数；三是注意保温，防止空气湿冷污浊，提高母猪泌乳量；四是严格执行全进全出制度。

相关知识

1. 哺乳仔猪的生理特点

(1)生长发育快，物质代谢旺盛　绝对增长速度随年龄增长而增加，相对生长速度却逐渐降低。从仔猪体重增长的成分上看，3 周龄内的脂肪增长或沉积迅速，初生时为 1%，而当增长到 5 kg 时，脂肪成分占 12%。以后蛋白质增长速度迅速上升，灰分的增长比较稳定。总之，体内蛋白质、脂肪、灰分的总量随年龄和体重的增长而增加。具体如表 3-1 所列。

表 3-1　哺乳仔猪生长发育

体重	日龄						
	出生	10	20	30	40	50	60
体重平均/(kg/头)	1.50	3.24	5.72	7.25	10.56	14.54	18.65
范围/kg	0.9～2.2	2.0～4.8	3.1～7.8	4.2～10.8	5.4～15.3	8.9～22.4	11.0～27.2
增长倍数	1.00	2.16	3.81	4.83	7.04	9.71	12.43

(2)消化器官不发达，消化机能不完善　在仔猪出生时，其胃重仅为 5～8 g，容积也只有 25～40 mL。在 20 日龄时，胃重达 35 g 左右，容积扩大了 2～3 倍。在 60 日龄时，胃重 150 g 左右，体重达 50 kg 后其胃达成年猪重量。仔猪在出生时的胃蛋白酶很少，胃内缺乏游离盐酸，一般在 3 周龄左右胃内才产生少量游离盐酸。

(3)体温调节机能不完善，怕冷　在仔猪出生时，其大脑皮层发育不完善，调节体温机能差，同时仔猪体内只能利用乳糖、葡萄糖、乳脂、糖原氧化供热，并且初生仔猪皮薄毛稀，皮下脂肪较少，防寒能力差。

(4)无先天免疫力,容易得病　胚胎期间母体内的免疫物质(免疫球蛋白)不能通过血液循环进入胎儿体内。因而仔猪出生时无先天免疫力,自身又不能产生抗体,只有靠吃初乳获得免疫力。

2. 影响仔猪增重的因素

(1)仔猪初生重　仔猪初生重会影响仔猪后期的增重。

(2)胎次　初产母猪的仔猪比经产母猪(7～8胎前)的仔猪生长慢。

(3)营养　母乳不足影响仔猪增重,补料不及时也会影响仔猪增重。

(4)疾病　仔猪下痢对仔猪的影响很大。其他应激因素也会影响仔猪增重。

3. 哺乳仔猪营养需要特点

哺乳仔猪生长速度快,其所需要的各种营养物质较多,仔猪日粮中所提供的各种营养物质也要多。提早强制开食训练、仔猪早期隔离断奶技术的应用、仔猪所居环境饲养密度较大以及近年来一些疾病的多发等诸多因素均对仔猪营养提出新的挑战。这就要求对仔猪所供的营养能使仔猪吃出健康来,以抵御环境和疾病的不良影响,满足养猪业者对哺乳仔猪高生长速度的期望值。

哺乳仔猪的饲粮应重点考虑两方面:一是哺乳仔猪喜欢采食,并且采食后无腹泻;二是仔猪生长速度要快。解决饲料适口性相对容易,可以通过添加一些诱食剂,而解决腹泻和生长速度问题则困难相对较多。这里既有饲料营养、饲料原料选择和饲料加工工艺,又有如何注重仔猪的保健和对疾病的预防措施等问题。这些是衡量仔猪饲粮品质的重要指标,研究学者和饲料生产商均做了不少工作。仔猪饲粮品质正逐渐向高品质方向发展,仔猪生产水平得到不断提高。

(1)能量需要　哺乳仔猪所需能量有两个来源:一个是母乳;另一个是仔猪料。每头母猪的泌乳量及乳质的不同决定了每日提供的能量就不同。在这种情况下,只好按仔猪生长速度来考虑其能量供给。但将哺乳仔猪能量需要单独罗列出来还很少,大多是借鉴生长猪在3～10 kg阶段所需的能量数据,而在3～10 kg阶段,生长猪的能量需要只是最低需要量。与现实生产中仔猪生长的速度相比,两者还存在很大差距。因此,这些数据只是饲粮配合的一个参考依据。这些数据最初也是根据仔猪营养需要和生长需要计算出来的。

在剖析仔猪生长所需能量时,应考虑氮沉积、脂肪沉积、骨骼、皮肤等组织的增长。因为在仔猪阶段,这些沉积和增长是同时进行的。仔猪用于沉积蛋白质和脂肪的能量效率高于生长肥育猪,所以人们在配合仔猪饲粮时应与生长肥育猪有一定的区别。综合的数据为沉积1 kg蛋白质需要消化能52.72 MJ,沉积1 kg脂肪需要消化能52.3 MJ,其他组织的增长所需能量不多,一般需要的能量为14.2 MJ。仔猪在不断地生长发育,其维持生长所需的营养和能量也在不断变化。在实际生产中只能根据体重和预期的增重值,考虑其能量供给。根据NRC饲养标准可知,在3～5 kg阶段要求生长猪日粮中消化能含量为14 212 kJ/kg,日采食量为250 g,摄取消化能为3 553 KJ/kg,摄取这些能量预期日增重为250 g左右;在5～10 kg阶段要求日粮中消化能含量仍为14 212 kJ/kg,日采食量为500 g,日摄取消化能7 106 KJ/kg,期望日增重为450 g左右。

在实际生产中,仔猪的生长速度比NRC饲养标准介绍得要快一些,加上哺乳仔猪居住环境温度不都为25～28℃。这些因素都会影响仔猪的生长速度。环境温度的不适将会导致哺乳仔猪对能量需求发生变化。由于体热散失过多,温度偏低,生长能量减少,为了保证其生长速度,要增加能量供给数量;温度偏高,仔猪食欲降低,影响日摄取能量总量,同时高温环境也会增加体热能损失，结果同样会使维持能量增加，生长能量减少。通过增加日粮中的能量含量来满足哺乳仔猪对能量的需要。其具体做法是在哺乳仔猪日粮中添加动物脂肪3%～5%。与植物脂肪相比，动物脂肪的饱和脂肪酸含量高，易于被仔猪吸收，同时也能减少腹泻。

(2)蛋白质、氨基酸的需要　哺乳仔猪健康迅速地生长发育，首先，要保证能量需求；其次，保障蛋白质，氨基酸的供给。不同的品种、年龄、体重阶段、生产水平的哺乳仔猪对蛋白质、氨基酸的需求有差异。根据NRC饲养标准可知，3～5 kg阶段的哺乳仔猪所需的粗蛋白质为26%，赖氨酸为1.5%；5～10 kg阶段的哺乳仔猪所需的粗蛋白质为23.7%，赖氨酸为1.35%。哺乳仔猪的营养除由在日粮中摄取蛋白质和氨基酸外，母乳还可以为其提供一定数量的蛋白质和氨基酸。以每头哺乳仔猪每天吮乳500 g计算，每天由母乳提供的蛋白质约为30 g。在能量供给充足的情况下，再供给充足的蛋白质和氨基酸等营养物质即可保证哺乳仔猪的迅速生长。反之，能量供给不充足，蛋白质水平再高，氨基酸平衡再好，哺乳仔猪照样将蛋白质和氨基酸经脱氨基作用，氧化产热，加重肝肾负担，浪费蛋白质资源，增加饲料成本。

哺乳仔猪及其他猪将能量需要作为生长的第一需要的原因是猪为恒温动物，始终以能量需要作为第一要素。但哺乳仔猪日粮中的蛋白质水平不足以全面评价其质量的优劣，应以必需氨基酸，特别是一些限制性氨基酸在日粮中的含量作为评价哺乳仔猪日粮的重要依据，例如，玉米-豆粕-乳清粉型的哺乳仔猪饲粮。赖氨酸是一种限制性氨基酸。赖氨酸不足会导致生长速度受限，增加哺乳仔猪腹泻的发病率。单纯看仔猪日粮中的蛋白质水平高低是不全面的，有时日粮中过多的植物性蛋白质往往会导致哺乳仔猪消化道免疫反应损伤，引起腹泻。如果把日粮中的蛋白质水平降低2%～3%，赖氨酸增加0.1%～0.3%，就会大大降低哺乳仔猪腹泻的发生。

蛋白质、氨基酸在饲粮配合过程中均要由具体饲料原料得以实现，因此，在选择饲料原料时，要特别注意哺乳仔猪日粮的饲料原料品质。应根据哺乳仔猪蛋白质、氨基酸需要特点，选择必需氨基酸含量高，特别是限制性氨基酸含量高的饲料原料，如进口鱼粉等。由于鱼粉价格较高，所以有些饲养场已改用氨基酸平衡法来配合哺乳仔猪日粮。这种氨基酸平衡法既科学，又经济。另外，应指出的是，氨基酸水平不是水平越高越好，而是各种氨基酸的平衡，所以应根据NRC饲养标准中的各种氨基酸推荐数量来酌情添加，进行日粮配合，以优良的氨基酸组合保证哺乳仔猪快速生长，反之，哺乳仔猪生长速度就会变慢，饲料转化率就会降低，有时还会引发危害哺乳仔猪健康的一些问题。

(3)矿物质需要　哺乳仔猪的骨骼肌肉生长较快，其对矿物质营养需要量较大。在过去非封闭式饲养情况下，人们注意钙、磷的补给，而忽视了其他矿物质营养的供给，导致哺乳仔猪生产水平较低。根据NRC标准可知，3～5 kg阶段的哺乳仔猪所需的钙为0.90%，总磷为0.70%，有效磷为0.56%；5～10 kg阶段的哺乳仔猪所需的钙为0.80%，总磷为0.65%，有效磷为0.40%。这些数据是在使用玉米-豆粕型日粮时的保证最大增重速度和饲料利用率的最低需要量。而在实际配合日粮中，需求量要高于这个数字，特别是钙的使用量远远超出饲养标准。究其原因，一是预混料中所用的稀释剂或载体多选用含钙高的石粉或石膏。二是高钙、高磷日粮有利于封闭状态、采光系数较低的舍内猪对钙、磷的需求。三是根据哺乳仔猪将来用途而设计。在种用的哺乳仔猪的日粮中，高钙、高磷可以增加其骨骼密度，防止骨质疏松，增强抗碎强度。据研究证明，母猪在幼龄阶段高钙、高磷可以延长繁殖寿命。鉴于此种情况。在配合哺乳仔猪日粮时，钙、磷的需求量应高出标准0.1%。四是哺乳仔猪日粮中的主要原料来自植物谷类。植物谷实普遍存在钙的含量少，磷的含量较高等现象。但60%左右的磷是以植酸磷的形式存在。在无外源酶的情况下，猪对植酸磷的利用率很低。综合近年来的研究结果发现，猪对植酸磷的利用率只有30%左右。

在掌握了钙、磷需要量的同时，还应注意钙、磷的比例，以便于更好地促进日粮中钙、磷的吸收和利用。研究表明，对于3～5 kg阶段的仔猪而言，钙与有效磷的最佳比例为1.6∶1。对于5～10 kg阶段的仔猪而言，钙与有效磷的最佳比例为2.0∶1。如果钙与有效磷的最佳比例高于以上比例，则对仔猪不利。仔猪会表现出采食量、增重速度、饲料转化率和骨骼质量下降等不良后果。为了提高钙、磷的利用效果，在实际配合日粮时应多选用石粉作为钙源，磷酸氢钙作为磷源。

在矿物质营养中还应注意钾、钠、氯的需要与供给，植物饲料中的钠不足而钾过量等问题。在这种情况下，应重点考虑钠、氯的需要量，NRC饲养标准推荐哺乳仔猪对钾、钠、氯的需要量分别是3～5 kg阶段的哺乳仔猪日采食量为250 g，应摄取钾0.75 g、钙0.63 g、氯0.63 g。5～10 kg阶段的哺乳仔猪日采食量为500 g，应摄取钾1.4 g、钠1 g、氯1 g。根据这些标准，应在哺乳仔猪的日粮中添加0.3%的食盐。这样就可以满足哺乳仔猪对钠和氯的需要，防止由钾、钠、氯的缺乏所产生的电解质不平衡，避免仔猪生长发育和饲料转化率受到影响。当矿物质严重缺乏时，哺乳仔猪将会出现食欲减退，被毛粗糙，消瘦，行动懒惰，运动失调等症状。钾、钠、氯在日粮中的含量过高，将会引起中毒。在饮水设施不完善的条件下，这种情况应引起充分重视。据资料报道，如果饮水充足，哺乳仔猪可以饲喂日粮高水平的食盐及钾；如果饮水受限，过量食盐会使仔猪出现神经过敏、虚弱、蹒跚、癫痫、瘫痪和死亡等。钾中毒的主要表现是心电图失常。

虽然哺乳仔猪所需的硫和镁完全可以由含硫氨基酸的母乳中得到满足，一般无须另外添加，但对于生长速度快，瘦肉率高的猪种来说，添加一定量的镁可以减少哺乳仔猪的应激过敏。

近年来，其他微量元素也引起人们的普遍关注，如铁、铜、锌、硒。NRC饲养标准推荐铁为60 mg/kg。在哺乳仔猪的开食料中，其添加量为100～160 mg/kg。其原因是其他微量元素超标准添加，铁就必须首先超标准添加，从而缓解中毒症状。常用铁源有$FeSO_4 \cdot 4H_2O$、$FeSO_4 \cdot 7H_2O$。铜是近10年内添加量和添加效果研究的热点。根据NRC饲养标准推荐，3～10 kg阶段的仔猪所需的铜为3～6 mg/kg。这个数值完全可以保障仔猪正常生长发育的最低需要。在实际饲料生产中，铜在哺乳仔猪日粮中的添加量为150～300 mg/kg。高剂量添加铜基于两个原因：一个是高剂量铜可以促进仔猪生长；另一个是满足过去有些人的所谓黑粪要求。这在实际上是不科学的。一些欧美国家从环保角度和资源合理利用角度，其饲粮中铜的含量要求控制在125 mg/kg以下。如果仔猪缺铜，就可出现缺铜性贫血。母猪乳中的铜含量较低，但是其可以通过给妊娠母猪高铜，增加初生仔猪体内铜的贮量。常用铜源多选择$CuSO_4 \cdot 5H_2O$。

锌的需要量受饲粮中的钙、磷、铜含量，干饲与湿饲，阳光直射暴晒的时间与强度，猪的毛色等影响较大。根据NRC饲养标准可知，3～10 kg阶段的仔猪每千克饲粮所需的锌为100 mg。如果饲粮中的钙、磷、铜超标，干饲在阳光暴晒，无疑将增加猪对锌的需要量。增加锌的需要量以防止出现由相对缺锌引发的皮肤不全角化症。在实际配合仔猪日粮时，多选用$ZnSO_4 \cdot H_2O$、$ZnSO_4 \cdot 7H_2O$、$ZnCO_3$，添加量一般为150～180 mg/kg。

硒的需要量受地区、敏感猪群的影响。我国北方大部分地区在以前属缺硒地区，随着含硒饲料、含硒肥料被广泛使用，这种情况已有所改变。生长速度快、瘦肉率高的猪种对缺硒敏感。幼龄猪缺硒主要发生于生长速度快、体质健壮的仔猪。轻者应激反应为过敏，重者患白肌病、营养性肝坏死、桑葚心，仔猪死亡率增加。根据 NRC 饲养标准可知，3～10 kg 阶段的仔猪所需的硒为 0.3 mg/kg。由于添加的原料多为 Na_2SeO_3，毒性较大，无须超标准添加。缺硒地区一方面在母猪妊娠期注重日粮中的硒的添加；另一方面仔猪在出生后的第 1 天肌内注射硒 0.5 mg。在仔猪饲粮中添加硒时，一定要搅拌均匀，谨防中毒。

锰作为与碳水化合物、脂类和蛋白质代谢有关的酶的组成成分，它发挥重要作用。同时锰是骨有机质黏多糖组成成分。根据 NRC 饲养标准，锰的推荐量为 4 mg/kg。锰很容易穿过胎盘，所以妊娠猪缺锰会导致初生仔猪缺锰。哺乳仔猪的锰可以从母乳和饲粮中获得。哺乳仔猪缺锰会影响其骨骼生长发育。常用锰源为 $MnSO_4 \cdot H_2O$。

(4)维生素需要　哺乳仔猪所需要的维生素量应根据仔猪日粮类型、日粮营养水平、饲料加工方法、饲料储存环境和时间、维生素预前处理，哺乳仔猪饲养方式、仔猪生长速度，饲料原料组成、仔猪健康状况、药物使用、体内维生素储存状况等因素综合考虑。NRC 饲养标准推荐的各种维生素的需要量只是最低需要量。在实际配合饲粮时，维生素水平至少是标准需要量的 5～8 倍，才能保证最大生产成绩。哺乳仔猪所需维生素来源于母乳和日粮。根据玉米-豆粕-乳清粉型日粮特点，考虑添加的维生素包括维生素 A、维生素 D、维生素 E、维生素 K、维生素 B_1、维生素 B_2、泛酸、烟酸、维生素 B_{12}、胆碱、维生素 B_6、生物素和叶酸。

当维生素 A、维生素 D 过量时，则毒性较大。一般维生素 A 的添加量不超过 20 000 IU/kg，维生素 D 的添加量不超过 2 000 IU/kg。仔猪的维生素 A 缺乏往往是由母猪饲粮缺乏造成的。仔猪维生素 A 的缺乏导致初生仔猪免疫力下降，生长发育受阻。维生素 D 缺乏会影响钙、磷的吸收，仔猪出现佝偻病。维生素 E 是哺乳仔猪最容易缺乏的。究其主要原因，一是饲料中含量少，并且极易被空气氧化破坏；二是价格昂贵，添加量不是几倍于标准添加；三是在仔猪日粮中添加脂肪，特别是一些不饱和脂肪酸易使维生素 E 氧化；四是生长速度快，瘦肉率高的品种仔猪对维生素 E 量敏感。基于上述原因，应在哺乳仔猪日粮中添加维生素 E 40～100 mg/kg。根据 NRC 饲养标准，维生素 E 的推荐量为 10 mg/kg。根据资料报道，在每千克饲粮中高水平添加维生素 E(150～300 mg)可以增强仔猪的免疫力，以利于猪的健康。维生素 K 是哺乳仔猪必需的。因为哺乳仔猪肠道内的微生物少，不能合成自身所需要的维生素 K 的量。因此，在其饲粮中应按 2 mg/kg 添加。

在哺乳仔猪日粮中，由于其植物饲料中含有较丰富的水溶性维生素，故应按 NRC 饲养标准至少 2 倍左右量添加，以防出现维生素缺乏症。

值得指出的是，胆碱对维生素 A、维生素 D_3、维生素 K 和泛酸等易起破坏作用，因此，在多维预混剂中，不应包括胆碱。胆碱在配合饲粮时加入。如果其他维生素要想增加保存时间，就应进行抗氧化包埋处理。健康状况不佳的仔猪应酌情对其增加维生素添加量。在饲料加工过程中，如果加温，就应增加维生素供给量。生长速度快的猪应增加维生素供给量。

(5)水的需要　仔猪在出生后 1～3 d 就需要供给饮水。其所需数量受仔猪体重、健康状况、饲粮组成、环境温度和湿度等因素影响。哺乳仔猪对水质要求较高，既要求符合饮水卫生标准，又要有完善的饮水设施。现代养猪生产多选用饮水器或饮水碗，一般认为哺乳仔猪习惯使用饮水碗，同时保证饮水碗的清洁卫生。使用饮水器要安装好其高度，一般为 15～20 cm，水流量至少为 250 mL/min。据资料报道，饮用含有硝酸盐或硫酸盐的水易引起仔猪腹泻。在生产实践中，水中的氟含量过高，会导致关节肿大；锰含量过高，仔猪会出现后肢站立不持久、节律性抬腿的问题。

4. 免疫接种程序的制定

免疫接种是预防猪传染病的关键措施。给猪注射疫苗，能使猪产生特异性抵抗力，在一定时间内猪只就可以不被传染。猪的疫苗种类很多，每种疫苗只能用来预防一种传染病。因此，不同地区或养殖场应根据传染病的流行特点和生产实际情况，有选择地进行疫病的预防接种，并注意选择适宜的疫苗、免疫程序和免疫办法。制定免疫接种程序就是根据猪群的免疫状态和传染病的流行季节，结合当地的具体疫情而确定的预防接种的疫苗种类、接种时间、次数和间隔等。在制定免疫接种程序过程中需注意以下几点。

①应根据疫病监测和调查结果，分析本地区或本养猪场内常见疫病的危害程度以及周围地区威胁性较大疫病的流行和分布特征。

②应了解疫苗的免疫特征。由于疫苗的种类、适用对象、保存方法、接种方法、使用剂量、免疫力应答时间、免疫保护效力、最佳免疫接种时机及间隔时间等各有不同，因此，在制定免疫程序前，应充分考虑本地区常见多发或受威胁的传染病的分布特点、疫苗类型、免疫效能和母源抗体水平等因素，这样才能使免疫程序具有科学性和合理性。如乙型脑炎疫苗应在每年3—4 月前注射，成年猪应注射三次口蹄疫疫苗(一般 4 个月注射一次)。

③要充分利用免疫监测结果。由于有些疫病的发病期较长，需要终生免疫，因此，应根据定期抗体测定水平，确定首免日龄和加强免疫的时间。猪场一般免疫程序见表 3-2。

表 3-2 仔猪免疫程序

时间	疫苗名称	用苗剂量	免疫方法	备注
吃初乳前 1～2 h	猪瘟疫苗(细胞苗)	按说明	肌注	超前免疫
7 日龄	猪气喘病疫苗	按说明	肌注、滴鼻	
14 日龄	猪圆环病毒苗	按说明	肌注	
15 日龄	蓝耳病疫苗(灭活苗)	按说明	肌注	
20 日龄	猪瘟疫苗	按说明	肌注	未做超前免疫时
	链球菌疫苗	按说明	肌注	
25 日龄	猪伪狂犬疫苗	按说明	肌注	
	猪气喘病疫苗	按说明	肌注	
30 日龄	副伤寒疫苗	按说明	肌注、口服	
	猪丹毒/肺疫	按说明	肌注	
35 日龄	猪瘟疫苗	按说明	肌注	超前免疫的二免
40 日龄	口蹄疫疫苗	按说明	肌注	用高效苗
60 日龄	蓝耳病疫苗	按说明	肌注	
	猪瘟疫苗	按说明	肌注	
	链球菌疫苗	按说明	肌注	
65 日龄	猪瘟疫苗	按说明	肌注	20 日龄的二免
70 日龄	副伤寒疫苗	按说明	肌注	30 日龄的二免
	猪丹毒/肺疫	按说明	肌注	
80 日龄	口蹄疫苗	按说明	肌注	二免

项目二 断奶仔猪饲养管理技术

任务一 控制断奶仔猪的生长环境

1. 控制温度

在 30～40 日龄时，断奶仔猪适宜的环境温度为 21～22℃；在 41～60 日龄时，其适宜的环境温度为 21℃；在 60～70 日龄时，其适宜的环境温度是 20℃。另外，为了减少断奶仔猪断奶应激，可以在断奶当天将环境温度升高到 29～30℃，之后逐渐下降。温度偏高会影响仔猪食欲和休息；温度过低，仔猪挤堆趴卧会造成底层空气流通不畅，增加体外寄生虫病的发生率。为了能保持上述温度，冬季要采取保温措施。一是注意畜舍的防风保温和适当增加饲养密度；二是安装取暖设备，例如，暖气、热风炉、煤火炉和火墙取暖。在炎热的夏季，则要防暑降温，可采取喷雾、淋浴、纵向通风等降温方法。

2. 控制湿度

舍内的湿度是水分蒸发而形成的。蒸发过程取决于空气温度、湿度和流动速度，也与大气压力和养猪的密度等条件有关。猪舍空气中的水汽来源主要是猪排出的水汽，由地面、潮湿的垫草、墙壁和设备表面蒸发的水分以及随空气进入圈舍的外界水分。

断奶仔猪生长环境的相对湿度应控制为 50%～70%。湿度过小，仔猪饮水增加，常引发腹泻，不利于舍内卫生，同时皮肤干燥瘙痒，常蹭磨，易造成皮肤损伤，增加病原微生物感染概率。如果断奶仔猪生长环境的湿度过大，病原微生物就易繁殖，也易引发一些疾病，同时会加剧寒冷或炎热，对仔猪的生长不利。坐产中的仔猪则要对其注意控制舍内湿度，减少用水量，加强通风换气。

3. 控制气流

空气流动是由不同部位的空气发生温度的差异而形成的。在炎热的情况下，只要气温低于猪的体温，气流就有助于猪体的散热。如果加重了寒冷的刺激，就会对猪产生的不良影响。气流以 0.2 m/s 为宜。在低温情况下，气流增强了猪的散热。一般来说，冬季猪体周围的气流以 0.1～0.2 m/s 为宜。

4. 控制光照

光照分为自然光照和人工光照。影响猪舍的自然采光因素包括猪舍的方位、舍外情况、窗户面积、入射角和透光角的大小、舍内的反光情况等。人工光照以电灯为光源。在充分利用自然光照的情况下，在养猪业中人工光照主要用于补充自然光的不足，其可在早晨和傍晚进行。适宜的太阳光照对猪只有良好的作用。其可使辐射能变为热能，皮肤温暖，毛细管扩张，加速血液循环，促进皮肤的代谢过程，改善皮肤的营养，加速再生过程。同时太阳光中的紫外线能使皮肤中的 7-脱氢胆固醇转化成维生素 D，调节钙磷代谢。保育舍的光照强度是 5～10 lx，光照时间是 14～18 h。

5. 控制有害气体

猪的呼吸、排泄及排泄物的腐败和分解不仅会导致猪舍内空气中的氧气减少，二氧化碳增加，而且氮、硫化氢和甲烷等有害气体及臭味也会产生。有害气体的产生和积累取决于猪舍的封闭程度、通风条件、粪尿处理和圈养密度等。保育舍内的粪尿每天至少清除 3

次，同时要经常通风换气，保证舍内空气新鲜，有足够的氧气含量，有害气体含量减少。在寒冷的季节不要在舍内以耗氧式的燃烧方法来取暖，以免降低猪舍内氧气的浓度，导致二氧化碳、一氧化碳浓度增加，这样将不利于断奶仔猪的生长和健康。在一般情况下，猪舍内的氮气的含量不能超过 20 mg/m^3，硫化氢的含量不能超过 10 mg/m^3，二氧化碳的含量不能超过 0.2%，一氧化碳的含量不能超过 5 mg/m^3。

6. 控制饲养密度

饲养密度是指每头猪的占栏面积。饲养密度不仅影响猪的群居行为和舍内的小气候，而且还影响猪的生产力。只有选择合理的饲养密度，才能充分发挥猪的生产潜力。饲养密度过小，浪费圈舍的空间；饲养密度过大，猪只的争斗机会增加，从而增加应激。一般每头断奶仔猪占栏面积为 0.3 m^2 适宜。

7. 控制噪声、灰尘与微生物

舍内噪声是由外界人员、舍内机械和猪体自身产生的。噪声对猪的休息、采食、增重都有不良影响。目前我国还没有制定猪场噪声控制标准，一般认为不得超过 80～85 dB。

灰尘和微生物是由舍外空气带入和猪在舍内活动、采食、排泄及饲养管理过程产生的，特别是在密闭猪舍采取干粉料饲喂的情况下。灰尘上的病原微生物导致猪感染其他疾病，因此，应重视减少舍内空气中的灰尘。在生产中，应结合湿度控制，以减少舍内的灰尘量。

任务二　饲养管理断奶仔猪技术

1. 断奶仔猪的饲养技术

(1)确定断奶时间

①常规断奶：为 35～42 日龄断奶，最晚不超过 50～56 日龄。国外仔猪断奶多为 28～32 日龄，总的趋势是提早断奶。

②早期断奶：指仔猪生后 3～5 周龄断奶。我国早期断奶推荐为 28～35 日龄。

③超早期断奶：指早于 2 周龄的断奶。目前，适宜的断乳日龄尚无定论，但一般认为超早期断乳对母猪生殖系统的恢复会产生不良影响，导致受胎率低，胚胎死亡率高，降低母猪的年生产力。日本提倡“三个三养猪制”，即仔猪生后 30 d 断奶，仔猪断奶后培育 30 d，再育肥 3 个月，仔猪出生后 5 个月体重达 90～95 kg，即可上市。

(2)选择断奶方法

①一次断奶法：指到了断奶日期，一次性地将母猪与仔猪分开，不再进行哺乳。此方法适于工厂化猪场和规模化猪场，便于工艺流程实现全进全出，省工省事。个别体质、体况差的仔猪对此方法的应激反应较大，可能影响其生长发育和育成。

②分批分期断奶法：根据一窝中仔猪生长发育情况，进行不同批次断奶。一般将体重大、体质好、采食饲料能力较强的仔猪提前 1 周断奶。而体重小、体质弱、吃料有一定困难的仔猪延缓 1 周断奶。在此期间内应加强训练仔猪采食饲料能力，以免造成哺乳期过长，影响母猪的年产仔窝数。此方法适于小规模猪场以及设施利用节律性不强的分娩舍。

③逐渐断奶法：在预定断奶时间前 1 周左右，逐渐减少日哺乳次数，到了预定断奶时间将母仔分开，实行断奶。此法适用于规模小，饲养员劳动强度不大的猪场，饲养人员可以有充足时间来控制母猪哺乳。

(3)过渡期的饲养　断奶会造成仔猪应激。为了减轻应激，在断奶后 20 d 内，通过“两维持，三过渡"来解决仔猪的断奶应激问题。"两维持"是指维持原圈和原饲料饲养，维持原饲料饲喂2周左右，维持原圈饲养2周左右；"三过渡"是指饲料过渡、饲养制度过渡和环境过渡。

①饲料过渡：在断奶前3天，减少母乳的供给（给母猪减料），促进仔猪进食较多的乳猪料；在断奶后2周内，保持饲料不变，并适量添加抗生素、维生素和氨基酸，以减少应激反应；在断奶后3～5 d，采取限量饲喂，日采食量以160 g为宜，逐渐增加，5 d后自由采食，但要防止仔猪因过于饥饿而不安；2周后在饲料中逐渐增加仔猪料量，减少乳猪料量，3周后全部采用断奶仔猪料；保证每头猪的日饲喂量均衡，避免由突然食入大量干料造成的腹泻；安装自动饮水器，保证清洁的饮水。

②饲养制度过渡：在断奶后的2～3 d内，喂量与次数不变，以后逐渐过渡，约在半个月之内完成，要逐渐增加饲喂次数（达到每天3～4次）和加大饲喂量（过渡到保育期仔猪的饲养标准）。

③环境过渡：仔猪留在原圈内不混群。在仔猪断奶的半个月后，当仔猪表现稳定时，方可调圈并窝。

（4）饲喂方法

①饲喂次数及饲喂量：要掌握好日喂次数和喂量。断奶仔猪生长速度较快，所需营养物质较多，但其消化道容积有限，所以必须少喂勤喂。这样既能保证生长发育所需的营养物质，又不会导致因喂量过多，胃肠排空加快而造成的饲料浪费。在仔猪体重为20 kg以前，日喂以6次为宜，仔猪体重为20～35 kg日喂4～5次。日喂量占体重的6%左右，如环境温度低，可在原日粮基础上增加10%的给量。每次喂量以全部仔猪采食完毕，料槽的4个角要有少量饲料残余为宜。剩料过多，说明投料太多；饲槽舔光，说明喂量不足。喂量过多会造成消化不良，出现腹泻。要利用仔猪抢食习性，保证断奶仔猪有旺盛的食欲。在断奶后的第1周，应保证每一头仔猪有一个饲槽位置；在2周后，2～4头仔猪有一个饲槽位置。每头仔猪所需饲槽位置的宽为15 cm左右。喂量不足会影响仔猪的生长速度。大多数场家为了减少断奶仔猪的消化不良性腹泻，在断奶后第1周实行限量饲养。限量程度是给其日粮的60%～70%，从第2周开始逐渐增加喂量，从第3周开始喂正常日粮量。

②饲料类型：最好是颗粒饲料，其次是生湿料或干粉料。不要喂熟粥料，防止由食温掌握不准而出现的营养损失或造成口腔炎症、胃肠卡他等。

③饮水：为了保证饮水，断奶仔猪最好使用自动饮水器饮水。这样既卫生，又方便。其水流量至少为250 mL/min。饮水器灵活好用，每栏安置1～2个饮水器，高度为30～35 cm。无自动饮水器的场家在饮水槽内必须常备清洁、卫生的饮水，饮水槽内的饮水每天至少更换6次。饮水不足一是影响健康，二是影响采食，三是降低生长速度。同时饮水不卫生会引发仔猪下痢等疾病。

④饲喂方式：常用自由采食饲喂方式。自由采食是指饲料箱或饲料槽中经常保持有饲料，猪可以随时采食饲料的方法。它能保证猪营养物质的充足供应，并能充分发挥猪的最大生长速度，但饲料浪费较大，尤其是干粉料。如果采用生湿料，每天应饲喂3～6次。虽然不能做到随时采食，但可以让猪充分采食。每次的给料量以猪在15 min左右吃干净为宜。这样不仅能让猪吃饱，而且不浪费饲料。

2. 断奶仔猪的管理技术

（1）合理组群　当断奶仔猪由产房转到保育舍时，最好是全窝仔猪转入同一保育栏内饲养。仔猪在断奶后2周内不要调群以减少应激反应。根据猪的行为特性，猪只群饲不但能有效地利用圈舍的面积和生产设备，提高劳动生产率，降低猪只生产成本，而且可以充分发挥和利用猪的合群性及采食竞争性的特点，增加猪的食欲，提高保育猪的体质。在进行群饲时，经常发生的争食和咬架现象既影响了猪的采食和增重，又造成猪群体的生长整齐度降低，不能有效地实行适时出栏和全进全出。因此，群饲时必须合理组群。在重新组群时，应根据来源、体重、体质、采食快慢和性情等合理分群，同时保育栏必须有一定的面积供仔猪趴卧和活动，一般饲养密度为0.3 mL/头。密度过大，猪只接触机会增多，易发生争斗咬架现象。

(2)注意看护　在调群断奶初期，仔猪的性情表现出烦躁不安，有时争斗咬架，要格外注意看护，防止咬伤。特别是在断奶后第1周，咬架的发生率较高。在后期的饲养阶段，各种原因也会导致猪只发生争斗咬架、咬尾现象，如营养不平衡、饲养密度过大、空气不新鲜、食量不足、寒冷等。在分群后第1周也要保证饲养管理人员随时在猪舍，以便在发生抢夺弱食及咬架时，随时将其分开，同时可以调群。在调群时，采取“留弱不留强，夜并昼不并，拆多不拆少”的原则。据生产实践观察，断奶仔猪自残咬架多发生在14:00以后。为了避免咬架现象，除加强饲养管理外，可通过转移注意力的方法来减少仔猪争斗咬架和咬尾，即在圈栏内放置铁链或废弃轮胎供猪玩耍。

(3)加强调教训练猪的“三点定位”习惯　猪采食、休息和排泄有固定的区域，并形成条件反射，以保持圈舍的清洁、卫生和干燥。“三点定位”训练的关键在于定点排泄。猪养成定点排泄习惯的主要措施是在猪转入新圈舍前，在新圈舍内给猪提供一个阴暗潮湿或带有粪便气味的固定区域并加强调教。“三点定位”训练需要3～5 d。

(4)预防水肿病　断奶应激导致消化道内环境发生改变，水肿病发生率增加。仔猪主要出现脸或眼睑水肿、活动障碍和神经症状。若出现运动障碍和神经症状，其治愈率较低。在生产中，主要采取减少应激进行预防，特别是在断奶后第1周。应避免饲粮更换，与去势、驱虫、免疫接种和调群间隔进行。在仔猪断奶前后各1周，在日粮中添加抗生素和多种维生素及微量元素具有一定的预防效果。

(5)减少断奶仔猪应激　在断奶后的0.5～1.5周，仔猪会产生心理上和机体各系统的不适反应——应激反应。应激大小和持续时间与仔猪断奶日龄和体重有关。断奶日龄大，体重大，体质好，应激小，持续时间相对短。相反，断奶日龄较小，体重小，应激就大，持续时间也长。仔猪断奶应激会严重影响仔猪生长发育。其主要表现为生长缓慢或停滞，有的仔猪减重，有的仔猪继发其他疾病，造成僵猪或死亡。这种情况将会给养猪生产带来一定的经济损失。产生应激的原因主要有以下三点：一是营养因素。在断奶前，仔猪吃乳和采食固体饲料，而在断奶后完全变成采食固体饲料。在断乳后一段时间内，仔猪在适口性和消化道消化能力上产生不适应，因应激反应，导致胃酸分泌减少，胃内pH升高，影响了胃内蛋白质的消化。二是心理因素。断乳后的仔猪转群混群等因素会造成仔猪心理上不适应。三是环境因素。仔猪在断奶后由分娩舍转到保育舍。保育舍的条件与分娩舍的条件存在一定的差距，仔猪会产生休息、活动的不适应。

(6)预防僵猪　僵猪是指仔猪生长发育严重受阻的猪。僵猪产生于2个主要时期且由几个方面原因导致：一是在出生前。如果妊娠母猪饲养管理不当，就易造成胚胎生长发育受限，特别是妊娠后期饲粮质量差或喂食量偏低造成仔猪初生重过小；母猪的健康状况差、患病使母猪采食量下降或体力消耗过多而造成仔猪初生重降低；初配母猪年龄过小或体重偏低或者是近亲交配也会导致仔猪初生重过小，仔猪生活力差，生长速度缓慢。二是在出生后。如果母猪泌乳量低或无乳，仔猪吃不饱，就会影响仔猪生长发育。引起母猪乳少或无乳的原因主要是泌乳母猪饲养管理不当，或者妊娠期母猪体况偏肥偏瘦，母猪产前患病；仔猪开食晚会影响仔猪采食和消化固体饲料的能力，仔猪消化能力的减弱会造成在母猪产后 3 周左右的泌乳高峰过后，母乳营养与仔猪生长发育所需的营养出现相对短缺。仔猪不能进食所需营养会造成其被毛粗糙，生长速度变慢，有时会导致仔猪腹泻。

仔猪饲料质量差表现为营养含量低，消化吸收率低，适口性差，这将会影响仔猪在生长期对所需营养的摄取。仔猪健康受到影响，并且易引发腹泻等疾病。仔猪患病也会形成僵猪。当急性传染病转归为慢性或者亚临床状态时，仔猪生长发育也会受到影响。某些寄生虫疾病在一般情况下不危及生命，但会消耗体内营养，最终导致仔猪生长受阻，还有一些消耗性疾病会使仔猪消瘦减重，如肿瘤、脓包等。当仔猪患有消化系统疾病时，仔猪采食和消化吸收会受到影响，仔猪生长缓慢或减重。如果仔猪用药不当，药物的副作用会导致仔猪的免疫功能下降，骨骼生长缓慢，如一些皮质激素、喹诺酮类药物。其他药物有时也会造成消化道微生物菌群失调，引起消化功能紊乱，仔猪生长发育受阻。有时候仔猪受到强烈的惊吓会导致其生长激素分泌减少，从而影响生长。

预防僵猪要做好以下工作：①正确进行选种选配，防止近亲交配。商品生产充分利用杂种优势进行繁殖生产。②科学饲养妊娠母猪。保证母猪具有良好的产仔和泌乳体况，防止因过肥、过瘦影响泌乳，确保胎儿生长发育正常，特别是在妊娠后期应为母猪增加营养供给，提高仔猪初生重。③加强泌乳母猪饲养管理。本着"低妊娠，高泌乳"原则，供给泌乳母猪充足的营养，发挥其泌乳潜力，哺育好仔猪。④仔猪提早开食，及时补料。提供适口性好、容易消化、营养价值高的仔猪料，以保证仔猪生长所需的各种营养。⑤科学免疫接种。根据传染病流行情况，做好传染病的预防工作。一旦仔猪发病应及时诊治，防止转归为慢性病，正确合理选择用药，防止仔猪产生用药副作用。⑥及时驱除体内外寄生虫，对已形成的僵猪要分析其产生的原因，然后采取一些补救措施进行精心饲养管理。⑦在生产实践中，通过增加可消化蛋白质、维生素的办法恢复其生长速度，同时注意僵猪所居住环境的空气质量，非寒冷季节可将僵猪放养在舍外土地面栏内。

(7)控制仔猪腹泻　腹泻是仔猪阶段的常见病和多发病。它影响仔猪的生长增重，易继发其他疾病，甚至死亡，给养猪生产造成损失。仔猪腹泻分为病原性腹泻和非病原性腹泻。病原性腹泻将在猪病篇中学习。非病原性腹泻是指由断奶应激造成肠道损伤、消化道酶水平和吸收能力降低，导致食物以腹泻形式排出。与外界相连，仔猪消化道很容易受到外来物质的侵袭。肠道的健康依赖于肠道局部免疫系统。该系统能够广泛识别抗原并与其发生特异性反应。肠道免疫抗体对以前未曾接触过的一切外来抗原均会发生免疫反应，用以消除抗原的危害，肠细胞受到损伤，成熟细胞减少，消化酶水平下降，小肠绒毛萎缩，肠腺窝增生，导致仔猪腹泻。仔猪日粮中含有大量抗原(主要是蛋白质)，肠道免疫系统不能经常发生免疫反应，从而表现出免疫耐受。当肠道中的食物抗原成分达到一定数量和作用时间时，仔猪受免疫耐受作用的影响，对后来的同类抗原不再反应。当仔猪断奶后对高抗原日粮未能适应或者肠道没有产生免疫耐受时，这种日粮会引发仔猪腹泻。这种情况多发生于早期断奶的最初几天或饲粮更改后的头几天。此时腹泻若不控制，可诱发大肠杆菌的大量繁殖，腹泻症状加剧。鉴于上述情况，控制仔猪腹泻应做好几个方面工作。

①仔猪早开食，多补料。多补料可促使肠道免疫系统产生免疫耐受力，防止断奶后对日粮中的蛋白质发生过度敏感反应。如果开食晚，补料少，则免疫系统会受到损伤，仔猪在断奶后的反应更严重。对4～5周龄以后断奶的仔猪进行高质量补饲以保证其健康和正常生长发育具有明显的效果，对8周龄后断奶的仔猪补饲效果不明显，对3周龄以前断奶的仔猪可以在7日龄时进行开食训料。开食料要求适口性好，易于消化吸收。仔猪在断奶前应采食尽可能多的饲料，通过采食饲料，肠道免疫系统就能产生免疫耐受力。

②添加氨基酸，适当降低开食料的蛋白质水平。日粮中的蛋白质是主要抗原物质。它可以降低饲粮蛋白质水平，减轻肠道免疫反应，缓解和减轻仔猪断奶后的腹泻。据试验可知，不经酶法水解，酪蛋白具有活性，可以直接作为蛋白源存在于饲料。如果仔猪发生腹泻，经酶法水解后，仔猪就会出现无腹泻现象。试验表明，即使没有大肠杆菌繁殖，未经酶法水解的酪蛋白同样会导致仔猪腹泻。仔猪开食料中的高水平蛋白质可导致肠腺窝细胞增生，蔗糖酶活性下降。如果饲喂低蛋白质水平的饲粮，则上述情况可以减轻。在仔猪饲粮中添加氨基酸，尤其是赖氨酸0.1%～0.2%后，蛋白质水平可以降低2%～3%，从而达到降低抗原的目的，增重和饲料转化率均有提高。实践证明，6～15 kg仔猪的蛋白质水平为20%，赖氨酸为1.25%。

③添加抗生素和益生素。在仔猪饲粮中添加抗生素可以抑制和杀灭一些病原性微生物，同时加速肠道的免疫耐受过程，进入肠道的抗原致敏剂量变成耐受剂量，以减轻肠道损伤。添加益生素可以使肠道菌群平衡，抑制有害菌的生长繁殖，同样达到减轻腹泻的效果。

④适当增加仔猪饲粮中的粗纤维含量。这种做法可以降低断奶应激和避免在断奶时出现的生产性能停滞期。据试验可知，在仔猪饲粮中添加20%的燕麦对仔猪生长率无明显影响，但可以改善仔猪的粪便外观。

⑤控制仔猪腹泻。控制仔猪腹泻应从饲粮配合、饲喂技术、环境控制等方面着手，不要单一依赖药物控制。这种做法既增加了成本，又不能十分有效地控制仔猪腹泻，同时还会对猪场造成病原污染，不利于猪群的健康。

相关知识

1. 断奶仔猪的营养需要特点

(1)能量需要　断奶仔猪的能量需是根据仔猪的断奶时间和体重来制定的。目前国内一般多实行在4～5周龄时断奶，其断奶体重多为8～10 kg。根据NRC饲养标准，其日粮能量的最低供给量为7.11 MJ。断奶仔猪在保育舍饲养到9周龄，体重达到20 kg左右，此阶段日粮消化能最低供给量为14.21 MJ。猪饲粮中的能量饲料一般选用谷类籽实及其加工副产品、富含淀粉的块根、块茎和油脂等。猪常用能量饲料一般是玉米和麸皮。玉米用量为50%～70%，小麦、高粱等可代替部分玉米，麸皮用量为25%以内。

(2)蛋白质、氨基酸需要　根据NRC饲养标准要求，10～20 kg阶段的断奶仔猪的日粮粗蛋白质含量为20.9%，赖氨酸含量为1.15%。饲粮中的粗蛋白质过低会使仔猪生长变慢，饲料中的粗蛋白质水平偏高往往会导致仔猪腹泻发生率增加。因此，人们开始利用氨基酸来平衡日粮，从而提高仔猪的生长速度，减少腹泻的发生率。

各国在断奶仔猪饲粮中所用的蛋白质原料都有一定的差异。由于美国盛产大豆，所以通常在其断奶仔猪日粮中使用膨化大豆粉或膨化豆粕作为蛋白质来源。而欧洲通常将鱼粉和乳粉，尤其是脱脂乳粉和乳清粉作为主要蛋白质来源。近年来，许多国家开始使用血浆蛋白作为蛋白质来源。

乳制品作为断奶仔猪的蛋白质资源有两点好处：一是乳制品可提高仔猪生长所需的乳糖。而使用豆类或鱼粉取代脱脂乳的蛋白成分进行断奶仔猪的饲粮配合会导致其生产性能明显下降。二是乳制品中含有仔猪生长发育所需的有益因子，如免疫球蛋白、生长因子、乳铁传递蛋白和乳过氧化物酶。

喷雾干燥猪血浆的主要成分是血清蛋白和血球蛋白。粗蛋白质含量为68%，赖氨酸含量为6.1%。在使用喷雾干燥猪血浆后，猪采食量和生长速度均有明显提高。使用乳清蛋白浓缩料的效果也较好。乳清蛋白浓缩料是无脂肪、低热量的高蛋白乳清制品。其粗蛋白质含量为40%～80%，生物活性蛋白含量也有许多，如免疫球蛋白、乳铁传递蛋白和乳过氧化物酶。

除了重点考虑赖氨酸外，断奶仔猪的日粮还应考虑添加蛋氨酸、色氨酸和苏氨酸等氨基酸。添加赖氨酸可以节省2%的粗蛋白质，并且可提高生长速度、肉质和增强机体免疫力；添加蛋氨酸既能节省蛋白质饲料，又能缓解胆碱缺乏症；添加色氨酸可以防止烟酸缺乏症，同时能够防止发生断奶仔猪咬尾症，也可以增进机体免疫力，提高断奶仔猪的生长速度。当断奶仔猪的蛋氨酸水平为0.29%，苏氨酸水平为0.68%时，生长速度和饲料转化率为最佳。NRC饲养标准饲养推荐的断奶仔猪蛋氨酸水平为0.30%，苏氨酸为0.74%，色氨酸为0.21%。随着对断奶仔猪营养研究的不断进展，氨基酸在饲粮中的添加种类和水平将会日趋科学合理。

(3)矿物质需要　在仔猪断奶期间，骨骼生长开始。在矿物质饲料中，钙、磷作为骨骼主要成分必须给予首先考虑。根据NRC饲养标准可知，其推荐量为钙0.70%～0.80%、总磷0.60%～0.65%、有效磷0.32%～0.40%。其他矿物质元素对断奶仔猪的生长发育也十分重要，特别是铁、铜、锌、硒。近几年研究结果表明，其不仅影响生长速度，而且会影响断奶仔猪的健康。NRC饲养标准的推荐量为铁80 mg/kg、铜6 mg/kg、锌80 mg/kg、硒0.25 mg/kg。

为了提高钙、磷的利用率，首先，要选择好钙、磷饲料原料，石灰石粉(钙35%左右)和磷酸氢钙(钙21%、磷16%左右)。猪对这些原料的吸收利用效果较好。要注意饲料原料中氟等有害物质的含量，以免影响断奶仔猪的身体健康。其次，注意钙、磷的添加数量和比例。钙、磷添加数量不足或比例不当不仅会影响钙、磷吸收，而且也会影响铜、锌等营养物质的吸收。再次，断奶仔猪的饲粮中必须有一定数量的维生素D。如果没有维生素D，钙、磷的利用率将会降低。最后，食盐用量要适当。食盐用量为饲料量的0.25%～0.5%。

(4)维生素的需要　仔猪在断奶后1～2周的应激反应较大，加之以后的生长速度较快，导致断奶仔猪对维生素的需求量增加。NRC饲养标准的推荐量只是防止出现缺乏症最低需要量。在实际配合饲料过程中，基于生长、加工损耗、抗应激、自然环境破坏等因素的需要，其添加量往往是其推荐量的2～8倍。综合起来，维生素A、维生素E有增强仔猪免疫力的功能。水溶维生素有增进食欲，防止被毛粗糙的作用。在断奶仔猪饲粮中增加脂肪，应增加维生素E的添加量；在制作颗粒饲料时，应增加B族维生素的添加量；夏季所有维生素均应增加其添加量。

(5)水的需要　在断奶仔猪由断奶前的流体乳和固体饲料混合采食，突然转变成单一采食固体饲料的情况下，水是必不可缺少的重要物质。水的味道、温度、水质及饮水设施对断奶仔猪的饮水量影响较大；饮水要求无异味，水温要求冬季不过凉、夏季要凉爽；饮水要求符合人的饮用水卫生要求，以保证断奶仔猪的健康；饮水设施可以使用饮水槽或饮水器。

在正常情况下，猪的饮水量为其采食风干料重的2～4倍，夏、春、秋3个季节的饮水量高于冬季的饮水量。

2. 饲料添加剂的应用

(1)添加调味剂　仔猪的嗅觉和味觉特别敏感。为了仔猪能提早开食，提高仔猪的采食量，可在仔猪饲料中添加调味剂，饲料从嗅觉和味觉上母乳化。调味剂分甜味剂和香味剂。甜味剂主要是糖，多用于仔猪，用量不宜过高，一般在饲料中添加2%～3%。香味剂可使用一些香精，添加量为200～500 g/t，效果较好。目前常用的香味剂还有乳糖香精、乳猪香、巧克力和柠檬等。这些香味剂可使仔猪的采食量增加5%～7%，日增重提高8%～11%，料肉比降低5%。油脂也是一种香味剂。其在仔猪饲料中添加2%～3%，日增重可提高3%，死亡率降低。

(2)添加复合酶　如果初生仔猪的消化率低，胃肠内消化酶的活性也较低。各种消化酶的活性随着年龄的增长而增强。在断奶后，消化酶的活性下降，其需要1～2周才能恢复到断奶前的水平。这是早期断奶仔猪在断奶后消化不良、生长变慢的重要原因。解决的办法就是在仔猪饲料中添加外源消化酶。外源消化酶可以提高增重幅度6%左右。最有效的是添加植酸酶。

(3)添加有机酸　成年猪胃液的pH为2～3.5，这是胃蛋白酶发挥作用的最适合环境。而仔猪胃液的pH为5.5。仔猪在8～10周龄的胃液酸度才能达到成年猪的水平。由于酸度不足，饲料中的蛋白质不能得到充分的消化利用。同时大肠杆菌及其他病原菌的大量生长也常导致仔猪消化不良和发生细菌性下痢。目前解决此问题的有效办法是在35日龄前的仔猪饲料中添加有机酸来提高胃内酸度。常用的有机酸有延胡索酸和柠檬酸等。延胡索酸的添加量为1.5%～2%，柠檬酸的添加量为1%～3%，这种办法可使仔猪的日增重提高5.3%～5.1%。添加有机酸的效益在5～10 kg提早断奶的仔猪中最为明显。用乳酸杆菌作为哺乳仔猪的添加剂也可提高仔猪增重，降低下痢的发生。仔猪在出生后22～35日龄时每头每天喂乳酸菌制剂1 mL，在35～56日龄时每头每天喂0.5 mL，其平均日增重比不添加乳酸菌的对照组提高16～17 g，仔猪下痢比不添加乳酸菌的对照组减少72%～78%。据报道，有机酸和高铜制剂、酶制剂、碳酸氢钠同时使用具有累加效果。

(4)添加乳清粉　乳清粉主要含有乳糖和乳清蛋白。乳糖甜度高，很容易被仔猪消化。在仔猪出生后，微生物是最大的应激因素，而乳糖对乳酸菌的增殖最有利，可提高胃肠的酸度，这样既抑制了有害菌，又增加了各种酶的活性，仔猪生长和饲料消化率、转换率得到促进和提高。乳清粉适宜的添加量为15%～20%，添加时间为35日龄前，否则，造成浪费。

(5)添加油脂　添加油脂对补充能量，改善口味有益。由于早期断奶的仔猪对短链不饱和脂肪酸的消化率高，因此以添加椰子油为最好，玉米油、豆油次之。在仔猪饲料中，脂肪的适宜添加量为3.4%，最高可达9%。在实际添加时，可视成本和饲料加工条件而定。

3. 饲粮配合的方法和日粮配方示例

饲粮配合方法很多。常用的主要有试差法、对角线法和配方软件。利用这些方法进行饲粮配方制作既迅速，又科学。仔猪的日粮组成见表3-3。

表 3-3 仔猪的日粮组成(20～40 kg)

原料名称	营养含量/%	营养素名称	营养含量/%
干玉米	52	粗蛋白	15
米糠粕	20	钙	0.96
豆粕 CP43	12.2	总磷	0.87
麦麸	8	可利用磷	0.4
DDG	4	盐	0.4
石粉	1.6	赖氨酸	0.67
磷酸氢钙	1.2	蛋+胱氨酸	0.54
盐	0.4	苏氨酸	0.56
预混料	0.5		
胆碱 50%	0.1		

注:配比和为 100%、猪消化能为 12.97 MJ/kg。

经过加工调制,饲料的物理形态、化学结构、营养组成等被改变,饲料的饲喂效果也得到了提高,这也是养猪生产的一个重要环节。现代养猪生产主要进行饲料粉碎和混合饲料。

(1)饲料粉碎　粉碎是指通过轧碎、切割、冲击等方法,降低饲料原料的粒度。猪饲料的粉碎粒度一般要求为 1.0～2.0 mm。猪饲料的粒度过粗会降低饲料转化率和猪的生产性能;猪饲料的粒度过细会导致猪易患胃溃疡和呼吸道疾病。

(2)混合饲料　混合是饲料加工工艺中最关键的环节之一。其目的是生产出营养物质均匀的混合饲料。规模猪场常用的混合机主要有立式混合机和卧式混合机。立式混合机造价低,安装占地面积小,但残留多,每批料混合时间长(一般为 15～20 min);卧式混合机混合时间短(3～6 min),混合均匀度高,可以添加较多的液体饲料,但占地面积大,配套功率大。

4. 早期断奶仔猪的培育

(1)早期断奶的优点

①提高母猪利用强度。早期断奶,泌乳期短,可缩短母猪的产仔间隔(繁殖周期),增加年产仔窝数;泌乳期短,母猪泌乳期体重消耗少,断奶后能较快发情配种,缩短了空怀期,进而缩短繁殖周期。

②提高饲料利用率。在哺乳期,饲料转化成乳汁,仔猪吃母乳。其在转化过程中的饲料利用效率为 20%～30%(能量每经一次转化约损失 20%),而仔猪自己吃入饲料,消化吸收,饲料利用率可提高到 50%～60%。据国外报道,与在 60 日龄时断奶相比,在 30 日龄时断奶每千克增重可节省饲料 31%～39%和可消化粗蛋白质 20%～32%。

③有利于仔猪的生长发育。早期断奶的仔猪虽然在刚断奶时由于断奶应激的影响,增重较慢,但是其在适应后增重变快,生长得到补偿。

④提高分娩猪舍和设备的利用率。其相应地降低了一头断奶仔猪产栏设备的生产成本。

(2)早期断奶的注意事项

①要抓好仔猪早期开食、补料的训练,尽早地适应以独立采食为主的生活方式。

②早期断奶的仔猪饲粮一定要全价,要求高能量、高蛋白(不可过高,否则易拉稀,可添加赖氨酸来解决)。断奶的第一周要控制采食量(避免过饱),以免引起消化不良而下痢。

③断奶仔猪应留在原圈养育一段时间。

④注意保持圈舍干暖、搞好圈舍卫生和消毒。

⑤将预防注射、去势、分群等应激因素与断奶时间错开，减少其累加作用。

(3)网床培育断奶仔猪

①方法。网床培育是指仔猪利用仔猪培育栏由地面猪床饲养变为网床上饲养的方法。这种猪栏主要由金属编织网、漏粪地板、围栏和自动食槽组成。漏粪地板通过把支架设在粪沟上或水泥地面上，每栏设一个自动食槽和自动饮水器。面积因饲养头数不同而异。

仔猪在50日龄前继续喂仔猪乳猪料，50日龄以后换成断奶仔猪料。断奶仔猪料含粗蛋白质18%～19%。自由采食，自动饮水。仔猪约于70日龄时下网，转群到肥育猪舍。与地面培育相比，通过网床培育，仔猪的平均日增重多为51 g，提高了15%，日采食量多为37 g，提高了6.8%，饲料利用率提高6.0%，并且仔猪健康、整齐，效果明显。

②网床培育的优点。有利于取暖，保持卫生，减少疾病。

(4)隔离早期断奶与多点式管理

①隔离早期断奶。隔离早期断奶是指专门设计的早期断奶生产系统。该系统通过控制或防止某些特异的疾病，生物和经济性能都达到最佳。断奶日龄、生物安全、营养和隔离是隔离早期断奶的基本组成。

②断奶日龄。最常见的断奶日龄是14～16 d。

③生物安全措施。当隔离的仔猪从产仔舍转移到保育舍再到生长肥育舍时，必须高度重视猪群环境的健康，以防病原侵入。

④营养。在仔猪达20 kg以前可采用3个阶段日粮。第1个阶段的日粮饲喂6 kg以下的仔猪，每头至少需要1 kg，日粮中含有不同种类的碳水化合物并加入奶制品、血浆粉；第2个阶段的日粮饲喂6～11 kg的仔猪；第3个阶段的日粮饲喂11～20 kg的仔猪。

⑤隔离。隔离早期断奶是将健康的仔猪转移到一个卫生、感染危险极小的猪舍。

⑥多点式管理。它是指将早期断奶猪与猪场中的其他猪隔离开，以防疾病传染。现正被采用的管理体系有两点式生产体系和三点式生产体系。两点式生产体系是一种只将配种-妊娠猪舍建在一处，而把保育-生长-肥育猪舍建在另一封闭隔离处的体系。在三点式生产体系中，生长-肥育舍与保育舍也被隔开。现在三点式生产体系被广泛应用于隔离早期断奶程序。

模块四

培育后备猪技术

【学习目标】

1. 学会后备猪饲养管理技术。
2. 学会选择种猪。

【技能目标】

1. 完成种猪选择。
2. 完成种猪性能测定。

项目一　测定性能

1. 准备送测猪

(1)确定送测品种　测定站的测定品种为国家级、省级或其他重点种猪场饲养的引进品种、培育品种(或品系)。每个品种(品系)应有 5 头以上公猪血统和 80～100 头以上的本品种基础母猪群。

(2)选择送测个体

①送测猪应品种特征明显,来源清楚,有个体识别标记,并附有系谱档案记录,应有 2 代以上系谱可查以及出生日期、初生重、断奶日龄和断奶重等数据资料。

②送测猪应发育正常,体重为 20 kg(8～9 周龄),同窝无任何遗传缺陷,肢体结实,每侧有效奶头不得少于 6 个。窝产仔数达到该品种标准规定的合格以上要求。

③同一批送测猪出生日期应尽量接近,前后不超过 21 d。

④送测猪应经当地技术人员和中心测定站派出的技术人员核实签字后,方能发往中心测定站。

(3)确定测定组与测定头数

①采用公猪性能测定方案。送测猪要求来源于 5 个以上公猪血统的后代,从每头公猪与配的母猪中随机抽取 3 窝,每窝选 1 头公猪,共 15 头,即每个场每批送测 15 头公猪。

②采用公猪性能与同胞性能相结合的测定方案。在上述基础上,每窝增选 1 头去势公猪和 1 头小母猪,即每个测定组 3 头,15 个测定组共 45 头。

(4)保证送测猪健康

①提供测定猪的猪场必须在近两年内没有发生过重大传染性疾病。

②送测个体在被运送测定站之前必须进行常规免疫注射。运输车辆必须洗净、彻底消毒，沿途不得在猪场和市场附近停靠。送测猪须在送测前1周完成驱虫和公猪去势。

③送测猪必须持有所在场主管兽医签发的健康证书，在测定站隔离观察后，经测定站兽医检验确认是否合格。

2. 测定前隔离观察与预试

被测定猪被送到中心测定站后，不能直接进入测定舍测定，应隔离观察与预试10～14 d。在此期间，饲喂测定前期料，以适应饲养与环境条件，同时观察被测猪的健康状况。若发现病例，应立即治疗，经多次治疗无效，应予以淘汰；若发生烈性传染病，应全群捕杀。其损失由送测单位负责。

3. 测定方法

(1)测定时间

①经隔离观察与预试以后，在体重达到25 kg或30 kg时，转入测定舍进行正式测定；在体重达到90 kg(约165日龄)或100 kg(约180日龄)时，结束测定。入试体重和结束体重均应连续2 d早晨空腹称重，取其平均值。

②在同胞测定猪结束育肥测定后，应继续饲喂2～3 d(以保证宰前活重达88 kg以上)，空腹24 h后进行屠宰测定。

(2)测定性状

①生长育肥性状的测定。在测定猪体重达到25～30 kg时，开始记录，直至测定猪体重达到90～100 kg时所需要的时间，并按如下校正公式转换成达100 kg体重的日龄(借用加拿大的校正公式)。

$$\text{校正日龄}=\text{测定日龄}-\frac{\text{实测体重}-100}{CF}$$

其中：$CF=(\text{实测体重}/\text{测定日龄})\times 1.826\ 040$(公猪)

$CF=(\text{实测体重}/\text{测定日龄})\times 1.714\ 615$(母猪)

②活体背膘厚的测定。在操作时，若猪毛较厚，应在测定前对测定点进行剪毛，之后在测定点上均匀涂上耦合剂，将探头置于测定点处，注意用力不要太大，观察B超屏幕变化。不同的B超所使用的探头不同，所显示的测定图像也不一样，因此，应正确选取测定图像。其方法是当出现图像清晰，背膘和眼肌分界明显，肋骨处出现一条亮线时，即可冻结图像，使用操作面板上的标记对背膘上缘和下缘进行标记，B超会自动计算出背膘厚度，输出或打印该图像。将测定所得到的背膘厚度输入遗传评估软件，计算分析后，得出达到100 kg体重的活体背膘厚度(图4-1)。

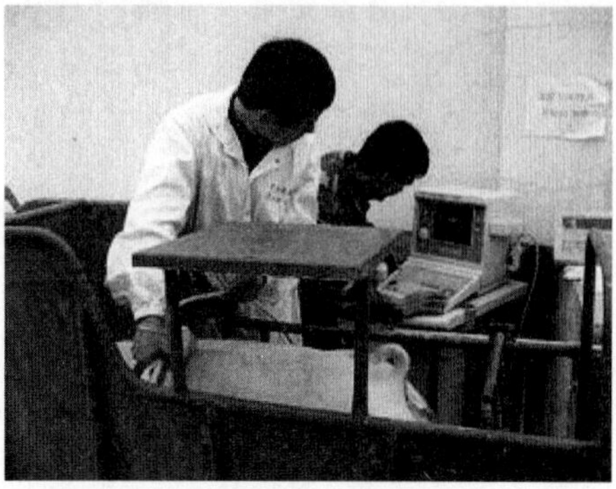

图4-1 现场测定

(资料来源：耿明杰，常明雪．动物繁殖技术．北京：中国农业出版社，2013)

A. 猪的保定：对测定猪只可用铁栏限位或用

猪保定器套嘴保定，让猪自然站立。当采用铁栏限位时，可适当喂些精料，使其保持安静。在测定时，避免猪只弓背或塌腰而使测量数据出现偏差。

B. 测量位置：目前我国以倒数 3～4 肋，距背中线 4～5 cm 处作为测定点。

以上为在采用公猪性能测定方案时应测定的性状。若采用公猪性能与同胞性能相结合的测定方案，除测定以上性状外，须进行同胞屠宰测定，以测定胴体性状和肉质性状。

4. 测定成绩评定

在种猪测定结束后，根据测定结果，参照各品种标准进行评定分级，按估计育种值或综合选择指数，进行性能评定。

5. 测定成绩的公布及合格种猪的利用

在种猪测定结束后，由中心测定站填写测定成绩报告书，报国家有关主管部门，在全国范围内公布。场内测定成绩由各育种场填写报中心测定站审查后，由中心测定站统一申报，并予以公布。同时，由中心测定站填写测定成绩证明书送各测定单位。经测定判定不合格的种猪应予以淘汰，不能留作种用；经测定判定合格的种猪除进行良种登记外还可进行现场拍卖，对优良种猪应送人工授精站，以充分发挥其优良种猪的作用。

项目二　选择种猪

1. 选择种猪依据的性状

(1)质量性状　毛色猪的毛色是品种的重要标志。虽然其与猪的经济性状关系不大，但在生产实践中，常根据猪的毛色变化来粗略鉴别其纯度。猪的毛色之间有显隐性关系，其遗传符合孟德尔遗传规律。猪的主要毛色类型有以下几种。

①白色。这类猪的被毛为全白色。其品种很多，如长白猪、大约克夏猪等。白毛色猪与其他毛色猪交配，后代均为白色，因此，白色对其他毛色为显性，对野猪毛色也为显性。

②纯黑色。被毛全为黑色。这类猪种也很多，如我国的民猪、内江猪，英国的巴克夏猪和美国的波中猪等。黑色对棕红色为显性遗传，但因显性强度不同，其又可分为完全显性遗传和不完全显性遗传。

③白环带。这类猪在腰部、颈部或肩部为白色，躯体两端为黑色。如我国的金华猪、宁乡猪以及美国的汉普夏猪等。白环带毛色的猪与棕红色和黑色的猪交配，白环带趋向显性遗传，但白环带对我国某些黑猪为不完全显性遗传。

④花猪。其全身分布有大小不同的黑白花斑。如广东大花猪、北京花猪及比利时的皮特兰猪等。

⑤棕红色。其全身都为棕红色或棕黄色。如我国云南的大河猪、美国的杜洛克猪等。其遗传为隐性遗传，有的遗传为不完全显性遗传。

(2)遗传疾患　它是指由基因突变或染色体畸变引起的某种形态缺陷、生理机能失常或生化紊乱。据统计，至少 1%的仔猪患有遗传缺陷。遗传缺陷给养猪生产带来很大的损失，应引起足够的重视。种猪的遗传疾病主要有以下几种。

①猪应激综合征。肌肉很丰满的猪在应激因子的作用下会突然死亡。屠宰后的肌肉呈现 PSE 肉。猪应激综合征常呈染色体隐性遗传。在某些育肥性状和胴体性状上，这种杂合体的猪的性能优于显性纯合体的猪的性能，在选种时常被选留下来，从而增加氟烷基因频率。猪

应激综合征可用氟烷基因检测法将纯合的和杂合的应激敏感基因携带者直接检出。因此,要减少应激综合征的发生,就应在育种群中淘汰所有隐性基因携带者、其父母及同窝出现的其他猪。

②阴囊疝。公猪的一种隐性缺陷。由肠管通过腹股沟管落入阴囊内而形成,发生在左侧的频率高于在右侧的频率,仔猪在出生后1个月开始表现。这是一种由隐性基因所致的遗传疾病。在所有家畜中,猪的阴囊疝发病率为最高。

③脐疝。由于脐环太大,且出生时未闭合,通常在出生后几天一部分肠管和肠系膜进入皮下结缔组织而形成。在生长期,有些患猪会因小肠的绞结而死亡,但大多数患猪不会受到太大的影响,而达到上市体重。有的脐疝是由隐性基因所致,而有的脐疝是由脐部感染造成的。

④隐睾症。公猪的1个睾丸或2个睾丸滞留在腹腔内。只有一侧睾丸降至阴囊称为单睾,2个睾丸都在腹腔内的公猪是不育的。单睾比双侧隐睾发生率高。该病是由隐性基因遗传所致。

⑤锁肛。患猪在出生时没有直肠出口,正常肠内的排泄物无法排出。若不施行手术,公仔猪通常在生后1~3 d内全部死亡。手术后的仔猪在断奶前发育可能正常,也可能不正常,但其在断奶后常因缺乏食欲而生长受阻,易形成僵猪。一部分母仔猪在出生后1个月内死亡,其余往往会自然形成一个直肠阴道瘘联结直肠与阴道前庭,粪便通过阴道排出而得以成活并能繁殖。该病是由隐性基因遗传所致。若该病在猪群中发病率高,则应淘汰患猪及其父母与同胞。

⑥内陷乳头。其特征是乳头比正常的乳头短且顶端凹陷,形成火山口状结构,乳头不能从乳房表面挺起,造成仔猪吮乳困难。内陷乳头多发生在脐部附近,其次在前部,后部很少发生。先天性的内陷乳头主要是由隐性基因所致。

⑦先天性八字腿。仔猪在出生时或生后不久,不能站立走路,通常两后肢(有时是前肢)向前外方或两侧张开。此病危害大,死亡率高,长白猪中多见。它是由半致死基因引起的伴性遗传病。

⑧震颤。震颤又被称为抖抖症,猪的大多数震颤是先天性的,通常在仔猪出生后几小时内发生,但也有些类型的震颤经常在较大年龄时才开始出现。其特点是头颈和四肢表现有节奏的颤抖,其强度有大有小。症状轻者能够行走和吃奶,重者则不能行动,最后死亡。患猪在寒冷或其他刺激下,其症状会加重。

⑨并趾。并趾又称单蹄,每只蹄上只有一个脚趾,如同单蹄动物。该病为单基因显性遗传,只应淘汰患猪个体。

⑩前肢肥大。患猪前肢肌肉被结缔组织取代,前肢异常肿大,常在出生后数小时内死亡。该病为隐性遗传。发病率高,且具有遗传性,应淘汰患猪及其父母和同胞。

(3)数量性状　数量性状包括体形外貌、生长发育和生产性能。

①体形外貌。体形外貌不仅反映出猪的经济类型和品种特征,而且还在一定程度上反映猪的生长发育、生产性能、健康状况和对外界环境的适应能力。外貌评分的遗传力中等,约为0.3,表型选择有效。在观看猪的整体时,应将猪赶至一个平坦、干净且光线良好的场地上,保持与被选猪一定距离,对猪的整体结构、健康状态、生殖器官、品种特征等进行肉眼鉴定。其具体要求如下。

A. 体质结实,结构匀称,各部结合良好。头部清秀,毛色、耳形符合品种要求,眼明有神,反应灵敏，具有本品种的典型特征。体躯长，背腰平直或微弓，肋骨开张良好，腹部容积大而充实，腹底成直线，大腿丰满，臀部发育良好，尾根附着高。四肢端正，骨骼结实，着地稳健，步态轻快。被毛短、稀而富有光泽，皮薄而富有弹性。睾丸和阴户发育良好，乳头在 7 对以上，无反转、瞎、凹乳头等。

B. 再观察关键部位。头、颈头不粗糙，具有本品种的典型特征，中等大小，额部稍宽，嘴鼻长短适中，上下腭吻合良好，光滑整洁，口角较深，无肥腮，颈中等长，以细薄为好。公猪头颈粗壮短厚，雄性特征明显，母猪头形轻小，母性良好。前躯肩宽而平坦，肩胛骨角度适中，肌肉附着、肩背结合良好；胸宽且深，发育良好。前胸肌肉丰满，鬐甲平宽而无凹陷。中躯背腰平直宽广，不能有凹背或凸背。腹部大而不下垂，肷窝明显，腹线平直。公猪无草肚垂腹，腹线直。母猪不能背腰单薄和乳房拖地。后躯臀部宽广，肌肉丰满，大腿丰厚，肌肉结实，载肉量多。后躯宽阔的母猪的骨盆腔发达，便于保胎多产，减少难产。

C. 四肢。高而端正，肢势正确，肢蹄结实，系部有力，无卧系。

D. 乳房。生殖器官种公、母猪都应有 7 对以上、发育良好且分布均匀的乳头。粗细、长短适中，无瞎乳头、凹乳头、副乳头。公猪睾丸发育良好，左右对称，包皮无积尿，无隐睾，阴囊有弹性；母猪阴户充盈，发育良好。

依据猪品种的外貌鉴定标准，对供测猪进行外貌评分鉴定，并将鉴定结果填入鉴定评分表。猪的体形外貌和肢蹄结构见图 4-2。

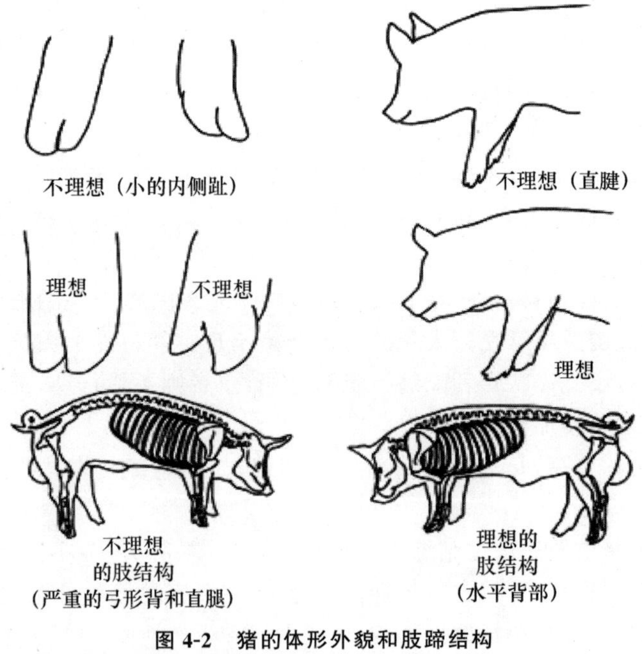

图 4-2 猪的体形外貌和肢蹄结构

（资料来源：加拿大阿尔伯特农业局畜牧处．养猪生产．刘海良，译．北京：中国农业出版社，1998）

②生长发育。生长发育与生产性能有直接关系，特别与肥育性能的关系更密切。尤其是幼龄种猪在生产性能尚未表现之前，生长发育是选种的主要依据。

应在早饲前空腹称重，单位用 kg 表示。母猪在妊娠或哺乳阶段可分别于妊娠 50～60 d 或产后 15～20 d 进行称重。如称重不便，可按下面公式估算。

$$猪的体重=\frac{胸围\times 体长}{142(营养良好)或156(营养中等)或162(营养不良)}$$

体长从两耳根连线的中点，紧贴背线至尾根的长度，单位用 cm 表示。在测量时，要求猪下颌、颈部和胸部呈一条直线，用软尺测量。体高从鬐甲最高点至地面的垂直距离，单位用 cm 表示，用测杖或硬尺测量。胸围沿肩胛后角绕胸部的垂直周径，单位用 cm 表示，用软尺测量。腿臀围从左侧膝关节前缘，经肛门绕至右侧膝关节前缘的长度，单位用 cm 表示，用软尺测量。

③生产性能。

A. 繁殖性能。

a. 产仔数：出生时同窝的仔猪总数，包括死胎、木乃伊胎和畸形在内。产活仔猪数是指出生时存活的仔猪数，包括衰弱即将死亡的仔猪在内。产仔数的遗传力较低，一般为 0.05～0.1，因此，表型选择效果差，应以家系选择为主。

b. 初生重：仔猪初生时的个体重在出生后 12 h 以内测定。只测出生时存活仔猪的体重。全窝仔猪总重量为初生窝重。仔猪初生重的遗传力为 0.10 左右，初生窝重的遗传力为 0.24～0.42。

c. 泌乳力：以仔猪 20 日龄的全窝重量为代表，包括寄养过来的仔猪在内，但寄出仔猪的体重不计入。泌乳力的遗传力为 0.1 左右。

d. 断奶窝重：同窝仔猪在断奶时全部个体重的总和，应注明断奶日龄。断奶窝重的遗传力为 0.17 左右。断奶个体重的遗传力低于断奶窝重。在实践中，一般把断奶窝重作为选择的综合指标，它与产仔数、初生重、哺育率、哺乳期增重和断奶个体重等主要繁殖性状均呈正相关。

在现代养猪生产中，为了评定猪的繁殖效率，还需测定情期受胎率、哺乳期成活率、每头母猪年产仔胎数和年产断奶仔猪数等指标。其计算公式为：

$$情期受胎率=\frac{受胎母猪数}{配种母猪总数}\times 100\%$$

$$哺乳期仔猪成活率=\frac{育成仔猪数}{产活仔猪数-寄出仔猪数+寄入仔猪数}\times 100\%$$

$$每头母猪年产仔胎数=\frac{365}{妊娠期+哺乳期+空怀期}$$

每头母猪年产断奶仔猪数＝年产胎数×每胎产活仔数×哺乳期成活率

B. 生长性状。生长性状也称肥育性状。生长性状的遗传力属于中等范畴，平均估计值为 0.30，表型选择有效。

a. 平均日增重：指在整个育肥期间猪只(种猪本身断奶到 180 日龄)平均每天体重的增长量，用 g/d 为单位。目前多用 20～90 kg 或 25～90 kg 的猪只平均每天的增重来表示。其计算公式为：

$$平均日增重=\frac{育肥期总增重(末重-始重)}{饲养天数}$$

b. 饲料转化率：指育肥期内育肥猪每增加 1 千克活重的饲料消耗量，也称料重比。其计算公式为：

$$饲料转化率=\frac{育肥期内饲料消耗总量}{育肥期总增重(末重-始重)}\times 100\%$$

d. 采食量：猪的采食量是度量食欲的性状。在不限食条件下，猪的平均日采食饲料量被称为饲料采食能力或随意采食量。采食量的遗传力平均为 0.30。采食量与日增重呈强相关（相关系数 0.7），与背膘厚呈中等相关（相关系数 0.3），与胴体瘦肉量呈负相关（相关系数−0.2）。

C. 胴体性状

a. 屠宰率：胴体重占宰前体重的比例。其计算公式为：

$$屠宰率 = \frac{胴体重}{宰前体重} \times 100\%$$

b. 宰前体重：育肥猪达到适宜屠宰体重（60～100 kg，视品种而异）后，经 24 h 的停食休息，称得的空腹活重即为宰前体重。

c. 胴体重：育肥猪经放血、去毛、切除头（寰枕关节处）、蹄（前肢腕关节，后肢关节以下）和尾后，开膛除去内脏（保留肾脏和板油），劈半，冷却后，分别称取左右两半片胴体的重量，其总重为胴体重。

d. 胴体瘦肉率：将剥离板油和肾脏后的胴体剖分为瘦肉、脂肪、皮和骨 4 种成分。在剖分时，肌间脂肪不另剔出，并尽量减少作业损耗，损耗率控制在 2%以下。瘦肉重量占这 4 种重量的比例，即为胴体瘦肉率。其计算公式为：

$$胴体瘦肉率 = \frac{瘦肉重量}{胴体重 - 板油和肾脏重 - 作业损耗} \times 100\%$$

背膘厚是指在第六胸椎和第七胸椎结合处测定的垂直于背部的皮下脂肪厚度，不包括皮厚。在三点测膘时，取肩部最厚处、胸腰结合处和腰荐结合处三点膘厚的平均值，称为平均背膘厚。其活体测定方法是超声波测膘仪测定法，即应用“波频”回响原理，当发出十分短暂的高频声音进入猪体内及波频的反射，可测出声音波频传导至猪体及反射回波两者之间经历的时间。当测膘仪完全显示度数时，背膘厚度即能从标度中直接读出。超声波测膘仪也可用于测量最后肋的眼肌面积。目前，国外已有能在 5 s 内同时测量出膘厚和眼肌面积的超声波探测仪，并可录像。

眼肌面积是指倒数第一胸椎和第二胸椎间背最长肌的横断面积（cm^2）。如无求积仪时，用下列公式估测：

$$眼肌面积 = 眼肌高 \times 眼肌宽 \times 0.7$$

胴体长从耻骨联合前缘中心点至第一肋骨与胸骨接合处中心点的长度（在吊挂时测量），称为胴体斜长；从耻骨联合前缘中心点至第一颈椎底部前缘的长度，则称为胴体直长。

D. 肉质性状。

a. 肌肉 pH：肌肉 pH 的高低与劣质肉的产生密切相关，一般作为评定肌肉品质优劣的标准。pH 测定的时间是屠宰后 45 min 以及宰后 24 h；测定部位是背最长肌和半膜肌或半棘肌中心部位。测定方法可采用玻璃电极（或固体电极）直接插入测定部位肌肉测定。由于肌肉 pH 呈连续变异，不可能精确划定肉质优劣的界限值。常用背最长肌（眼肌）的 pH 来测定 PSE 肉；半膜肌或半棘肌的 pH 来判断 DFD 肉。现公认宰后 45 min 和 24 h 眼肌的 pH 分别低于 5.6 和 5.5 是 PSE 肉；宰后 24 h 半膜肌的 pH 高于 6.2 是 DFD 肉。

b. 肉色：肌肉的颜色取决于肌肉色素含量，色素越少肉色越浅。色素含量的多少受肌肉 pH 的影响。测定肉色的方法较多，主要分为客观仪器测定和主观肉色评定。仪器测定的精确性较高，主观肉色评定精确性较差，但简单易行。主观肉色评定主要采用标准肉色等级评分法。肉色越深，评分越高。评定部位为胸腰椎结合处背最长肌的横断面，评定时间为宰后1～2 h或冷却24 h(4℃)，光照条件要求室内白天正常光度，不允许阳光直射肉样评定面，也不允许在室内阴暗处。按5分制标准图评定肉色：1分为灰白肉色(异常肉色)；2分为轻度灰白肉色(倾向异常肉色)；3分为正常鲜红色；4分为正常深红色；5分为暗黑色(异常肉色)。3分和4分均为正常肉色。当出现两级之间的肉色时，可在两级之间增设0.5分。

c. 系水力：指肌肉蛋白质在外力作用下保持水分的能力。目前仍采用储存损失、熟肉率及失水率测定肌肉的系水力，其中以储存损失的重复力为最高，精确性较好。失水率的测定有压力失重法和面积法。系水力是肉质的重要性状，直接影响肉品加工的产量，也影响肌肉的嫩度。肌肉系水力的高低，取决于宰后肌肉的pH。我国通常采用加压重量法来度量肌肉失水率，以估计肌肉的系水力，即失水率越高，系水力越低。

系水力的测定方法：宰后2 h内取第2～3腰椎处的背最长肌，切取厚度为1.0 cm的薄片，再用直径为2.523 cm的圆形取样器(圆面积为5.0 cm^2)切取肉样。用感应量为0.01 kg的天平秤压前肉样重。然后将肉样置于两层医用纱布之间，上下各垫18层滤纸。滤纸外层各放一块硬质塑料垫板，然后放置于钢环允许膨胀压缩仪平台上，用匀速摇动摇把加压至35 kg，并保持5 min，立即称量压后肉样重，并用下列公式计算失水率。

$$\text{失水率} = \frac{\text{压前肉样重} - \text{压后肉样重}}{\text{压前肉样重}} \times 100\%$$

d. 储存损失：在不施加任何外力而只受重力的作用下，肌肉蛋白质在测定期间的液体损失，称储存损失或滴水损失。此结果可用来推断肌肉系水力。其测定方法是宰后2 h内取第4～5腰椎处的背最长肌，将试样修整为长5 cm、宽3 cm、厚2 cm的肉样，并称储存前重，然后用铁丝钩住肉样一端，使肌纤维垂直向下，装入塑料食品袋中，肉样不与袋壁接触，扎好袋口，在4℃条件下吊挂于冰箱中。24 h后称肉样的储存后重按下列公式计算储存损失。

$$\text{储存损失} = \frac{\text{储存前重} - \text{储存后重}}{\text{储存前重}} \times 100\%$$

熟肉率是指在宰后2 h内取腰大肌中段约100 9肉样，称蒸前重，然后置于铝锅蒸屉上用沸水蒸30 min，蒸后取出吊挂于室内阴凉处冷却15～20 min后称蒸后重。其可按下式公式计算熟肉率。

$$\text{熟肉率} = \frac{\text{蒸后重}}{\text{蒸前重}} \times 100\%$$

e. 肌肉大理石纹：肌肉大理石纹是指一块肌肉内可见的肌肉脂肪。评定方法是取最后胸椎与第一腰椎结合处的背最长肌横断面，置于4℃的冰箱中存放24 h后，对照大理石纹评分标准图，按5分制评定。1分为肌肉脂肪呈极微量分布；2分为肌肉脂肪呈微量分布；3分为肌肉脂肪呈适量分布；4分为肌肉脂肪呈较多量分布；5分为肌肉脂肪呈过量分布。两级之间只允许评0.5分。以3分为理想分布，2分和4分为较理想分布，1分和5分为非理想分布。

f. 肌肉嫩度：肌肉嫩度是影响肌肉风味的重要性状。肌肉嫩度与肌纤维直径大小、肌肉中结缔组织多少或肌肉胶原含量高低以及肌内脂肪含量等有密切关系。嫩度测定可采用评定人员咀嚼煮熟肉样主观评分，也可采用剪切力和测定肌肉总胶原含量的方法评估肌肉的嫩度。

g. 肌肉脂肪含量：肌肉脂肪含量直接影响猪肉的风味，主要影响风味性状中的嫩度和多汁性。最佳的肌肉脂肪含量为2.5%～3.0%，低于此含量会影响肌肉的嫩度和多汁性，高于此含量就会被消费者认为太肥而不愿购买。

测定肌肉脂肪含量主要有3种方法。第1种是用乙醚浸提肌肉脂肪的索氏抽提法，这是测定肌肉脂肪含量的常用方法。第2种是用瑞士生产的红外线测定仪估测肌肉脂肪的含量，其测定值精度较高，与索氏抽提法的相关系数为0.92。第3种是主观的眼肌大理石纹评分法，此法简单易行，与索氏抽提法的相关系数较高，达到0.66。肌肉内其他化学成分在宰后2～3 h内，取胴体右侧背最长肌中心部位约100 g，按常规肉脂化学成分分析方法测定肌肉的水分、粗脂肪、粗蛋白质和灰分的含量。

2. 各阶段种猪的选择

(1)断奶仔猪选择　根据系谱成绩或同胞资料选择将不同窝仔猪的系谱资料进行比较，从祖代到双亲，尤其是在双亲性能优异的窝中进行选留。同时要求同窝仔猪表现突出，即在产仔数多、哺乳期成活率高、断奶窝重大、发育整齐、无遗传疾患或畸形的窝中进行选择。

根据本身的生长发育和外貌进行选择。其具体要求是达到品种规定月龄时的体重相体尺指标要求，头形、耳形、毛色和体躯结构符合品种特征。在同窝仔猪中，将断奶重大、身腰较长、体格健壮、发育良好、生殖器官正常、乳头6～7对以上且排列均匀的仔猪选留下来。这时的选留数要大，一般是需要更新种猪数的4～5倍。

(2)后备猪选择　4月龄阶段采用个体表型选择，以个体的生长发育和外形为依据。要求体重或日增重应达到选育标准所规定的目标，外形结构良好，肢蹄结实。当后备猪生长发育到6月龄时，本身除繁殖性能以外的性状都已基本表现，因此，这一阶段是选择的重点和关键。要求以个体表型选择为主，适当参考同胞的成绩，综合考察，严格淘汰。

根据外形选留的个体应符合品种特征要求，体质结实，健康无病，身体各部分发育充分，相互协调，结构匀称；骨骼发育良好，四肢结实，肢蹄结构端正，体躯长，腿臀平整丰满，乳房和生殖器官发育良好。

根据生产性能和生长发育选择。选择依据主要包括猪的体重和体尺、胴体品质、生长速度等。在实际选种中，可将6月龄的平均日增重或体重、背膘厚、体长三项指标综合成选择指数，按其高低选留，并要求公猪性欲旺盛，母猪发情明显，发情周期正常，采食速度快、食量大、不挑食。

在初配前，选择的后备猪一般在8月龄左右配种，此时淘汰的对象主要是生长发育慢而达不到选育指标或因有繁殖疾患不能作种用的个体。

(3)成年种猪的选择

①初产母猪(14～16月龄)的选择。这时的母猪经过前两次选择，对系谱、生长发育和外形等各方面已有了比较全面的评定。此时选择淘汰的对象是产仔数少，仔猪成活率低，仔猪中有畸形、隐睾及毛色和耳形不符合育种要求的个体。

②初配公猪的选择。这时的公猪与初产母猪一样，经过前2次选择，对它已有了比较全面的评价。在此时，对公猪选择的依据是同胞姐妹的繁殖成绩和自身的性能及配种成绩。在选择时，将其同胞姐妹繁殖成绩突出，自身性机能旺盛、配种成绩优良的公猪留作配种用。

③种公猪、母猪的选择。对于2胎以上的母猪和正式参加配种的公猪而言，其不仅本身有了2胎以上的成绩表现，而且也有用作育肥或种用的后裔。此时信息多，资料全，应根据本身

生产力表现和后裔成绩进行选择。种公猪参加后裔测定，繁殖母猪可利用育种记录，应用选择指数选留。

项目三　饲养管理后备猪

1. 饲养后备猪

(1)控制适宜的营养水平　把握好后备猪的营养水平，控制其生长速度，以培育出具有良好种用体况的种猪。我国瘦肉型后备猪的饲养标准为每千克饲粮中含有消化能为12.13～12.55 MJ，粗蛋白质为14%～16%。在NRC饲养标准中，要求饲粮含赖氨酸0.76%～0.88%、钙0.95%、总磷0.80%。后备公猪的蛋白质水平应比后备母猪的蛋白质水平高1%～2%。

(2)限制饲养　在后备猪培育后期，需要适当限饲，保持良好体况，防止影响将来繁殖性能。后备猪在育成阶段的日粮量占其体重的4%左右，当后备猪体重为70～80 kg时，其日粮量占其体重的3.0%～3.5%，全期日增重控制在300～350 g。后备母猪在8月龄左右的体重控制在110 kg左右；后备公猪在9～10月龄的体重控制在110～120 kg。

(3)合理使用青粗饲料　在后备猪的生长发育后期，适量添加青粗饲料，可防止后备猪过肥。因此，利用青绿多汁饲料和粗饲料，合理搭配精料是培育后备猪的良好方法。当后备猪在3～5月龄或体重为35 kg以前时，精饲料比例可高些，青粗饲料宜少；当体重达到35 kg以后，特别是在5～6月龄后，应逐渐增加青粗饲料喂量。但后备公猪饲粮中的青粗饲料比例应少于后备母猪，以免形成草腹，这将对配种不利。

2. 管理后备猪

(1)分群饲养　后备猪应合理进行分群，防止密度大，出现咬尾、咬耳等现象。在瘦肉型后备猪育成阶段，每栏可饲养8～10头。当其体重达到60 kg时，可按性别和体重大小重新分群，每栏4～6头。在配种前，实行单栏饲养。

(2)定期称重和测量体尺　后备猪在6月龄以后应按月龄测定体尺和体重，用以检验饲养效果，以便及时调整饲粮。对发育不良的后备猪，应分析其原因，及时进行淘汰。

(3)及时关注和抚触　调教管理人员要经常接触后备猪，抚摸猪敏感的部位，如耳根、腹侧、乳房等，进行“人猪亲合”训练；后备公猪在5月龄后应每天进行睾丸按摩10 min左右；在配种使用前2周左右对后备猪进行观摩配种和采精训练；在后备母猪后期应注意记录好初次发情时间，便于合理安排配种时间。

(4)适当的运动　有运动条件的猪场应安排放牧运动；不能进行放牧运动的猪场可在场区内进行驱赶运动，每天1～2 h，后备公猪和后备母猪分开运动，后备公猪之间分开运动；若放牧运动和驱赶运动都不能进行，则应降低后备猪栏内饲养密度，在栏内强迫猪行走运动。

(5)驱虫和免疫接种　后备猪在育成阶段应进行驱虫和必要的免疫接种。

(6)日常管理　后备猪的日常管理要注意防寒保暖和防暑降温，猪舍应保持干燥和清洁的卫生环境。送测猪应品种特征明显，来源清楚，有个体识别标记，并附有系谱档案记录，需有2代以上系谱可查，有出生日期、初生重、断奶日龄和断奶窝重等数据资料。

送测猪的体重为20 kg(8～9周龄)，同窝无任何遗传缺陷，肢体结实，每侧有效奶头不得少于6个。窝产仔数应达到该品种规定标准以上的要求。同一批送测猪的出生日期应尽量接近，前后不超过21 d。送测猪应经当地技术人员和中心测定站派出的技术人员核实签字后，方能发往中心测定站。

相关知识

1. 种猪性能测定

(1)种猪性能测定的意义

①种猪性能测定的概念。种猪性能测定是指按测定方案将种猪置于相对一致的标准环境条件下进行度量的全过程,包括使用测定信息和测定结果。如根据测定结果按标准进行评估、分级和良种登记等。

②种猪性能测定的意义。种猪重要经济性状的性能测定是整个育种工作的基础。猪育种的核心是进行选择,而单靠外形鉴别是不够的。一些性状需要精确度量,才能正确估计育种值。把育种值作为选择的依据,从而提高选择的准确性。随着数量遗传学和群体遗传学的发展以及测定种猪表型值的手段、设备和技术的改进,特别是计算机技术在育种中的应用,开展种猪性能测定对提高选择反应和遗传效应具有十分重要的作用。

(2)性能测定的发展

①国外发展状况。

19 世纪末,丹麦需要把其生产的腌肉向英国出口,为提高某些性状的特性,1898 年开始建立第一个育种群,成立了丹麦育种和生产委员会,用于指导育种工作。其在丹麦有 9 个地方育种分会,并把育种群划分为核心群、繁殖群和生产群,这就是著名的金字塔式繁殖体系。1907 年丹麦正式成立后裔测定站,育种群中核心群有关日增重、饲料转化率和胴体品质的选择,都以通报和后裔测定结果为依据,这些测定都在专门的测定站进行。利用这种测定方法,丹麦成功地培育出世界著名瘦肉型品种长白猪。随后,加拿大、瑞典、荷兰和芬兰等相继模仿,均采用后裔测定的方案。

20 世纪 40 年代,由于遗传力学说的启示和活体测定技术的出现和发展,越来越多的国家开始改用自身性能测定,如美国、加拿大等。在 1957—1978 年的 20 余年中,胴体品质和肉质改良主要依据同胞测定,所以这一阶段实施的是通报和后裔相结合的测定制度。

20 世纪 70 年代,在超声波被成功地用于活体背膘之后,丹麦的场内测定站中心先后开始转向自身性能测定。英国、美国、加拿大的测定站也都转为以公猪性能测定为主,同时与同胞相结合,所以国外的测定站大多实行两种以上相结合的综合测定制度。

20 世纪 90 年代,由于电子技术与计算机技术的发展和其在猪育种中的应用,世界各国逐步采用 ACEMA 系统,实施群养自动记料的种猪性能测定方案。现在大多数养猪业发达的国家都有相当测定容量的测定站。自 1965 年美国在艾奥瓦州建立第一个种猪测定站以来,截至 1971 年,在 26 个州共建立了 36 个测定站。20 世纪末,丹麦的 14 个测定站年测定容量已达到 10 000～16 000 头,国家动物研究所负责有关测定站的实际测定工作,肌肉品质则集中在国家肉类研究所进行。1960 年,日本建立了日本国立种猪测定站,随后相继设立了 25 个测定站。

②国内发展状况。

20 世纪 50 年代初,中国开始试验性的后裔测定,20 世纪 80 年代初,开始进行综合测定。1985 年建立了第一个种猪测定机构——中国武汉种猪测定中心。该测定中心的成立标志着中国种猪测定工作开始向正规化方向发展。现在北京、上海、浙江、广东、四川以及有些大型种猪场等都建有或配备种猪测定站或相应的种猪测定设施。这种种猪测定设施为中国种猪的遗传改良起到了重要的推动作用。

(3)性能测定的方案

①测定站测定。

A. 公猪性能测定:指在相对一致的标准环境条件下测定一个或几个表型性状,按照相应品种标准,进行分等定级或根据估计育种值或综合选择指数的高低,判定其优劣。在采用公猪性能测定方案时,要求对核心育种场中的每个血统的种公猪都进行测定,每头公猪与配 3 头核心群母猪,每窝选 1 头公猪送测定中心进行测定。

B. 公猪性能加同胞测定:也被称为综合测定,是指在对公猪进行性能测定的同时,进行全、半同胞测定,根据测定成绩,综合评定公猪的性能水平。其方案是在公猪性能测定的基础上,每窝加选 1 头去势公猪和 1 头母猪,即每窝 3 头为一个测定组。公猪单栏饲养,其余的同胞关在一个栏内,自由采食,按栏计料。当同胞测定猪的体重达 100 kg 时,结束育肥,测定后进行屠宰,测定胴体品质。

C. 电子识别自动记料测试系统:由法国制造的 ACEMA-64 新一代猪自动化测试系统可以准确记录在自由采食情况下群养猪的个体采食量,改变了个体测定方式。ACEMA-64 是在 ACEMA-48 系统基础上发展来的。技术成熟的 ACEMA-48 系统已被法国、德国、荷兰、丹麦等许多国家的种猪站(中心)所使用。中国北京、深圳、武汉和四川等也已经引进并使用该系统。

ACEMA-64 系统拥有 1～64 个主机与中心电脑相连接,中心电脑通过软件与各主机对话并储存和处理信息。每台 ACEMA-64 主机可以饲喂自由群居在同一圈里的 15 头体重 25～120 kg 的测定猪。这些猪都配有电子识别环,其采食量会自动得到计量,料槽内的电子测量系统测定采食量可精确到±2 g,主机能记忆所有数据,如耳号、采食开始时间、采食结束时间、进食次数、日采食量和总采食量。记忆盘能储存 1 200 次试猪采食的细节,即 15 头猪中的 150 d/头的日采食量和总采食量。主机能与中心电脑对话,中心电脑可发令给主机开机或停机;测定猪识别图表可识别猪只进入或退出主机;监视各主机的运行情况及索取储存在电子信箱里的所有数据,以便存入中心电脑的硬盘。这种设备的开发和应用可以在群养条件下测定猪的生长性能(类似于商业猪场条件下的测定)。因此,这种设备的应用能最大限度地减少遗传与环境的互作效应。

D. 测定指标:达到 100 kg 左右时称体重,用超声波测定背膘厚,并计算 30～100 kg 的日增重和饲料转化率。用于估计育种值的指标是校正到 100 kg 的背膘厚、测试期日增重和饲料转化率。

E. 饲喂方式:正式试验采用统一的日粮,自由采食以充分发挥测试猪的遗传潜力。圈舍的条件也应尽量保持一致,这样有利于消除环境的影响和提高估计育种值的精确性。

②场内测定。场内测定应进行后备公猪和后备母猪的测定。一般当体重达到 100 kg 左右时,测定活体背膘厚和称重,并计算体重达 100 kg 时的背膘厚和日龄,用于估计育种值。场内测定一般不统计个体饲料的消耗。

③同步测定。根据统一的测定规程,测定站测定与场内测定同时进行,利用最佳线性无偏预测(BLUP)和约束最大似然法(REML),消除双方测定数据的场、年、季等环境偏差,进行个体育种值估计,以提高群内选择差,加大选择强度。选留的种猪既可用于本场更新,又可用于

场际交流。中国地域辽阔，种猪场数量多，可采用以场内测定为主，场内测定与测定站测定相结合的方案。

④中国的种猪测定方案。

A. 中国武汉种猪测定中心测定方案：场内测定种猪场根据“中心”制定的统一测定方案进行测定。其主要进行后备公、母猪的性能测定。测定的性状有 2～6 月龄的平均日增重和体重为 85 kg 时的活体膘厚。

B. 测定站测定：各种猪场在规定的时期将测定猪送至“中心”。测定组的公猪单栏饲养。当体重达到 90 kg 时，测定活体膘厚，用超声波测膘仪于最后肋骨离背中线 4～6 cm 处测定。其同胞饲养在一个栏内，进行同胞育肥测定。主要度量平均日增重和饲料转化率。当同胞体重达到 90 kg 时屠宰，进行胴体品质和肉质测定。

C. 广东省种猪测定站测定方案：实施公猪性能测定。测定项目为平均日增重、平均饲料转化率、平均背膘厚。根据测定数据，计算综合指数。在测定结束后，进行现场拍卖。

(4)性能测定的组织　测定站应由专门的机构进行管理，以保证测定结果的公正性。性能测定应由专人负责，以减少人为的误差，如称重和测膘等。测定的结果也应由专门的机构进行统计处理，定期公布结果。

2. 种猪体质和外貌应具备的条件

种猪的质量直接影响猪群的生产水平和整个猪群的未来，因此，必须重视种猪的选择。体质，即种猪的身体素质，是猪体机能和结构协调的表现。外貌，即种猪的外部形态，在一定程度上也可反应种猪的机能。通过对所选猪只体质和外貌的观察，猪的不同品种的差异、主要经济用途、健康状况和生长发育等得以鉴别。对种猪体质和外貌的选择在整体上要求具有本品种特征，符合本品种的经济类型，即体质强健，性征明显，具有种用价值，不肥不瘦，八成膘；无任何遗传疾患。对公猪、母猪的体质和外貌的要求略有不同。

(1)公猪体质和外貌应具备的条件　整体结构匀称，头大额宽，上下唇齐，鼻孔大，眼明亮有神，耳根硬，并且要求体躯长，颈部坚实无过多垂肉，胸宽深，腹部紧缩不下垂，肩、背、腰各部结合良好。背部宽平，大型品种允许稍微弓背。腿臀部肌肉发达，尾根粗，附着点高，四肢结实健壮，肢距开阔，蹄质结实，无卧系，站立或行走时无内、外八字形，表现雄壮。

阴囊紧而有弹性，不下垂，睾丸发育良好，轮廓明显，左右大小一致，无单睾、隐睾或阴囊疝，包皮积尿不明显。乳头不少于 14 个(国外猪种不少于 12 个)或各品种规定的最少乳头数，排列整齐均匀，发育正常。

小公猪应是第 2 胎后产仔多的母猪所生，不挑食，身体健壮，发育良好，体大，骨架好，结构匀称协调，性情活泼。成年公猪性欲旺盛，精液品质好，配种力强，所生后代数量多、质量好。

(2)母猪体质和外貌应具备的条件　头颈较轻而清秀，下颌无垂肉，颈长短粗细适中，肩部与背部结合良好，背腰平直，肋骨开张良好，腹大不拖地，臀部平直，肌肉丰满，尾根高，四肢结实有力，系短，无卧系，行动灵活，无内外八字形，后腿间距宽。乳头排列整齐均匀，无瞎乳头、翻乳头或无效乳头，大小适中，且不少于 14 个(国外品种不少于 12 个)或各品种规定的最少乳头数。外生殖器官发育良好。经产母猪产活仔数多，性情温顺，母性好，护仔性强，断奶窝重大，哺育率高，发情症状明显。

3. 猪的选种方法

选种，即根据选育目标，从现有猪群中选出优良个体作种用，使之产生符合选育要求的后代。选种是提高生产性能的一项重要措施。连续不断地选择优良个体不但可以使现有猪群中部分优良个体的较高生产水平成为将来全群的平均生产水平，而且可能出现一些超过目前最优水平的特殊个体，从而为选种提供新的遗传信息，整个猪群乃至整个品种的质量得到不断提高。

(1)个体选择法　又称表型选择法，即根据种猪本身性状的表型值的高低来进行选择的方法。这种方法对中等以上遗传力的性状选择效果较好，且方法简单，容易掌握，但对遗传力低的性状进行个体选择，收效甚微。

(2)系谱选择法　系谱是记载一个个体各代祖先的名字、编号、生产性能、鉴定结果等的资料。系谱选择法就是指根据个体的双亲以及其他有亲缘关系的祖先的表型值的高低来推断其种用价值优劣的选种方法。其目的是通过各代祖先在生产性能、生长发育和体质和外貌等方面的表现，来确定被测个体是否留作种用。在选种时，以审查亲代为主，其他各代祖先的表现可供参考。其原因是血缘关系越远，对后代的影响越小。以生产性能的比较为主，长发育指标为辅，同时注意各代祖先有无遗传缺陷。其优点是可以进行早期选种。当幼猪生长发育还没完成和无生产性能成绩时就可进行选种，还可对限性性状进行选择。如可以对公猪本身不能表现出来的产仔数、初生个体重、初生窝重、泌乳力、断奶仔猪数和断奶窝重等繁殖性状进行选择，同时还可发现所鉴定个体有无遗传缺陷。但系谱选择的准确性不高，在实际选种中一般不单独使用，而是与其他方法结合使用。

(3)同胞选择法　是指根据个体的全同胞或半同胞兄弟姐妹的表型均值的高低来进行选种的方法。其优点是可以缩短世代间隔，提高选种效率。同胞选择适用于低遗传力性状、限性性状和必须屠宰才能获得的胴体性状的选择。

(4)后裔选择法　是指根据个体后代表型均值的高低来进行选种的方法。后裔选择法在理论上是评定种猪遗传素质最准确的方法，但在实际应用中需要时间太长，延长了世代间隔，影响了选种效果。如果公猪在 8 月龄时开始配种，待其后代的性能测定完成时，该公猪已是 1.5 岁，若再需要公猪的女儿的产仔记录，则公猪已是 2.5 岁以上，这就影响了优秀种公猪的及早使用。另外，建立专门的后裔测定站需要大量资金，且测定的猪数有限，这就限制了后裔选择法的使用。因此，后裔选择法主要用于被测公猪所需配种的母猪数量非常大，即人工授精的公猪。

(5)合并选择法　是指兼顾个体性能成绩和个体亲属性能成绩对种猪进行选择的方法，即根据个体的测定资料结合其同胞资料进行的选择。在对公猪进行测定的同时，对其他全体同胞也进行测定，然后综合 2 个测定结果来确定公猪是否留作种用。其优点是利用了被测个体及其同胞的信息，准确性高，可对公猪及早做出评价。

(6)多性状选择法　影响猪遗传改良的性状是多方面的，而且各个性状之间存在着不同程度的遗传相关。尽管只进行单性状的选择能获得较大的遗传进展，但可能会影响其他性状的改进，尤其是与之有负相关的性状。因此，在选种中，要同时考虑多个性状，以保证主要生产性能的遗传改良，从而获得最大的育种效果。

(7)顺序选择法　是指每个性状选择一个或数个世代，待其取得满意效果后，再选择其他性状，这样逐一对所需要改良的性状进行顺序选择。其优点是对某个性状改良的速度当时较快。如果改良多个性状，顺序选择法则需花很长时间，且没有考虑性状间的相关。彼此存在负相关的性状很可能会造成此升彼降。

(8)独立淘汰法　是指对各个被选性状规定一个淘汰标准，被选个体只要其中一项指标未达标准就被淘汰。这种方法常把某些性状上表现突出，而个别性状上不足的种猪淘汰掉，选留下来的种猪却是表现中等的个体。在猪的育种中，独立淘汰法主要用于淘汰有遗传缺陷或结实度较差的个体。

(9)综合指数选择法　是指把几个性状的表型值综合成一个可以个体间相互比较的指数，然后根据这个选择指数进行选种的方法。在设计指数时，将全群平均水平个体的指数定为100，凡指数高于100的个体，则表示其综合育种值超过平均水平；凡指数低于100的个体，则表示其综合育种值处于平均水平以下。这样就可按照每年或每季的淘汰与更新计划，选留各个测验期指数较高的个体。在选择时，一般要多留一些，以便从中再对其体质、外貌、类型等进行鉴别，最后选出符合要求的个体。这种方法既比较全面地考虑了各种遗传和环境因素，又考虑到育种效益。因此，其较全面地反映了一头种猪的种用价值。指数的制定较为简单，也可一次性完成选择。在实际应用时，综合指数选择法却很难达到理论上的期望效果。其原因是遗传参数估计的误差较大，各性状的经济加权值不够准确，群体小，近交程度增高，选择性状与目标性状不一致(如目标性状是瘦肉率，而选择性状则是背膘厚或是眼肌面积)。

4. 后备猪的生长发育规律

4月龄的仔猪到初次配种前是后备猪的培育阶段。培育后备猪的任务是获得体格健壮、发育良好、具备品种的典型特征和高度种用价值的种猪。后备猪是成年猪的基础。后备猪的生长发育对成年猪的生产性能、体形外貌都有直接的影响。

(1)后备猪的生长发育　猪的生长发育是一个从小到大、从成熟到衰老的复杂过程，遵循着一定的生命周期进行的生命活动，即从精子、卵子结合形成受精卵，生命开始，通过胚胎→胎儿→仔猪→保育猪→育成→老年→淘汰→死亡的全部过程。这一过程是一个个体通过从亲代获得的遗传物质基础与这个个体所处的环境条件相互作用来进行的。在一定的环境条件下，其表现出的亲本遗传信息被传递给下一代，其中一个个体的若干个性状又通过生殖细胞遗传给下一代，从而构成了生命活动的周期性。

生长发育是指细胞不断生长增大，不断分裂增多，猪的骨骼、肌内、脂肪和各组织器官不断增长，机能不断增强的现象。生长是指猪出生后不断向更大的动态发展，而发育是指猪体组织、器官和机能不断成熟和完善，组织器官发生了质的变化。如小猪在出生时的消化植物性饲料的能力很差，生长到一定时期，胃的体积不断增大，功能上有了变化，胃内的腺体能分泌消化酶，消化饲料的能力大大加强，即猪的胃发育到能消化植物性饲料的阶段。生长发育是猪从量变到质变的过程。

由于后备猪与商品猪在生长发育上各不相同，因此，其营养供应、饲养方式和各项管理措施也不同。商品猪的生长周期短，要抓住其生长快的时期充分饲养，使其尽快达到出栏体重，上市屠宰，形成商品。后备猪要培育成优良的种猪则其体形外貌、身体各部位的生长应更具有种用特点和更好的遗传表现，以满足人们对于经济上的要求。培育后备猪的任务不是直接地提供一些商品，而是负担着周期性很强的，几乎没有间歇的繁殖任务。

后备猪的饲养要根据猪的生长发育规律，在猪生长的不同阶段，控制营养水平、饲料类型和饲料喂量，改变生长曲线，抑制某些组织的过分生长，从而使后备猪按人的意志生长和理想要求发育。后备猪由此具有体质健壮，有发达的、机能完善的消化、血液循环和生殖器官，有适度的脂肪沉积、发达的肌肉、强健的四肢、更好的繁殖能力。

(2)体重的增长　体重是身体各部位及组织生长的综合度量，并表现着品种的特性。在正常饲养条件下，猪体重的绝对值随年龄的增加而增大，其相对增长强度则随年龄的增长而降低，到成年时，则稳定在一定的水平。

幼猪自出生后就快速生长，4 月龄以前的仔猪的相对生长强度最高，8 月龄以前的仔猪的增长速度最快。8 月龄的仔猪的体重已达成年体重的 1/2。因此，后备猪生长的好坏对成年体重和个体大小产生的影响较大。一般来说，生长快的后备猪的繁殖成绩也好。

体重是衡量后备猪各组织器官综合生长状况的指标。随年龄的增长，体重也有一定的规律。以北京黑猪为例，其体重达到 23～50 kg 以后，生长强度会迅速增加。当其体重为 80 kg 时，生长强度达到最高峰，然后随之下降。体尺变化在体重为 100 kg 时达到高峰。当北京黑猪达到在更大体重时，其体尺仍然会再度加大。皮骨的生长在体重为 80 kg 时达到高峰，然后有下降趋势。瘦肉的绝对重和脂肪的绝对重在体重 100 kg 时达到高峰。同样，长白公猪在 6～7 月龄时的体重达到高峰，长白公猪在 8 月龄的体重绝对生长值下降，而母猪体重增长高峰要比公猪来得早。

瘦肉型猪的生长特点表现为在正常的饲养条件下，其在生后哺乳期具有强烈的生长趋势，体重为 60 kg 后，逐渐下降，体重达 120 kg 后生长缓慢。猪的体重增加和生长发育表现的情况，又受饲养、生活环境条件等多种因素的影响。饲养不良，营养物质供应不足，正常的生长发育受阻，猪生长缓慢，体重就不达到正常标准。作为种用的瘦肉型后备猪，一定要有一个正常的生长发育标准，见表 4-1，否则也会影响种用价值。

表 4-1　瘦肉型后备猪的体重标准

品种	性别	3 月龄	4 月龄	5 月龄	6 月龄	备注
长白猪/kg	公	36	55	75	100	《商品瘦肉猪试验研究报告汇编》
	母	35	52	70	90	
大约克夏猪/kg	公	30	51	76	104	
	母	30	49	72	97	
汉普夏猪/kg	公	38	56	75	97	
	母	32	49	62	79	
杜洛克猪/kg	公	32	41	69	93	
	母	23	36	47	67	

资料来源：刘清海，梁铁强．新编实用科学养猪．哈尔滨：黑龙江科学技术出版社，1998。

(3)猪体组织的生长　猪身体的骨、肉、脂、皮的生长强度因月龄及品种类型而异。从不同月龄的荣昌猪的骨、肉、脂、皮的比例看，骨骼从出生到 4 月龄时的生长强度最大，其后稳定；皮是在 6 月龄时生长快，在 6 月龄后稳定；肉是在 4～7 月龄时生长快；脂肪则始终在生长，在 6 月龄后更为强烈；消化器官也自出生即强烈生长，在 4 月龄后减慢。

(4)猪体化学成分的变化　随着猪体组织及体重的生长，猪体的化学成分也呈规律性变化，即随年龄及体重的增长，水分、蛋白质和灰分等含量下降，脂肪迅速增加。但猪体的蛋白质和灰分的含量在体重达到 45 kg(或 4 月龄)以后是相当稳定的。随着脂肪含量的增加，猪油中的饱和脂肪酸的含量相应增高，不饱和脂肪酸却有减少的趋向。

(5)身体各部位的生长　在生长期间,各种组织生长率的不同导致身体各部位生长早晚顺序的不一和体形出现年龄变化,以明显形成向心和向上的两个生长波。第一个生长波是从颅骨开始分两支,向下伸向颅面和向后移至腰部;第二个生长波由四肢下部开始,向上移行至躯干和腰部。两个生长波在腰部汇合。因此,初生仔猪的头和四肢相对较大,躯干短而浅,后腿发育很差。随着年龄和体重的增长,体高、身长首先增加,其后是深度和宽度增加。腰部则是其生长速度高峰表现最迟的部分,也是身体上最晚熟的部位。

各组织器官和身体部位生长的顺序大体是神经组织→骨→肌肉→脂肪。骨骼是由下向上,先长长度,后增粗度;脂肪的沉积是按花油、板油、肌间脂肪、皮下脂肪的次序,综合成身体各部位及组织的早熟与晚熟的增长速度。这些生长曲线的特征主要表现了猪体尺增长的不平衡性。体高是表示外周骨和附在其上的肌肉的生长情况。中轴骨和其肌肉的生长情况则由体长、胸深和胸宽表示。胸围又是表明脂肪及肌肉的生长和体重变化的最密切的指标。

猪体各部分及各组织生长的速度及发育的程度决定了猪是否早熟。养猪的目的是经济有效地生产肌肉和脂肪组织,以满足人民对肌肉和脂肪的需要。因此,猪的体重及其主要商品部位和组织的生长速度的关系是很重要的,这也是猪的品种和类型的特征。如脂肪型的猪成熟较早,其各部分组织的强烈生长期出现较早,当体重为 75 kg(中国猪)时,其已经达到肥满状态,后腿发达,脂肪和肌肉的比例达到了屠宰适期的要求。而在同样体重时,腌肉型猪的身体正在生长,蛋白质在强烈沉积,脂肪的比例较小,后腿不丰满,因此,腌肉型猪属于晚熟型。猪体各部位和组织生长速度的不平衡性揭示了其身体生长的内在规律,因此,要根据其生长特点进行饲养。

模块五

生长育肥猪的饲养管理技术

【学习目标】

1. 学会生长育肥猪的饲养管理技术。
2. 学会生长育肥猪的营养需要特点，学会配合日粮。

【技能目标】

1. 完成生长育肥猪的饲养管理。
2. 做好生长育肥的猪疾病预防。

项目一　控制环境

1. 控制温度

为生长育肥猪创造适宜的环境温度，防止温度过高或过低降低育肥猪的生长速度和增重，进而影响猪的健康。育肥猪适宜的环境温度：体重在 60 kg 以前为 16～22℃；体重在 60～90 kg 时为 14～20℃，最好不低于 12℃；体重在 90 kg 以上为 12～16℃，最好不低于 10℃。实践证明，生长育肥猪舍内的温度保持为 20℃，可获得较高的日增重和饲料转化率。

2. 控制湿度

为了给生长育肥猪创造适宜的环境湿度，尽管湿度对肉猪的影响远远小于温度，但过高或过低的环境湿度均会对猪造成危害。采用漏缝或半漏缝地板地面，并加强通风换气，以降低猪舍内湿度。生长育肥猪的环境湿度以 50%～70%为宜。

3. 控制光照

控制育肥猪舍内的光照，不要太亮，以利于猪得到充分休息，防止发生“咬尾症”。有条件的猪场可将生长育肥猪舍内的光照强度从 10 lx 逐渐提高到 40～50 lx，同时将光照时间从 6～8 h 逐渐延长到 10～14 h。

4. 控制舍内有害气体、尘埃与微生物

搞好猪舍卫生，防止有害气体、超标的尘埃与微生物影响猪群健康。防止有害气体和尘埃超标的方法是确定合理的饲养密度。一般实体地面或水泥混凝土地面的圈舍的饲养密度为 0.8～1.2 m^2/头，漏缝地板地面的圈舍的饲养密度为 0.5～1.0 m^2/头，保持猪舍通风良好，并保证舍内一定的湿度，及时清除粪尿、污物，做好清洁工作，注意猪场绿化。减少和消灭猪舍内病原微生物的主要方法是定期喷雾，保证每周进行一次；选用对猪的皮肤和黏膜刺激性较小的消毒剂，如季铵盐类消毒剂。用高压喷雾消毒器械，特别要重视对墙壁、窗户和天花板的消毒。猪舍中要求氨气的体积浓度不超过 0.003%，硫化氢的体积浓度不超过 0.001%，二氧化碳的体积浓度不超过 0.15%。

5. 控制气流

控制猪舍内的气流，防止猪中暑或发生感冒、肠炎、腹泻、关节炎等疾病。根据猪场实际情况，猪舍内可采用自然通风或机械通风。在一般情况下，猪舍的通风以纵向自然通风，辅以机械通风为宜。应注意的是，在猪舍自然通风设计时，必须设计猪舍的进风孔和出气孔。猪舍的门窗并不能完全替代通风孔或通风道。猪舍内的气流以 0.1～0.2 m/s 为宜，最大不要超过 0.25 m/s。

6. 控制噪声

尽量降低猪舍内噪声，避免突发性噪声，以免影响猪休息，或者由惊恐导致的采食量降低，进而影响增重。一般猪舍内的噪声强度以不超过 85 dB 为宜。

项目二 配合日粮

精心设计生长育肥猪的日粮配方，以达到最理想的饲喂效果，降低生产成本，提高养猪生产经济效益。配合日粮的方法很多，主要包括试差法、对角线法、替代法、方程法等，但现在使用最多的是计算机软件。生长育肥猪的日粮配方实例见表 5-1。

表 5-1 生长育肥猪的日粮配方实例 %

原料	营养含量	营养素名称	营养含量
干玉米	62.7	粗蛋白质	16
DDG	14	钙	0.65
小麦麸(GB1)	10	总磷	0.6
大豆粕 CP46	9.7	可利用磷	0.28
石粉	1.2	盐	0.4
磷酸氢钙	0.5	赖氨酸	0.9
L-赖氨酸盐酸盐	0.5	蛋＋胱氨酸	0.55
盐	0.4	苏氨酸	0.65
油	0.3		
核心料	0.5		
苏氨酸	0.1		
胆碱	0.1		

注：配比和为 100%，猪消化能为 13.60 MJ/kg。

项目三 生长育肥猪饲养管理技术

1. 饲养生长育肥猪

(1)调制饲料 科学调制饲料可增加饲料的适口性，减少饲料浪费，提高劳动生产效率。

全价配合饲料可分为干粉料、湿拌料和颗粒料 3 种形态，其中颗粒料优于湿拌料，湿拌料优于干粉料。

①调制干粉料：把粉碎好的各种饲料按照各类猪饲粮配方要求混合后，投入饲槽让猪采食。30 kg 以下幼猪的饲料粒度以直径 0.5～1.0 mm 为宜，30 kg 以上猪的饲料粒度以直径 1.5～2.0 mm 为宜。调制干粉料适用于自由采食、自由饮水的饲喂方式。

②调制湿拌料：饲喂前 20～30 min 在粉料中按 1∶(0.9～1.0)的料水比例加水，混拌均匀后让猪采食。注意避免酸败。调制湿拌料适用于限制饲喂的饲养方式。

③制作颗粒料：干粉料通过制粒机加工成颗粒状饲料，投入饲槽让猪采食。由于成本较高，颗粒料多用于饲喂幼猪。

(2)选择饲喂方法　采用适宜的饲喂方法，以提高饲料的利用率和肉的品质。

①自由采食：指对猪的日粮采食量、饲粮营养水平、饲喂时间和饮水等方面不加限制的饲喂方法。对于一般猪而言，通常在肉猪生长育肥前期(体重为 60 kg 以前)采用；对于三元杂交猪或杂优猪群而言，则可以从断奶后开始，一直到其体重达到 110 kg 左右出栏，上市为止，全期进行自由采食。

②限量饲喂：指对到达一定生长阶段的肉猪的采食量、饲粮营养水平、饲喂时间和饮水等方面进行适当限制的饲喂方法。在生产中，多采用限制生长育肥猪日粮采食量的做法。其具体做法为每天一次性地投放一天所规定的日粮量；每天 2～3 次定时饲喂规定数量的日粮；每周连续 6 d 自由采食，1 d 停食，在停食期间只关闭自动饲槽而不停饮水。

无论采用何种限量饲喂方法，其关键是限饲的幅度或程度。在一般情况下，限量饲喂的日粮给量应为自由采食量的 75%～80%。日粮给量过多，限饲会影响猪的增重，而限饲不足又不能起到限饲的作用。

(3)确定饲喂量与饲喂次数　自由采食就不存在饲喂量和饲喂次数的问题。在限量饲喂时，生长育肥猪的饲喂量和饲喂次数应该根据饲料类型、育肥阶段和饲喂方式以及一天内猪的食欲变化情况来合理安排。其具体做法为在生长育肥猪的体重为 60 kg 前，每天饲喂量为 1.2～2.0 kg；在生长育肥猪的体重为 60 kg 时，每天饲喂量为 2.1～3.0 kg；在使用湿拌料或者青粗料比例较大，处于小猪阶段时，每天饲喂 4～5 次；大猪每天饲喂 2～3 次。保证自由饮水。

(4)选择育肥方式　根据生长育肥猪的生长发育规律，并兼顾其增重速度、饲料转化率和胴体品质，中小规模的养猪场或养猪户应选择两阶段育肥方式，而较大规模的养猪场或集约化养猪场可采用三阶段育肥方式。

①两阶段育肥方式：生长育肥猪的整个育肥期分为 2 个阶段，即体重为 20～60 kg 的阶段为育肥前期；体重为 60～100 kg 的阶段为育肥后期。在育肥前期，采用高能量、高蛋白饲粮(每千克饲粮含消化能 12.5～12.97 MJ，含粗蛋白质 16%～17%)，并实行自由采食；在育肥后期，适当降低饲粮中的能量水平和粗蛋白质水平，并实行限饲。

②三阶段育肥方式：生长育肥猪的整个育肥期可分为 3 个阶段，即体重为 20～35 kg 的阶段为育肥前期；体重为 35～60 kg 阶段为育肥中期；体重为 60～100 kg 及以上的阶段为育肥后期。按照 3 个阶段的饲养标准，分别配制饲粮，自由采食或在育肥后期实行限饲。

2. 管理生长育肥猪

(1)准备圈舍　对圈舍进行维修、清扫和消毒，防止在使用过程中出现问题而难以维修，减少猪患病的概率。

①具体方法：在圈舍使用前，首先，检查圈舍的门窗、围栏和圈门是否牢固，圈舍地面、食槽、输水管道和饮水器是否完好无损，通风及其他相关设施能否正常工作等。若有问题，及时进行更新或维修。其次，对圈舍进行彻底清扫，包括地面、墙壁、围栏和排粪沟等，特别要重视对天花板或圈梁、通风口的彻底清扫。最后，对圈舍进行严格的消毒。对密闭猪舍可进行熏蒸消毒。在消毒后，圈舍方可投入使用。

②消毒方法和步骤：清除固体粪便和污物，用高压水冲洗围栏、地面和墙壁；加强圈舍通风；干燥后，用甲醛熏蒸消毒，每立方米空间用36%～40%甲醛溶液42 mL、高锰酸钾21 g；在环境温度为21℃以上和相对湿度为70%以上的条件下，封闭熏蒸24 h；通风后，对地面和墙壁用2%～3%的火碱水溶液喷雾，6 h后用高压水冲洗地面和墙壁残留的火碱；干燥后，调整圈舍温度达15～22℃，即可转入生长育肥期的猪进行饲养。

(2)合理分群　在饲养生长育肥猪时，最好采用“原窝培育”的方式；若需要分群，则应合理确定饲养密度。一般实体地面和水泥混凝土地面的圈舍的饲养密度为0.8～1.2 m^2/头，漏缝地板地面的圈舍的饲养密度为0.5～1.0 m^2/头。育肥猪适宜的饲养密度见表5-2。

具体方法：来源、体重、体质、性格和采食特性等方面相近的猪合群饲养。猪个体间的体重差异不能过大，在育肥前期，群体内的体重差异不宜超过3～5 kg。在分群后，要保持群体的相对稳定；合群后的猪要有专人看管，以减轻猪群发生争斗、咬架等现象，防止造成应激。用带有气味的消毒剂对猪群进行喷雾消毒混淆气味，以干扰猪的嗅觉。在分群前，停饲6～8 h，但要在转入的新圈舍的饲槽内撒放适量的饲料，以使猪群转入后能够立即采食而放弃争斗；在新圈舍内悬挂铁环或播放音乐以转移猪的注意力。

表5-2　育肥猪适宜的饲养密度

体重阶段/kg	每栏/头	每头猪最小占地面积/m^2		
		实体地面	部分漏缝地板	全漏缝地板
18～45	20～30	0.74	0.37	0.37
45～68	10～15	0.92	0.74	0.55
68～95	10～15	1.10	0.74	0.74

(3)耐心调教　生长育肥猪在分群后要及时进行调教，以使猪形成良好的习惯。

①防止强夺弱食：在保证猪群有足够的采食槽位的基础上，防止强夺弱食，猪群内的每个个体都能采食充足。其方法是分槽位采食、均匀投放饲料。

②训练“三点定位”：训练猪“三点定位”的习惯可以使猪在采食、休息和排泄时有固定的区域，并形成条件反射，以保持圈舍的清洁、卫生和干燥。训练“三点定位”的重点是定点排泄。其方法是在猪转入新圈舍前，在新圈舍内给猪提供一个阴暗潮湿或带有粪便气味的固定区域；对不能定点排泄的猪加强调教，每天定时将猪赶到排泄地点令其排便，一般需要训练3～5 d。

(4)去势集约化　猪场在育肥前对小公猪进行去势，以免影响肉的品质，小母猪不去势。因目前所用猪的品种及其杂交商品母猪在出栏上市前尚未达到性成熟，所以母猪不去势对增重和肉质不会产生影响。小公猪的去势时间一般为出生后的7日龄或断奶前的10～15日龄。提倡早去势，猪应激小，出血少，操作简单，伤口愈合快。

(5)免疫接种　生长育肥猪在70日龄前必须完成各种疫苗的预防接种。转入生长育肥猪舍后，一直到出栏上市，生长育肥猪无须再接种疫苗，但应及时对猪群进行采血，检测猪体内抗体水平，防止发生传染病。

①预防猪瘟：仔猪在 20 日龄或断奶时对其肌内注射猪瘟兔化弱毒疫苗 1 mL，即可免疫 1 年以上。预防猪丹毒既可用猪丹毒弱毒菌苗（冻干苗），大小猪一律皮下注射 1 mL（在使用前用 1.5％氢氧化铝生理盐水稀释，在 6 h 内用完），可免疫 9 个月，注射后 7 d 即可产生免疫力，又可改用猪丹毒氢氧化铝甲醛菌苗，断奶仔猪皮下注射 5 mL，21 d 后产生免疫力，免疫期为 6 个月。

②预防猪肺疫：大小猪一律皮下注射猪肺疫氢氧化铝甲醛菌苗 5 mL，7 d 后产生免疫力，免疫期为 9 个月，或者口服猪肺疫弱毒冻干菌苗，先用凉开水稀释，拌匀于饲料中，让猪采食，21 d 后产生免疫力，免疫期为 6 个月。

目前，在生产中，不论大小猪可一律皮下注 1 mL，猪瘟、猪丹毒、猪肺疫三联苗，免疫期为猪瘟 1 年，猪丹毒和猪肺疫均为 6 个月。具体使用方法按说明书进行。

③预防仔猪副伤寒：1 月龄以上仔猪用仔猪副伤寒弱毒菌苗耳后肌内注射 1 mL，免疫期 9 个月。

④外购的仔猪在进场后必须全部进行一次预防接种，并隔离观察 30 d 以上方可混群，以防因传染病暴发而造成损失。

(6)驱虫　对生长育肥猪进行驱虫，防止猪患寄生虫病。寄生虫主要包括蛔虫、姜片吸虫、疥螨和猪虱等。驱虫的作用见表 5-3。

①驱虫时间：一般一个育肥期驱虫两次，第一次在 90 日龄时，第二次在 135 日龄左右。

②驱虫药物和驱虫方法：选择广谱、高效、安全、低毒的驱虫药物。常用药物为敌百虫，每千克体重 60～80 mg；左旋咪唑，每千克体重 10～15 mg；四咪唑，每千克体重 20 mg；阿苯达唑，每千克体重 100 mg，拌入饲料中一次喂服。体外寄生虫以疥螨和猪虱常见，常用药物为敌百虫，每千克体重 0.1 g，溶于温水中，拌入饲料空腹时喂服或用温水配制成 2％敌百虫溶液，喷雾患猪全身及其圈舍四壁与地面。为彻底消灭猪虱，间隔一周再喷一次。目前驱除猪体内外寄生虫的首选药物是伊维菌素或阿维菌素及其制剂，每千克体重口服 20 mg，连用 5～7 d；每千克体重皮下注射 0.3 mg，用药两次，时间间隔为 5 d。

无论驱除体内寄生虫，还是体外寄生虫，对白猪，尤其是长白猪及其后裔的药量应酌情减少。在对大群进行驱虫时，应事先选择体况及发育中等的几头有代表性的猪，先对其做试验性驱虫。经观察，确认效果良好且安全后，再进行大群驱虫。在服用驱虫药后，应注意观察，若发生中毒，要及时解救。驱虫后排出的虫体和粪便要及时清除发酵，防止再度感染。驱虫对增重和饲料转化率的影响见表 5-3。

表 5-3　驱虫对增重和饲料转化率的影响

项目	猪数/头	始重/kg	末重/kg	增重/kg	日增重/g	饲料/增重
驱虫组	10	18.6	98.4	79.8	453	3.54
对照组	10	17.3	87.5	70.2	398	3.85

(7)适时出栏　确定适宜的肉猪出栏体重和时间，以获得最大的生产效益和胴体品质。

①确定出栏时间的依据：依据生长育肥猪的增重速度、饲料转化率、屠宰率、胴体品质商品猪肉市场价格、日饲养费用、种猪饲养成本分摊等，进行综合经济分析，确定适宜的出栏时间，

以获得最大的经济效益。

②生长育肥猪出栏体重标准：二元商品杂交猪的体重为85～95 kg，三元商品杂交猪的体重为95～105 kg，配套系杂优猪体重为115～120 kg。

相关知识

1. 生长育肥猪的营养需要特点

(1)能量水平 把握好日粮的能量水平。据试验结果表明，在自由采食的情况下，当30～90 kg的肉猪平均每天采食配合饲料2.7 kg，每千克饲粮含消化能12.55 MJ时，其增重速度较快，平均月增重可达750 g；当限饲程度为自由采食的25%，平均每天采食配合饲粮2.0～2.2 kg，每千克饲粮以含消化能为12.55 MJ为宜，猪的饲料消化率可提高6.6%，而且猪的胴体瘦肉率较高。根据我国养猪生产实际，每千克饲粮以含消化能11.93～12.50 MJ为宜，最少不能低于10.88 MJ。

(2)蛋白质与必需氨基酸水平 根据生长育肥猪体重的不同，合理确定日粮中粗蛋白质水平。日粮的蛋白质和氨基酸水平对商品肉猪的日增重、饲料转化率和胴体品质影响极大，并受猪的品种、日粮的能量水平及蛋白质的配比所制约。

据NRC饲养标准可知，体重为50 kg以下的生长育肥猪的饲粮中的粗蛋白质含量应为18%，体重为50～90 kg的生长育肥猪的饲粮中的粗蛋白质含量应为13%～15%。根据我国实际情况，建议生长育肥猪在体重为20～60 kg阶段时的粗蛋白质含量为16%～17%，其体重为60～90 kg阶段时的粗蛋白质含量为14%～16%。

肉猪日粮应保持一定的消化能与粗蛋白质的比例，即能量蛋白比。当体重为20～60 kg时，能量蛋白比为23∶1；当体重为60～100 kg时，能量蛋白比为25∶1。据试验显示，当饲粮中的赖氨酸含量占粗蛋白质含量的6%～8%时，即相当于饲粮中的赖氨酸含量为0.8%～1.0%时，其生物学价值最高，猪的增重效果和胴体品质最好。

(3)矿物质与维生素水平 肉猪日粮应含有足够数量的矿物质元素和维生素。肉猪必需的矿物质元素有十几种。在配合饲粮时，主要考虑钙、磷和食盐的供给。

生长育肥猪的日粮中应含钙0.60%～0.65%、磷0.50%～0.55%、食盐0.25%～0.5%。在饲养生长育肥期，特别在小猪阶段时，应适当添加微量元素，以提高肉猪的日增重和饲料转化率。生长育肥猪对维生素的需要量随其体重的增加而增多。按饲养标准为生长育肥猪供给维生素。如果每天给肉猪饲喂青绿饲料1～2.5 kg，基本上就可以满足猪对维生素的需要。

(4)粗纤维水平 生长育肥猪饲粮中的粗纤维的含量影响着饲粮消化率和适口性以及肉猪的日增重和胴体瘦肉率。在日粮消化能和粗蛋白质水平正常情况下，体重为20～35 kg时的粗纤维含量为5%～6%，体重为30～100 kg时的粗纤维含量为7%～8%，最高不超过9%。应当注意的是，在配合肉猪日粮时，不要用大量的稻壳粉、玉米秸粉、高粱壳粉和含稻壳较多的酒糟等高纤维的劣质粗饲料，而应该使用适量的豆叶、树叶、豆科牧草粉及其他优质干草粉等较好的粗饲料。

(5)饮水量 为生长育肥猪供给清洁充足的饮水，避免饮水影响猪的采食量和损害猪的健康。生长育肥猪的需水量是每千克饲料干物质的3～4倍，占其体重的16%左右。生长育肥猪在夏季的需水量可增加50%，约占其体重的24%；生长育肥猪在冬季的需水量可减少

30%，占其体重的11%左右。

(6)应用促生长剂　在生长育肥猪的饲粮中可添加生长促进剂，以预防疾病，提高饲料转化率和日增重。

①抗生素添加剂：常用的抗生素有土霉素、泰乐菌素、利高霉素和杆菌肽锌等。其添加量为每千克饲粮20～50 mg。

②微生物添加剂：益生素和微生物生长促进剂。据报道，"强力益生素Ⅱ"可使猪的日增重提高25.25%，饲料转化率提高21.61%。

③酶制剂：在生长育肥猪的日粮中添加酶制剂，可达到促进猪生长，提高饲料转化率，降低饲养成本，减少环境污染的目的。据试验表明，在低磷饲料中添加植酸酶，日增重可提高17.11%，饲料转化率可提高6.54%。在生长猪的日粮中添加木聚糖酶，日增重可提高8.1%，饲料转化率可提高4.3%。

2. 环境因素对生长育肥猪的影响

(1)环境温度　适宜的环境温度对猪的健康有利；略高或略低的环境温度对猪的健康无不良影响。相反，适度的冷热刺激可提高猪的抵抗力，但降低饲料转化率；过高或过低的环境温度会对猪的健康产生明显的不良影响，降低猪的抵抗力和免疫力，诱发其各种疾病。在高温环境中，猪的采食量降低，猪的机体维持能量需要增加，要加大散热，此时猪的生长速度和增重也随之下降。若环境温度升高到25℃和30℃，则采食量分别减少10%和35%。据报道，在28～35℃的高温环境下，体重为15～30 kg、30～60 kg和60～90 kg的生长育肥猪的日增重比预期日增重分别降低6.8%、20%和28%，因此，夏季要注意防暑降温。在低温环境中，猪的采食量增加，机体散热量也大大增加。为保持体温恒定，加快体内代谢，提高机体产生的热量，猪的维持需要明显增大，猪的生长速度和增重减慢。实践证明，当温度降到10℃和5℃时，猪的采食量分别增加10%和20%，而其日增重则下降。另外，在寒冷环境中，猪的呼吸道、消化道的抗病力降低，易发生气管炎、支气管灸、胃肠炎等疾病，因此，必须为生长育肥猪创造适宜的环境温度。

(2)湿度　在适宜的环境温度中，湿度从45%增加到95%对猪的增重无明显影响。湿度过高会导致猪的抵抗力减弱，发病率增加。同时高湿度易使饲料发霉、猪舍建筑吸潮等，从而产生对猪只健康不利的影响。无论温度怎样，温度过低都易引起猪皮肤和外露黏膜干裂，促使呼吸道和皮肤疾患的概率增加。在低温高湿的环境中，猪易患感冒、风湿症、关节炎、肠炎、下痢等疾病，从而导致猪的食欲下降，生长缓慢，增重减少。据报道，在低温高湿的环境中，生长育肥猪的日增重可减少36%，每千克增重耗料增加10%；在高温高湿的环境中，猪的增重变得更慢，猪的死亡率增加。

(3)光照　在一般情况下，光照对猪的生产性能影响不大。然而适宜的太阳光照可对猪舍进行杀菌、消毒，对提高猪的免疫力、抗应激能力、抗病力及预防佝偻病都有很好的促进作用。在冬季充分利用阳光尤为重要。另外，适宜的光照能够促进育肥猪的新陈代谢，提高增重速度和胴体瘦肉率。但过强的光照会导致猪兴奋，休息和睡眠时间减少，甲状腺的分泌增加，代谢率提高，增重和饲料转化率受到影响，且"咬尾症"易发生。因此，育肥猪舍内的光照可暗些，方便猪采食和饲养管理工作即可，猪能得到充分休息。

(4)有害气体、尘埃与微生物　猪的呼吸、排泄及粪尿、饲料、垫草的发酵或腐败等导致猪舍内会产生多种有害气体，如氨气、硫化氢、甲烷、二氧化碳和一氧化碳等。这些有害气体使猪舍内的氧气含量减少，并产生难闻的臭味。这些有害气体在浓度较低时不会使猪产生明显的外观不良症状。如果长期处于含有低浓度有害气体的环境中，猪的体质会变差，抵抗力降低、发病率和死亡率升高，同时采食量和增重降低，最终引起猪只的慢性中毒。这种影响不易察觉。在养猪生产中，冬季不能单纯追求保温而关严门窗，必须保证适量的通风换气，以利于有害气体能及时排出。在潮湿的猪舍，氨气和硫化氢常吸附在潮湿的地面、墙壁和顶棚上。当舍内温度升高时，这些有害气体又挥发出来，很难由通风排出。因此，猪舍内做好防潮和保暖可以适当减少舍内有害气体的含量。此外，垫草具有较强的吸收有害气体的能力，所以在猪舍内铺设垫草也可以减少有害气体的产生。

猪的采食、排泄、活动以及对猪的饲养管理使猪舍内产生大量的尘埃和微生物，加之舍外空气带入的尘埃和微生物，这些物质都给猪的生产带来一定影响。尘埃可使猪的皮肤发痒以致发炎、破裂。尘埃对鼻腔黏膜有刺激作用。附着灰尘上的病原微生物易于存活，其对猪的健康产生直接影响。

(5)气流　空气的流动是由不同位置空气温度的不一致而引起的。在高温环境下，增大气流有利于猪的散热，缓解热应激对猪的影响，是一项重要的防暑措施。在寒冷季节，过大的气流会增加机体散热量，成为阻碍生产性能发挥及影响猪体健康的重要因素。“贼风”对猪的危害更大，常引起猪发生感冒、肠炎、腹泻、关节炎等疾病。因此，在寒冷季节不仅要降低气流速度，而且要防止“贼风”。对气流速度的调节，可通过控制猪舍的通风换气来实现。根据生产实际情况，通风换气可以采取自然通风或辅以机械通风。

(6)噪声　猪舍内的噪声来自外界传入、舍内机械和猪只争斗等方面。噪声对猪休息、采食、增重都有不良影响。噪声会增加猪的活动量，从而影响猪的增重，还会引起猪的惊恐，降低猪的食欲。因此，要尽量避免突发性的噪声。

总之，猪舍内要及时清除粪尿，控制有害气体的产生，通风换气，减少噪声。只有创造一个空气新鲜、温湿度适宜、阳光充足、干净舒适的环境条件，才能使肉猪得到充分休息，保持旺盛的食欲，降低发病率，获得较高的增重速度和饲料转化率，创造较高的经济效益。

3. 营养水平对生长育肥猪的影响

据研究与实践证明，合理配合饲粮是提高肉猪增重速度和饲料转化率、增加经济效益的基础和关键。据试验，同样的猪对其所喂的饲粮不同，经过 10 周，育肥效果大不相同(表 5-4)。

表 5-4　不同饲粮的育肥效果

饲粮组成	试验猪头数/头	每头每日采食量/kg	平均日增重/g	饲料/增重
小麦组	16	1.09	232	4.70
大麦组	16	1.32	263	5.01
燕麦组	16	1.23	327	3.76
全价混合料组	16	2.09	691	3.03

表 5-4 表明为增加适口性，并使饲料中的各种营养相互补充，以满足猪对各种营养的需要，肉猪饲粮必须是多种饲料配合。

(1)能量水平对生长育肥猪的影响　能量供给水平与增重和胴体品质有密切关系。一般来说，在日粮中的蛋白质、必需氨基酸水平相同的情况下，肉猪摄取能量越多，日增重越快，饲料利用率越高，背膘越厚，胴体脂肪含量也越多。相反，能量水平过低，日增重减慢，饲料利用率降低，胴体脂肪含量也减少。但当摄入能量超过一定水平后，日沉积蛋白质及饲料利用率就会下降(表 5-5 和表 5-6)。

从表 5-5 可以看出，随着摄入饲粮消化能的增加，肉猪在体重达到 45 kg 前的蛋白质和脂肪的日沉积与日增重均呈线性增长。如果在此期间摄入饲粮消化能比不限饲时的摄入日粮消化能减少 27%，则日增重、日沉积瘦肉和体脂肪含量相应降低 25%、21%和 8%，饲料转化率则无影响。

表 5-5　不同能量水平对体重 45 kg 以下肉猪的影响

项目	摄入消化能/(MJ/d)				
	14.5	20.3	24.9	29.4	34.2(不限饲)
日沉积蛋白质/g	65	87	114	127	145
日沉积脂肪/g	71	134	183	225	260
日增重/g	419	557	679	779	900
料肉比	2.40	2.50	2.50	2.60	2.60
体脂肪/(g/kg)	181	227	243	257	265

表 5-6　不同能量水平对体重 48～90 kg 肉猪的影响

项目	摄入消化能/(MJ/d)				
	22.5	27.3	32.5	37.2	42.0(不限饲)
日沉积蛋白质/g	75	98	137	136	137
瘦肉日增重/g	300	392	541	544	548
活重日增重/g	418	576	793	830	834
料肉比	3.92	3.39	2.90	3.10	3.46
体脂肪/(g/kg)	196	250	254	316	352

从表 5-6 可看出，随着摄入日粮消化能的增加，肉猪在体重为 48～90 kg 时的蛋白质的日沉淀、瘦肉和日增重均呈线性增长。当其摄入量达到 32.5 MJ/d 以后(大致相当于维持需要的 2.5～3 倍)，即使摄入量再增加，蛋白质和瘦肉量的沉积也不能继续增长，饲料转化率反而降低，只有脂肪组织沉积继续增加。这样既浪费了饲料资源，又降低了胴体品质。

(2)蛋白质与氨基酸水平对生长育肥猪的影响　提高生长育肥猪饲粮中的蛋白质水平，不但可以提高猪的增重速度，而且还可以得到背膘薄、瘦肉率高的胴体。试验证明，当生长育肥猪日粮中的粗蛋白质水平为 9%～18%，每千克日粮消化能和氨基酸都能满足需要时，随着蛋白质水平的提高，肉猪日增重随之增长，饲料转化率也被提高。虽然生长育肥猪日粮中的蛋白质水平超过 18%后能够改善肉质，提高胴体瘦肉率，但日增重不再提高，反而会出现下降的趋势，导致饲料成本增加，饲料报酬降低(表 5-7)。

实际上，猪对蛋白质的需要是对必需氨基酸的摄取，因此，生长育肥猪日粮中的必需氨基酸，尤其是限制性氨基酸的含量应齐全且平衡。赖氨酸为猪的第一限制性氨基酸，对猪的日增重、饲料利用率及胴体瘦肉率的提高具有重要作用。

表 5-7 日粮中的蛋白质水平与生产性能

日粮中的蛋白质/%	日增重/g	胴体瘦肉率/%	日粮中的蛋白质/%	日增重/g	胴体瘦肉率/%
15.0	676	44.7	22.5	749	47.6
17.5	749	46.6	25.0	717	49.0
20.0	745	46.8	27.5	676	50.0

(3)矿物质与维生素对生长育肥猪的影响 矿物质和维生素可以提高生长育肥猪的增重，并保证其增重的安全性。矿物质中的微量元素对生长育肥猪的增重速度、饲料转化率和肉猪健康的影响较大(表 5-8)。

表 5-8 常量元素、微量元素、维生素对生长育肥猪的影响

日粮组成	平均日增重/g	饲料转化率/%
平衡的玉米+大豆日粮	774	2.75
不添加微量元素	738	2.70
不添加维生素	680	2.95
不添加钙和磷	576	3.30

生长育肥猪日粮中的某些微量元素不足或过量会导致生长育肥猪物质代谢紊乱。轻者导致生长育肥猪增重速度减慢，饲料消耗增多；重者能引发疾病或造成生长育肥猪死亡。据试验，喂给含钙量符合标准要求的饲粮与喂给不添加钙和磷的饲粮相比，其肉猪的日增重提高18%，每千克增重耗料降低 20%。在以玉米加豆饼为基础的饲粮中，按标准加食盐的生长育肥猪的日增重为 720 g，不加食盐的生长育肥猪的日增重仅为 560 g。上述结果表明，在饲粮中添加一定的常量元素和微量元素可满足生长育肥猪对钙、磷和食盐的需要，可增加饲喂效果，提高养猪的经济效益。在生长育肥猪生产中，饲粮必须添加一定量的多种维生素。

(4)粗纤维水平对生长育肥猪的影响 饲粮中粗纤维的含量是影响饲粮消化率和适口性的重要因素。生长育肥猪饲粮中的粗纤维含量的增加可以降低饲料转化率和猪的增重速度，因此，在生长育肥猪生产中，应限制粗纤维水平。据报道，给体重为 70 kg 的民猪和长白猪喂高纤维饲粮(9.13%)，民猪对粗纤维的消化率为 16.49%，长白猪对粗纤维的消化率仅为 8.11%，瘦肉型猪对粗纤维的消化率很低，所以生长育肥猪饲粮中的粗纤维含量应以 5%～8%为宜。

(5)水对生长育肥猪的影响 生长育肥猪缺水或长期饮水不足会影响其采食量，其健康也会受到损害。当生长育肥猪体内的水分减少 8%时，即会出现严重的干渴感觉，食欲丧失，消化物质作用减缓，并因黏膜的干燥而降低对传染病的抵抗力；当生长育肥猪体内的水分减少 10%时，代谢就会严重失调；当生长育肥猪体内的水分减少 20%以上时，猪只会死亡。高温缺水的危害要比低温缺水的危害更为严重。试验证明，对 20 日龄的生长育肥猪不喂饲料，但给水充足，其不会死亡。如果只给料不给水，生长育肥猪却生存不了，因此，必须供给生长育肥猪充足的清洁饮水。

(6)促生长剂对生长育肥猪的影响 在生长育肥猪饲粮中可添加促生长剂，以预防疾病，提高饲料转化率和日增重。

①抗生素添加剂：一般在生长育肥猪饲料中添加抗生素，可提高日增重 10%～20%，减少饲料消耗 5%～10%，还能减少疾病，尤其是生长育肥猪腹泻的发生。为了避免抗生素残留对

人体产生不利影响，必须严格控制饲用抗生素的种类、使用剂量，并保证在猪屠宰前有足够的停药期。

②微生物添加剂：它是一类既具有抗生素的应用效果，又可克服其缺点的添加剂，包括益生素和微生物生长促进剂。益生素可通过有益微生物形成优势菌群、产酸或竞争营养物质等方式，抑制有害微生物的生长繁殖或通过产生 B 族维生素，增强机体非特异性免疫功能来预防疾病，从而间接地起到提高生长速度和饲料转化率的作用。微生物生长促进剂是指能直接提高动物对饲料的转化率和生长速度的活的微生物培养物。

③酶制剂：按添加目的可分为 2 类，即一类用于补充内源性消化酶的不足；另一类用于消除饲料中抗营养因子的不良影响。酶制剂可促进营养物质的消化吸收，从而达到促进生长，提高饲料转化率，降低饲养成本，减少环境污染的目的。目前在酶制剂的应用上还存在效价不稳定和成本高等问题。

(7)脂肪对生长育肥猪肉质的影响　据报道，当饲粮中含不饱和脂肪酸多的玉米、米糠、大豆、花生饼等配合比例过大时，生长育肥猪的脂肪松软呈淡黄色，易酸败，不耐储存。当用大麦、小麦、棉籽饼(去毒、限量饲喂)、马铃薯等喂生长育肥猪时，则其脂硬，洁白，易保存。当饲粮中配合过多的鱼渣、鱼油、蚕蛹等带异味的饲料时，猪肉易带有腥臭味，脂肪变黄，肉脂品质会严重降低。在屠宰前一个月，要停喂此类饲料。不得使用霉烂变质、有毒有害的饲料，不能添加激素及饲料法规禁用的添加剂。对一些宰前停用的添加剂，一定要严格执行，否则这些添加剂会在肉脂中残留，危害人的健康。

4. 设计日粮配方应遵循的原则

①选择合适的生长育肥猪饲养标准，并根据生产实际以及不同育肥阶段的预期生产水平，适当调整生长育肥猪的营养成分需要量。

②控制生长育肥猪日粮中的粗纤维含量，以适应其消化生理特点。

③重视饲料原料的选择，要考虑当地的饲料资源和饲料利用价值，保证饲料原料有较好的适口性，且无毒、无霉变，力求饲料原料组成多样化。

④注重饲料的经济性，尽量选用营养丰富、质优价廉的饲料原料。

⑤添加剂的使用应符合安全、经济和使用方便等要求，并注意用量、用法、限用和禁用要求等。

5. 生长育肥猪的生长发育规律

生长育肥猪按其生长发育阶段可分为 3 个时期，即从断奶至体重 35 kg 为生长期或称为小猪阶段或前期；体重 35～60 kg 为发育期或称为中猪阶段或中期；体重 60 kg 至出栏为育肥期或称为大猪阶段或后期。在生长育肥猪生产中要根据各时期猪的生长发育特点，采用不同的饲养管理技术，充分发挥生长育肥猪的生产潜力。由于品种、营养和饲养环境的差异，不同猪的绝对生长和相对生长不尽相同，但其生长发育均呈现一定的规律。

(1)体重的增长　生长育肥猪的体重是表示身体各部位和各组织生长的综合指标，一般以日增重表示增长速度。生长育肥猪随着日龄的增长，体重也增加，6～8 月龄增重较快，饲料转化率也高；4 月龄以前的生长强度为最大，生长育肥猪体重的 75％左右要在 4 月龄前完成；10 月龄以后，增重速度减慢。因此，在生长育肥猪生产上要抓住增重速度高峰期，加强饲养管理，提高增重速度，提早出栏，提高饲料转化率，降低饲养成本。

(2)体组织的生长　生长育肥猪体内蛋白质的沉积在育肥开始时逐渐增加，然后几乎保持不变，脂肪的沉积则随育肥进展不断增加（表 5-9）。随着年龄的增长，瘦肉型猪种的体组织生长高峰顺序为骨骼、皮、肌肉、脂肪，而我国一些地方猪的体组织生长高峰顺序则为骨骼、肌肉、皮、脂肪，如从民猪中可以看出，地方品种在生后期的皮肤生长势强于肌肉，从而导致胴体瘦肉少、皮厚，肉用价值降低。从骨骼、肌肉和脂肪的生长来看，在肉猪生长发育的早期，骨骼的生长发育最快，而后为肌肉，在生长育肥猪生长发育的后期则大量沉积脂肪。

表 5-9　生长育肥猪的日沉积与体组织成分

体重/kg	日沉积				体组织成分/(g/kg)	
	体组织/g	蛋白质/g	脂肪/g	能量/MJ	蛋白质	脂肪
20	500	94	65	4.8	188	130
40	650	113	135	8.0	174	210
60	750	125	220	11.8	167	295
80	800	125	300	14.9	156	375
100	750	113	340	16.1	151	450

在一般情况下，生长育肥猪的体重为 20～30 kg 时是其骨骼生长高峰期，体重为 60～70 kg 时是其肌肉生长高峰期，体重为 90～110 kg 时是其脂肪沉积高峰期。例如，大约克夏猪的皮肤增长强度不大，高峰出现在 1 月龄以前，之后比较平稳；骨骼从 2 月龄左右开始到 3 月龄（活重 30～40 kg）是其强烈生长期，强度大于皮肤；肌肉的强烈生长期从 3～4 月龄（50 kg 左右）开始，并比脂肪型和兼用型猪种维持的时间更长，直至体重为 100 kg 时才明显减弱；在 4～5 月龄（体重为 70～80 kg）以后，其脂肪增长强度明显提高，并逐步超过肌肉的增长强度，体内脂肪开始大量沉积。靠脂肪沉积的增加来提高增重，会导致生长育肥猪的饲料报酬率低、胴体瘦肉率低、商品率降低，从而出售时的价格就会被降低，难以获得较高的经济效益。由此可以看出，养瘦肉型猪比兼用型和脂肪型猪更经济。在肉猪生产中要利用这个规律，在育肥前期给予高营养水平，注意日粮中矿物质和必需氨基酸的含量及其生物学价值，以促进骨骼和肌肉的快速发育；在育肥后期适当限饲，特别是控制能量饲料在日粮中的比例，以减少脂肪的沉积，防止浪费饲料，从而提高胴体品质和肉质。

（3）猪体化学成分变化　随着生长育肥猪体组织及增重的变化，猪体的化学成分呈现一定规律性的变化，即随着年龄和体重的增长，机体中的水分、蛋白质和灰分的含量下降，而脂肪含量则迅速增加（表 5-10）。

表 5-10　猪体化学成分变化

体重/kg	灰分/%	蛋白质/%	脂肪/%	水分/%
15	3.7	16.0	9.5	70.4
20	3.6	16.4	10.1	69.6
40	3.5	16.5	14.1	65.7
60	3.3	16.2	18.5	61.8
80	3.1	15.6	23.2	58.0
100	2.9	14.9	27.9	54.2
120	2.7	14.1	32.7	50.4

从表5-10可以看出，生长育肥猪随着体重的增长，灰分的含量下降，但变化不太大。而水分和脂肪的变化很大，脂肪在增加的同时，水分下降，但二者之和没有太大变化，如当体重为15 kg时，脂肪和水分之和为79.9%；当体重为120 kg时，脂肪和水分之和稍有增加，为83.1%。从增重成分看，年龄越大，则增重所含水分越少，含脂肪就越多。蛋白质和矿物质含量在胚胎期与出生后的最初几个月增长很快，以后随年龄增长而减慢，其含量在体重为45 kg（或3～4月龄）以后时趋于稳定。另外，随着猪体脂肪含量的增加，脂肪中饱和脂肪酸的含量也相应增加，而不饱和脂肪酸含量逐渐减少。猪体化学成分变化的内在规律是制定生长育肥猪不同阶段最佳营养水平和科学饲养技术措施的理论依据。因此，在生长育肥猪生产中，应根据其生长发育的不同阶段控制营养水平，加速或抑制猪体某些部位和组织的生长发育，以控制猪的体形结构、生产性能和胴体品质，使之向我们所需要的方向发展。

6. 影响生长育肥猪育肥的因素

(1)品种和类型　由于猪的品种和类型的形成及培育条件的差异，各猪种的经济性状也不同。因此，在相同的饲养管理条件下，不同品种或经济类型猪的生长速度、饲料转化率和胴体品质均有所不同。据研究表明，国外瘦肉型猪种增重快，饲料利用率高，肥育期短，屠宰率高，瘦肉率高。我国地方猪种则不及国外瘦肉型猪种，其胴体短、膘厚、脂肪多、瘦肉少，但其对粗纤维的消化率较高，且肉质优良。

(2)杂交方式　不同品种或品系间进行杂交，利用杂种优势是提高生长育肥猪生产力的有效措施。在我国生长育肥猪生产中，多利用二元杂交和三元杂交猪育肥。在环境条件一致的情况下，杂种猪的日增重可提高10%～20%，饲料转化率可提高5%～10%，胴体瘦肉率可达到50%以上。据试验和生产实践证明，三元杂交肉猪比二元杂交肉猪效果更明显，生长速度也加快了12.18%，每千克增重节省饲料8.22%，胴体瘦肉率提高10%，每窝所产猪肉量比二元杂交肉猪每窝所产猪肉量提高19%，经济效益提高16%。因此，有条件的地区尽量利用三品种杂交的仔猪进行肉猪生产，以提高育肥效果。目前我国许多猪场采用三个国外瘦肉型猪品种的三元杂交，其杂种猪生长快，瘦肉率高，但肉质较差。因此，从生产优质猪肉角度出发，在杂交组合中应适当安排我国优良地方猪种参与。

(3)仔猪初生重、断奶窝重及其均匀度　肉猪育肥期平均日增重的高低与育肥猪起始体重的大小关系密切。起始体重大、活力强的仔猪在育肥期增重快，饲料转化率高，发病率和死亡率均低。生长育肥猪起始体重受仔猪的初生重和断奶窝重的影响较大。仔猪初生体重大，生命力强的仔猪在哺乳期生长速度快，断奶体重则大。仔猪断奶体重大，育肥起始体重则大，育肥期平均日增重高，育肥效果好。据研究，初生体重为0.6～0.8 kg的仔猪在45日龄时的断奶体重为6.8 kg，断奶后至体重为20 kg时的日增重为244.1 g；初生体重为1.0～1.3 kg的仔猪在45日龄的断奶体重为8.3 kg，断奶后至体重为20 kg时的日增重为314.1 g。在现代肉猪生产中，仔猪在35日龄时的断奶体重应达到7～8 kg，在70日龄转群时体重达到22～25 kg。

在一窝仔猪数相同的条件下，断奶仔猪均匀性好，则断奶窝重高，6月龄全窝重也高，肉猪等级高，并可提高出栏率和养猪经济效益，同时也能够提高猪舍的利用率。

综上所述，在生产中必须重视妊娠母猪的饲养管理和哺乳仔猪及断奶仔猪的培育，增强育肥猪起始体重和均匀度，从而提高生长育肥猪的生产力、出栏率和育肥效果。

(4)日粮营养水平　日粮营养水平对猪的日增重、饲料利用率、胴体品质、出栏率和出栏时间等产生直接影响。日粮营养水平不均衡会造成一些营养的浪费或缺乏，从而导致猪对饲料的利用率降低，日增重慢，育肥效果差。在集约化生产条件下，生长育肥猪采用在前期以高营养水平方式饲养，在后期以中或低营养水平方式饲养。这种饲养方式既能提高生长速度，缩短育肥期，又能提高胴体瘦肉率。

(5)环境条件　猪的采食量和增重速度与环境因素有着相当大的关系。环境因素主要是指生长育肥猪群居环境中的温度、湿度、光照、有害气体、噪声、卫生及饲养密度等。这些因素都会不同程度地影响猪的采食量和日增重，进而影响其育肥性能。

模块六

猪场管理

【学习目标】

1. 了解猪场各管理岗位的职责。
2. 了解猪场成本项目和费用种类。

【技能目标】

1. 能填写各类生产记录表格。
2. 掌握饲料成本的管理与控制。

项目一　猪场管理规范与生产技术标准

任务一　制定规模猪场的岗位定编及岗位职责

猪场组织架构与岗位定编是依据现代化猪场管理的要求和本场生产规模而定的。各猪场必须根据具体情况合理地配置各岗位人员,明确其工作职责和管理权限。

1. 猪场组织架构

猪场组织架构如图 6-1 所示。

2. 猪场人员定编

猪场场长 1 人,猪场助理 1 人(3 万头规模以上)或生产主管 1 人。区长人数按区数而定,1～2 条生产线设区长 1 人(3 条生产线以内不设该岗位)。每条生产线须设立组长:配种妊娠舍组长 1 人,分娩舍组长 1 人,保育舍组长 1 人(无该组不设)。

以商品猪场为例,每条万头生产线员工定编为 12 人(含组长、区长)。后勤人员按实际需要设置人数,如仓管、出纳、司机、维修、保安、炊事员和勤杂工等。

3. 岗位职责

以层层管理、分工明确、场长负责制为原则。具体工作专人负责,既有分工,又有合作,下级服从上级。重要事情必须通过场领导研究解决。

(1)场长的职责

①负责猪场的全面工作。

②负责制定和完善本场的各项管理制度。

③负责后勤保障工作的管理，及时协调各部门间的工作关系，主抓场内财务、购销等工作。

④负责制定具体的实施措施，落实和完成公司下达的各项任务。

⑤负责监控本场的生产情况，员工工作情况和卫生防疫，及时解决出现的问题。

⑥负责编排全场的经营计划、物资需求计划。

⑦负责检查全场的生产报表，并督促做好月结工作、周上报工作。

⑧做好全场员工的思想工作，及时了解员工的思想动态，出现问题及时解决，及时向上反映员工的意见和建议。

⑨负责落实和完成公司下达的全场经济指标，负责全场各项成本费用的监控与管理。

⑩直接管辖生产主管，通过生产主管管理生产线员工；直接管理后勤保障、财务、购销等工作。

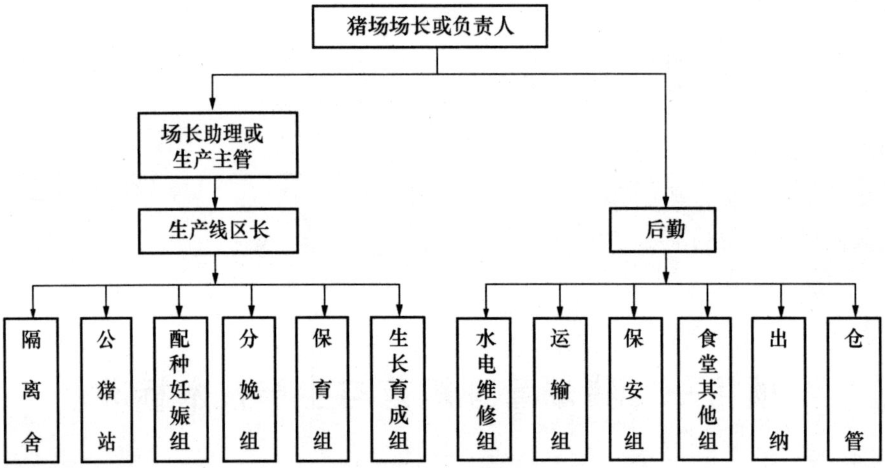

图 6-1 猪场组织架构

(2)生产线主管的职责

①负责全场的生产，协助场长做好其他工作。

②负责落实饲养管理技术操作规程、卫生防疫制度和有关生产线的管理制度，并组织实施。

③负责全场生产报表，随时做好统计分析，以便及时发现问题并解决问题。

④负责猪病防治及免疫注射。

⑤负责全场饲料、药物等直接成本费用的监控与管理。

⑥负责落实和完成公司下达的全场生产技术指标。

⑦直接管辖组长，通过组长管理员工。

(3)配种妊娠舍组长的职责

①负责本生产线的配种，做好均衡生产。

②负责本组种猪的转群、调整。

③负责本组各类种猪的免疫注射和卫生防疫。

(4)分娩舍组长的职责

①负责安排本组空栏猪舍的冲洗、消毒。

②负责本组母猪、仔猪的转群、调整。

③负责本组哺乳母猪、仔猪的预防注射。

(5)保育舍组长的职责

①负责安排本组空栏猪舍的冲洗消毒。

②负责本组仔猪的转群、调整。

③负责本组仔猪的预防注射。

(6)辅配饲养员的职责

①协助组长做好查情配种、种猪的转栏、调整。

②协助组长做好本组种猪的预防注射。

③负责大栏内公猪、空怀猪、后备猪的饲养管理。

(7)妊娠母猪饲养员的职责

①协助组长做好妊娠猪的转群、调整。

②协助组长做好妊娠母猪的预防注射。

③负责定位栏内妊娠猪的饲养管理。

(8)哺乳母猪、仔猪饲养员的职责

①协助组长做好临产母猪的转入、断奶母猪的转出。

②协助组长做好哺乳母猪、仔猪的预防注射。

③负责32～48个产栏哺乳母猪、仔猪的饲养管理。

(9)保育猪饲养员的职责

①协助组长做好保育猪的转群、调整。

②协助组长做好保育猪的预防注射。

③负责800～1 000头保育猪的饲养管理。

(10)夜班人员的职责

①每天工作时间为：白班的午休时间和夜间；2名夜班人员轮流。

②负责本区猪群防寒保温、防暑降温、通风工作；天气冷，风大时，负责放帐幕。

③负责本区防火、防盗等安全。

④重点负责分娩舍的接产、仔猪的护理。

⑤负责哺乳仔猪的夜间补料。

⑥做好值班记录。

任务二　制定规模猪场的饲养管理技术操作规程

1. 后备母猪的饲养管理技术操作规程

(1)工作目标

①确保3～3.5分的合理膘情，使之正常发情，正常排卵。

②保证后备母猪在使用前的合格率达到90%。

(2)操作规程

①进猪前空栏冲洗消毒，空栏消毒的时间至少要达到7 d，消毒水选用烧碱、过氧乙酸、消毒威等。尽量做到整栋猪舍全进全出。在空栏消毒时，注意空气消毒。

②进猪时要在出猪台对猪车进行全面严格消毒，并对猪群进行带猪消毒。

③进猪后不能马上冲水，当餐不喂料，保证充足饮水，水中加入抗应激药物。第 2 餐喂正常料量的 1/3 料，第 3 餐喂正常料量的 2/3 料，第 4 餐可自由采食。

④冬季要对刚引入的猪进行特殊护理，做好防寒保温工作，进猪头 3 d 不允许冲栏与猪身。冬季日常冲栏程序：将猪转移到其他栏再冲洗，然后用干拖把将地面拖干，再进猪。

⑤刚引进的后备母猪要在饲料中添加一些抗应激药物，如维生素 C、开食补盐等，同时根据引入猪的健康状况，进行西药保健（保健后添加 3 d 的营养药调理）、中药保健（如鱼腥草、清肺散、穿心莲、三珍散等）以提高后备母猪的抗病力。

⑥根据引入猪的生长情况，有针对性地进行营养调节。生长缓慢、皮毛粗乱的引入猪可在其饲料中适当加入一些营养性添加剂，如鱼肝油、复合维生素 B、鱼粉等。

⑦后备母猪在转入生产线前应防止血痢，使用痢菌净粉 300 mg/kg（严禁超量）或二甲硝 800 mg/kg。

(3)后备母猪的饲养管理

①按进猪日龄和疾病情况，分批次做好免疫计划、驱虫健胃计划和药物净化计划。

②6 月龄前自由采食，6～7 月龄适当限饲，采食量以 2.0～2.3kg/(头・d)为宜。

③在大栏饲养的后备母猪要经常性地按大小、强弱分群，最好每周 1 次，以免残弱猪的发生。

④5 月龄之后要建立发情记录，6 月龄之后要划分发情区和非发情区，以便于达 7 月龄时对非发情区的后备母猪进行系统处理。

⑤6～7 月龄的发情猪以周为单位，进行分批，按发情日期归类管理，并根据膘情情况做好合理的限饲、优饲计划。在配种前 10～14 天要安排喂催情料，其比正常料量多 1/3，到下情期发情即配。

⑥发情母猪的饲养管理应注意湿度控制，粪便以铲、扫为主，减少不必要的冲栏与冲猪身，必要时使用密斯陀等涂布外阴，以防炎症。

⑦后备母猪配种的月龄须达到 7.5 月龄，体重应达到 110 kg 以上，在第 2 次或第 3 次发情时，及时配种。

(4)促进母猪发情的措施要到位

①在 5 月龄后，每天放公猪诱情 2 次，上午和下午各 1 次，注意母猪与公猪有足够的接触时间。公猪必须性欲良好，并且多头轮换使用，确保诱导发情，提高后备猪的利用率。诱情公猪在平时应单独饲养，不与母猪接近或见面，提供合理的营养确保性欲。

②适当运动，最好保证每周 2 次或 2 次以上，每次运动 1～2 h，6 月龄以上的母猪在有人监护的情况下可以放公猪进行追逐。

③搞好夏天的防暑降温。夏天通风不良，气温过高对后备母猪的发情影响较大，会延迟其发情，甚至不发情。

④合理喂料，保证后备猪有合理的膘情，不肥也不瘦，从而确保正常发情。

(5)疾病防治与保健工作

①控制后备母猪生殖道炎症的发生率：炎症是导致后备猪利用率低的重要原因。应对发情母猪分区加强管理，强调卫生干燥，粪便以铲、扫为主，减少不必要的冲栏与冲猪身。必要时可在发情后使用利高霉素，使用量为 4 g/(头・d)，连用 4～7 d；有炎症的母猪在配种前再加药 1 次。

②勤观察猪群:在喂料时看采食情况;在清粪时看猪粪色泽;在休息时看呼吸情况;在运动时看肢蹄情况等。有病要及时治疗,无治疗价值的病猪要及时淘汰。

③后备猪饲养阶段多使用中药进行保健。

④接种疫苗前适当限料,并于接种前一天加维生素 C,以减轻免疫应激。

⑤针对呼吸道病的控制,除了全群投药预防外,还要注重个体标记,进行连续注射治疗(呼吸道病注意长、短咳之分,长咳最好结合使用长效抗菌剂)。

⑥确实保证各种疫苗的接种质量。

(6)不发情的母猪要及时处理　达到 6 月龄以上的不发情的母猪应该要及时处理,以下方法可以刺激母猪发情:①适当运动;②公猪追逐;③发情母猪刺激;④调圈;⑤饥饿。如果母猪在这些方法综合使用后仍不发情,就应对母猪使用激素 1～2 次。

(7)后备母猪的淘汰与更新

①达 270 日龄从没配种的后备母猪一律淘汰。

②不符合种用要求的后备猪及时淘汰。

③患有肢蹄病的后备母猪应隔离单独饲养;观察治疗 2 个疗程仍未见有好转的后备母猪应及时淘汰。

④患病后表现渐进性消瘦的后备猪经过 2 个疗程治疗仍不见好转,应及时淘汰。

2. 种公猪的饲养管理技术操作规程

(1)工作目标　规范种公猪的饲养管理,提供所需的营养,确保精液质量合格。

(2)操作规程

①在驱赶过程或在配种过程中均不允许粗暴对待公猪。

②温度与通风:18～25℃。当环境温度高于 27℃时,注意公猪的防暑降温;当环境温度低于 15℃时,注意公猪的保温。冬季夜间公猪站的空气污浊,在翌日早晨应适当配合风机给其通风换气。

③公猪选用 335 料,日喂 2 次,在 6～8 月龄时每头每天喂 2.3～2.5 kg。成年公猪按标准饲喂。每餐不要喂得过饱,以免猪饱食贪睡,影响性欲和精液品质。

④公猪要求单栏饲养,合理运动,不要将公猪长期养在栏内。当舍外运动场所温度低于 25℃时,放公猪出去逍遥运动,以利于提高新陈代谢,增强其食欲和性欲。

⑤经常刷拭、冲洗猪体。在高温季节里,于公猪站内选择一大栏,在其上方安装喷水装置,每天轮流安排公猪到此处进行淋水、刷洗一次,以提高公猪生产性能。

⑥调教公猪。后备公猪达 7.5 月龄,体重达 130 kg,膘情良好即可开始调教。

⑦注意工作安全。在工作时,保持与公猪的距离,不要背对公猪。当用公猪试情时,需要将正在爬跨的公猪从母猪背上拉下来,这时要小心,不要推其肩、头部,以防遭受攻击。严禁粗暴对待公猪,在驱赶公猪时,最好使用赶猪板。

⑧防止公猪体温的异常升高。如高温环境、严寒、患病、打斗、剧烈运动等均可能导致体温升高。即使短时间的体温升高,也可导致长时间的不育。因为从精原细胞发育至成熟精子约需 40 d。

⑨保持圈舍与猪体清洁,及时体外驱寄生虫。

⑩性欲低下的可肌注丙酸睾酮 100 mg/d,隔天一次,连续 3～5 次。情况严重的公猪应被淘汰。

⑪注意保护公猪的肢蹄，控制好地面湿度，减少不必要的冲栏。

⑫提供合理的光照条件。只要不影响公猪舍内降温，应尽量保证猪舍有足够的光照(尤其是深秋到初春)，以减少病原含量，增加公猪抗病力、维生素D的合成、骨钙沉积，增强肢蹄功能。

3. 配种舍饲养管理技术操作规程

(1)工作目标

①确保各类种猪的膘情合理。

②保证母猪断奶后7 d内发情率达到80%以上，10 d内发情率达到90%以上。

(2)操作规程

①后备母猪配种前的饲养管理。

A. 母猪在6月龄以前自由采食，在6～7月龄时开始适当限饲。温系猪饲喂量控制在1.8～2.2 kg/(头·d)，法系猪饲喂量控制在2.0～2.3 kg/(头·d)，配种前半个月，优饲。优饲比正常料量多1/3，同时根据后备母猪的体况可在饲料中适当加拌一些营养物质(如亚硒酸钠、维生素E粉、鱼肝油粉、复合维生素B等)。在配种后，料量减到1.6～1.8 kg/(头·d)。

B. 加强对后备母猪的运动，每周保证1～2次及以上，每次运动1～1.5 h，同时用公猪诱情，每天1～2次，发现发情母猪就挑出，按周次集中饲养。

C. 建立优饲、限饲及中西药物保健计划和开配计划档案，对不发情的母猪进行处理。在配种前一周，针对流脓比较严重的猪加利高霉素(1 200～2 000 mg/kg)进行处理，以预防发生子宫炎。

②断奶母猪的饲养管理。

A. 断奶之前，在产房把一二胎和高胎龄(八胎以上)的母猪做好记号，以便在断奶时进行促进发情的特殊处理(如加维生素E粉等)。断奶母猪至少应赶入大栏饲养，并按大小、膘情分群。断奶母猪应赶入运动场，运动半天，并保证充足饮水。发现有肢蹄病不能混群与运动的母猪要求单独饲养并护理治疗。

B. 有计划地逐步淘汰8胎以上或生产性能低的母猪。确定淘汰猪最好在母猪断奶时进行。

C. 断奶后的母猪一般在3～10 d发情，此时注意做好母猪的发情鉴定和公猪的试情工作。

D. 断奶当天不喂料，第2天喂2.5～3 kg料，第3天起自由采食，少喂多餐，减少浪费。在其断奶后的饲料中添加利高霉素4 g/头，连加4～7 d。

E. 加强舍内卫生、湿度的控制。湿度过大易导致发情母猪发生子宫炎。粪便应提倡以铲、扫为主。必要时可以使用密斯陀等涂抹发情母猪的外阴。

③空怀母猪饲养管理。

A. 参照断奶母猪的饲养管理。长期病弱或两个情期没有配上的母猪应及时淘汰。

B. 返情猪及时复配。空怀猪转入配种区要重新建立母猪卡。

C. 母猪流产后10 d内发情不能配种，应推至第二发情期配种。

D. 每头每天2～3 kg，少喂多餐。

④不发情母猪的饲养管理。

A. 饲养与空怀母猪相同，在管理上采取综合措施。

B. 对体况健康的不发情母猪，先采取运动、转栏、饥饿、公猪追赶以及车辆运输等物理方法刺激发情。若无效，可对症选用激素治疗，如氯前列烯醇、促排3号、PG600等。

C. 超过7月龄仍然不发情的后备母猪要集中饲养，每天放公猪进栏，追逐10 min。

⑤相关记录。配种妊娠舍周报如表6-1所列。

表 6-1 配种妊娠舍周报(商品场不分品种)

______年 周______单位：(头、kg)

项目		配种情况				变动情况												存栏情况						饲料消耗			
						转入				转出				死淘													
星期		断奶♀	返情♀	后备♀	小计	断奶♀	成年♂	后备♀	后备♂	妊娠♀	成年♂	后备♀	后备♂	基础♀	成年♂	后备♀	后备♂	妊娠♀	空怀♀	成年♂	后备♀	后备♂	合计	331	332	335	合计
一	Y																										
	L																										
……																											
合计																											
备注																											

报表日期：______年______月______日 ______区______线 报表人：______

注：由于各个猪场的品种有些差异，不同猪场可根据本场的实际情况自行对该表格做适当的调整。

4. 制定妊娠舍的饲养管理技术操作规程

(1)工作目标 确保妊娠母猪各阶段膘情合理，胚胎(胎儿)发育正常。

(2)工作程序

①母猪在完成配种后，根据配种时间的先后，按周次排列好在妊娠舍的定位栏。

②每天上班到猪舍后先检查猪群一遍，发现病猪及时治疗。

③喂料：分阶段按标准饲喂。喂料前先将料槽内的水放干或扫干。每次投料要快、准，先喂妊娠前期母猪。三排怀孕猪舍提倡2～3人同时喂料，以减少喂料应激。

④根据母猪的膘情调整投料量，对偏瘦猪要喂回头料。

⑤喂料后要给每头猪足够的时间吃料，饲料吃尽再放水，要保证饮水质量。当饮水中出现异色、杂质或沉淀时，应清洁水管，不喂发霉变质饲料，防止中毒。

⑥成立膘情评估小组。由评估小组对母猪膘情定期评估。对偏肥、偏瘦猪用不同记号加以标识，对初胎母猪应注意在怀孕中后期适当控料，以防难产。

⑦及时清理猪粪。定期清洗料槽，清洗时由专人负责看猪，防止猪只吃入污物。

⑧做好配种后18～65 d的复发情检查工作。每月做一次妊娠诊断。

⑨妊娠诊断。在正常情况下，配种后21 d左右不再发情的母猪即可确定妊娠。其表现为贪睡、食欲旺、易上膘、皮毛光、性温驯、行动稳、阴门下裂缝向上缩成一条线等。

⑩减少应激，防流保胎。夏天防暑，冬天防寒，减少剧烈响声刺激，严格控制怀孕舍的湿度。

⑪重点关注怀孕前期的饲养管理与护理。适当补充青料或使用小苏打，防止便秘。

⑫必要时在妊娠18～25 d使用金霉素等药物保健。前期猪不使用太寒性的中药。

⑬在妊娠85～92 d适当进行健胃、保健，可选用大黄、苏打散、穿心莲、清肺散等药物。

⑭按免疫程序做好各种疫苗的免疫接种工作。免疫前后注意防应激。免疫注射在喂料后或天气凉爽时进行。做好“怀孕母猪免疫清单”记录工作。

⑮妊娠母猪在临产前 3～7 d 转入产房。转猪前彻底做好体外驱虫工作，同时要彻底消毒猪身，注意双腿下方和腹部等角落。赶猪过程要有耐心，不得粗暴对待母猪。在妊娠母猪被转出后，原栏要彻底消毒。

(3)相关记录　种猪死亡淘汰、妊娠母猪失配和怀孕母猪免疫等情况的相关记录如表 6-2 至表 6-4 所列。

表 6-2　种猪死亡淘汰周报

_____场_____线

死淘日期	耳号	品种	♂/♀	死亡原因	淘汰原因	去向

表 6-3　妊娠母猪失配周报

母猪耳号	配种日期	检定返情日期	检定空怀日期	检定流产日期	死淘日期	

表 6-4　怀孕母猪免疫清单

_____猪场_____线　　_____周　　____年____月____日至____年____月____日

疫苗名称：　　剂量：　头份

周次	头数	需执行防疫的母猪耳号

合计猪数：　疫苗用量：

疫苗来源：　生产日期：　批号：　规格：　实免头数：

5. 制定分娩舍的饲养管理技术操作规程

(1)工作目标

①断奶后母猪 10 d 内的发情率为 90%以上。

②哺乳期的成活率为 96%以上。

③转保育舍的合格率为 95%以上。在 3.5 周龄断奶时，母猪的平均体重不少于 6.5 kg。

(2)操作规程

①栏舍：冲洗干净，待干燥后用消毒水消毒。皮肤病严重的单元应增加用驱虫药对空栏进行驱虫，晾干后用福尔马林或冰醋酸熏蒸 24 h，进猪前一天打开门窗并做好准备。

②药品：自配 4%碘酊、$KMnO_4$、消毒水、抗生素、催产素、解热镇痛药、樟脑针和液状石蜡等。

③用具：保温灯、饲料车、扫帚、水盆、水桶、麻袋、毛巾和灯头线等，用前应进行消毒。

④母猪：临产前 3～7 d 上产床，按预产期先后，进行排列。对母猪进行消毒，必要时进行驱虫。

⑤确定母猪预产期：如阴门红肿，频频排尿，起卧不安，1～2 d 内分娩。

⑥乳房有光泽，两侧乳房外涨，全部乳房有较多乳汁排出，4～12 h 内分娩。

⑦有羊水破出，2 h 内可分娩，个别初产母猪的情况可能特殊。

⑧有专人看管，每次离开时间不超过 15 min。夜班人员在下班前填写"夜班人员值班记录表"，由分娩舍组长监督、检查。

⑨产前母猪用 0.1% $KMnO_4$ 对其外阴、乳房及腿臀部消毒，产栏要进行消毒干净。

⑩仔猪在出生后立即用毛巾将口鼻黏液擦干净，猪体擦干，然后断脐，离脐带根 3～4 cm 处断脐，防止流血，用 4%碘酊或其他有效药物消毒。放保温箱保温 10～15 min，保持箱内温度为 30～35℃，防止贼风侵入。

⑪发现假死猪及时抢救，先将口鼻黏液或羊水倒流出来或抹干，可打樟脑 1 mL 或进行人工呼吸。

⑫产后检查胎衣或死胎是否完全排出，可看母猪是否有努责或产后体温升高，可打催产素进行适当处理。

⑬在仔猪吃初乳前，把母猪的每个乳头挤几滴奶，将较小仔猪固定在前面乳头。

⑭初胎母猪、高胎龄母猪、乳腺发育不良的母猪在分娩过程中应执行耳静脉吊针。

6. 制定保育舍的饲养管理技术操作规程

(1)工作目标　保育期的成活率为 97%以上。保育猪在 60 日龄出栏时的平均体重达到 20 kg 以上。

(2)操作规程

①进猪前空栏彻底冲洗消毒，干后用消毒水消毒，晾干后用福尔马林进行熏蒸消毒，保证消毒后空栏不少于 3 d，进猪前一天做好准备工作。

②检查猪栏设备及饮水器是否正常，不能正常运作的设备及时通知维修人员进行维修。

③按计划转入仔猪，猪群转入后立即进行调整，按大小和强弱分栏，保持每栏 14～18 头。在猪群的分布时，注意特殊照顾弱小猪(冬天注意保温)。残次猪及时隔离饲养。病猪栏位于下风向。

④温度控制。保育舍最适宜的温度为 20～26℃。每栋保育舍单元应挂一个温度计，高度尽量与猪身同高。当温度高于 30℃时，对地面或墙壁进行淋水；当温度低于 18℃时，开保温灯(或进行其他保温措施)，提高舍内温度，同时也应注意舍内通风。

⑤转栏后，当天适当限料，饲喂量为 0.15～0.25 kg/(头・d)，加三珍散等，以防由消化不良引起的下痢。以后自由采食，少量多餐，每天添料 3～4 次，必要时晚上加一餐。保证充足清洁饮水。

⑥转栏头 3～5 d，在饲料中视情况添加一些抗应激药物，如维生素 C、开食补盐和鱼肝油粉等。转栏当天，采取饮水方式给药。预防疾病用药视情况而定。

⑦保持圈舍卫生、干燥，每天清粪 2 次，加强猪群调教，训练猪群吃料、睡觉、排便"三定位"。尽可能不带猪冲洗猪栏或猪身。注意舍内湿度控制。

⑧每周带猪体喷雾消毒 2 次。冬春季节天冷或雨天酌情减少次数或在消毒半小时后用干拖把将栏舍拖干。每周更换 1 次消毒药种类。

⑨在清理卫生时注意观察猪群排粪情况；在喂料时观察食欲情况；在休息时检查呼吸情况。发现病猪，及时隔离，对症治疗。当发现严重或原因不明的病猪时，及时上报。统计好病死仔猪，填写"保育仔猪死亡情况周报表"。

⑩在保育期间应实行周淘汰制。对残、弱、病猪只进行每周淘汰1～2次。在种猪场，选育员对种猪苗再次进行挑选，把不合格的种猪苗降级为肉猪苗或残次苗。

6. 制定生长舍的饲养管理技术操作规程

(1)工作目标

①育成阶段的成活率为99%及以上。

②饲料转化率(15～60 kg阶段)低于2.6∶1。

③日增重(15～60 kg阶段)大于650 g。

(2)操作规程

①猪转入之前，空栏不少于3 d，在此期间，栏舍必须彻底清洗消毒。先用清水冲洗，待干燥后用2%～3%烧碱溶液进行消毒，干燥后再用清水冲洗干净，第二次用温和型消毒液消毒(如强力消毒灵)。每次消毒时必须以喷湿地面和栏舍为准。

②检查猪栏设备及饮水器是否正常，不能正常运作的设备及时通知维修人员进行维护。

③不同批次的猪群应相对隔离。猪群在转入后进行调整，按照大小和强弱分栏，每栏饲养10～12头。由组长负责填写"生长育成舍生产日报表""生长育成舍生产情况周报表"。

④饲喂方式：自由采食，少喂勤添，每天投料1～2次，并保证充足的清洁饮水。

⑤温度控制：生长舍最适宜的温度为18～22℃，每栋生长舍应挂一个温度计，经常观察温度变化。

⑥处理好通风与保温的关系，以减少空气中有害气体的浓度。

⑦调教猪只养成三点(吃喝、睡觉、排泄)定位的习惯。

⑧饲料转换要逐渐过渡，过渡期以5 d为宜，新料比例每天按1/5递增。

⑨每天清粪两次，保持干净。每3天更换一次门口消毒池中的消毒液。每周给猪体喷雾消毒1～2次，夏天每天冲栏一次，冬天每周冲栏一次。

⑩注意观察猪群的健康状况：排便情况、吃料情况和呼吸情况。发现病猪，及时隔离护理与治疗，当发现严重或原因不明的病猪时，及时上报。死亡的猪只及时填写"生长猪死亡情况周报表"。

⑪饲养员经常巡视猪群，发现异常情况，及时向组长汇报。

项目二　猪场生产成本计算

万头猪场需要基础母猪600头，种公猪20头。

①引种费用：(3 000元/头×600头+20头×5 000元/头)/3=63.40万元。

②饲养成本(种公猪、种母猪)：620头×365 d×3 kg/头×3.0元/kg=203.67万元。

③人员工资(62.04万元/年)。

A. 厂长1名：　　5 000元/月×1=5 000元。

B. 技术员2名：　　3 000元/月×2=6 000元。

C. 财务人员2名：　　3 000元/月×2=6 000元。

D. 保卫人员1名：　　1 500元/月×1=1 500元。

E. 配料员2名：　　2 000元/月×2=4 000元。

F. 销售人员1名：　　4 000元/月×1=4 000元。

G. 饲养人员 14 人：　　　　1 800 元/月×14＝25 200 元。

合计：　　　　　　　　　　51 700 元/月×12＝62.04 万元。

④每个繁殖周期育肥猪数：600×85%×10.5 头/窝×85%×95%×98%＝4 237 头（其中受胎率为 85%，28 d 断奶后的成活率为 85%，70 日龄保育成活率为 95%，育肥成活率为 98%）。

⑤仔猪饲料成本（717.59 元/年）。

A. 哺乳仔猪（出生后 7～28 d）：21 d×0.3 kg/（头·d）×10 元/kg×5 355 头×2＝67.47 万元。

B. 保育仔猪（28～70 d）：21 kg×1.6×4 551 头×4.5 元/kg×2＝137.62 万元。

（增重 1 kg、料肉比 1.6∶1、保育 4 551 头、饲料 4.5 元/kg）。

C. 育肥猪（70 d 至出栏）：72 kg×3×4 237 头×2.8 元/kg×2＝512.50 万元。

（增重 72 kg、料肉比 3∶1、饲料价格为 2.8 元/kg）。

⑥综合成本（135.37 万元/年）。

A. 建筑成本：包房产折旧费　150 万元/10 年＝15 万元。

B. 水电：2 元/（月·头）×12 月×9 723 头＝23.33 万元。

C. 疫苗：50 元/头×1 240＋12 元/头×4 323 头＋2 元/头×4 236 头＝49 910×4＝19.96 万元。

D. 兽药：20 元/头×620＋5 元/头×4 323 头＋5 元/头×4 236 头＝55 195 元×4＝22.08 万元。

E. 销售：18 元/头×1 万头＝18 万元。

F. 易耗品：3 万元。

G. 取暖费：5 万元。

H. 银行贷款利息：15 万元（按贷款 150 万元，年贷款利率 10%计算）。

I. 其他费用：4 万元。

综上所述，万头自繁自育猪场年生产成本为 1 182.07 万元，合计 13.94 元/kg 肥猪价格为猪场成本价格。

相关知识

1. 成本核算的基本概念

成本核算是企业进行产品成本管理的重要内容以及猪场不断提高经济效益和市场竞争能力的重要途径。猪场的成本核算就是对猪场生产仔猪、商品猪、种猪等产品所消耗的物化劳动和活劳动的价值总和进行计算，得到每个生产单位产品所消耗的资金总额，即产品成本。成本管理则是在进行成本核算的基础上，考察构成成本的各项消耗数量及其增减变化的原因，寻找降低成本的途径。在增加生产量的同时，不断地降低生产成本是猪场扩大赢利的主要方法。

2. 生产成本核算的方法

进行生产成本的核算需要完整系统的生产统计数据。这些数据来自日常生产过程中的各种原始记录及其分类整理的结果，所以建立完整的原始记录制度，准确及时地记录和整理是进行产品成本核算的基础。为通过产品成本核算达到降低生产成本，提高经济效益的目的，我们需要了解具体的成本核算方法。

(1)确定成本核算对象、指标和计算期单位　养猪场生产的终端产品是仔猪、种猪和瘦肉型商品猪。成本核算的指标是每千克或每头产品的成本资金总量。计算期有月、季度、半年和年等单位。

(2)确定构成养猪场产品成本的项目　一般情况下,将构成猪场产品成本核算的费用项目分为两大类:变动成本费用项目和固定成本费用项目。变动成本费用项目是指那些随着猪场生产量的变化,其费用大小也显著变化的费用项目,例如,猪场的饲料费用;固定成本费用项目是指那些与猪场生产量的大小无关或关系很小的费用项目。其特点是一定规模的养猪场随着生产量的提高由固定费用形成的成本显著降低,从而生产总成本也被降低,这就是规模效应。降低固定成本费用是猪场提高经济效益的重要途径之一。

①变动成本费用项目:饲料、药品、煤、汽油、电和低值易耗物品费。其中饲料包含饲料的买价、运杂费和饲料加工费等。

②固定成本费用项目:饲养人员工资、奖金、福利费用、猪场直接管理人员费用、固定资产折旧和维修费。

(3)成本核算过程　各类成本发生额如下。

①变动成本中原材料采购成本的核算。

采购费用分配率=采购费用总额/原料总买价×100%。

原料采购成本=买价×采购费用分配率。

饲料产品加工费分配量=加工费总额/加工总量。

已消耗饲料产品的成本价=原料组成价÷损耗率+加工费分配量。

损耗率=(原料消耗量-饲料成品量)/原料消耗量×100%。

在饲料加工过程中,其饲料产品的原料价应按饲料配方的组成计算。

②总饲养成本的核算:饲料变动成本、其他变动成本和固定成本之和。

通过以上核算,我们定量了产品中各种成本在总成本中的比例,同时得到了该年度生猪产品的总成本及单位产品成本。如将每年或各季度的成本进行如此核算,并进行比较,我们会发现企业存在的问题及提高效益的潜力,这对降低成本将有很大作用。

3. 小型养猪场成本核算的意义

①通过产品成本核算,明确了产品成本构成的项目,加强了财务管理。从上述产品核算的过程及结果中,我们可以明确地看到产品成本构成的项目。如果有不合理的开支项目,在核算的过程中就必然会暴露出来。此类项目的多少与大小直接影响着企业的生产成本,也反映了企业财务管理的状态。进行细致而严格的企业产品成本核算必然会加强企业的财务管理,减少财务漏洞,降低产品生产成本,提高企业经济效益。

②通过产品成本核算,明确了产品总成本及单位成本。产品核算的结果告诉我们,每生产一单位的产品需用多少资金,我们就可以根据产品市场售价随时了解企业的盈亏状态。

③通过产品成本核算,了解产品总成本中各项成本的比例。了解这个比例有利于决策者对现实的成本构成做出正确的评价,在发现问题的同时,找到机遇。

④进行全面的成本核算有利于对企业实行全面的计划管理。当我们通过成本核算算出某一企业在其具体环境中的单位产品的赢利额时,我们就可以根据该企业的平均固定成本数额确定盈亏点。如果企业的固定资产投资大并且负债信贷资金,企业的固定成本总额及其在总

成本中的比例就必然会加大，盈亏平衡点时的产品数量，即商品猪的头数也必然会被提高。其结果是企业经营风险增大，企业效益相对降低。因此，在进行企业投资时或制定年度计划时，必须进行周密的考虑。

⑤提高生产效率可以降低固定成本及变动成本。通过进行成本核算我们看到，产品的成本构成是由固定成本和变动成本两大部分组成，提高生产效率可以同时降低此两项的成本总额。所以提高技术水平，调动职工积极性，提高企业合格产品的数量，减少单位产品的摊销费用，降低成本可以达到提高企业效益的目的。

综上所述，加强企业成本核算，并对核算的结果进行细致的分析是提高猪场经济效益最重要的途径之一。很难想象一个没有进行严格的成本核算的企业、一个不能对成本结构进行经济分析的企业，能够采取有效的措施使企业产生良好的经济效益。因此，对猪场进行成本核算和成本管理，学会对核算的结果进行科学分析，并适时做出正确决策是未来猪场进一步提高市场竞争能力的重要措施。

猪病篇

猪病的种类很多，病因多种多样。 在这些病因中，有些病因由猪体自身的遗传因素引起，更多的病因由外来因素引起。 外来因素包括非传染性因素和传染性因素。 非传染性因素主要包括营养缺乏症、中毒、创伤、冷热、拥挤和长途运输等，由这些因素引起的疾病一般被称为普通病；传染性因素包括病毒、细菌、真菌、霉形体等微生物和寄生虫感染，其中由微生物感染引起的疾病最多，这类疾病一般被称为传染病。 传染病对养猪业的危害也最严重。

本书所讲的猪病防治主要是针对这些外来因素进行的预防和对相应疾病进行的治疗。

模块七

猪病的预防

项目一　猪病的防治策略

1. 猪病的防治方针

预防为主是猪病防治的方针，即预防为主、养防结合、防重于治。在猪没有患病之前，要想方设法不让外来因素侵犯猪群，要采取相应措施将致病因素消灭。搞好饲养管理是预防疾病的重要环节。要侧重于预防，不要等猪病了再想办法。

实践证明，只要平时做好预防工作，加强饲养管理，许多猪病，特别是传染病可以不发生，即便发生，也能很快被控制住。随着现代畜牧业的发展，养猪数量越来越多，预防为主方针的重要性显得更加突出。各种规模的养猪场和养猪较多的乡镇、村屯如果不是将疾病的预防作为重点，而是忙于治疗个别病猪，很可能就会出现病猪越来越多、越治病越重的被动局面，从而给养猪业造成重大损失。

2. 猪病防治的原则

(1)自繁自养原则　自繁自养是指自己培育母猪，产仔后不售卖或只售卖一部分，仔猪自己育肥。其科学道理是许多传染病都是在外购仔猪时带进来的。新买来的猪不仅得了传染病，而且家里原有的猪也会被传染，从而引起全群发病，造成重大损失。自己养的母猪知根知底，所生的仔猪无论是品种，还是免疫状况都清楚。这样，仔猪的成活率和育肥的成功率就高得多。在实践中，我们遇到很多外购仔猪引起全群发病的情况，这就可以看出自繁自养的优势。

(2)全进全出原则　全进全出是指自己家不养母猪，专门从外场购入仔猪育肥，同时要求购入所需要的仔猪一起育肥，一起出栏。在一般情况下，要到大型种猪场购买，而不能到牲畜交易市场零星购买。全进全出的好处在于仔猪来源单一，大小整齐，可同时育肥出栏，出栏后可清理、消毒猪舍，防止下批猪患上上批猪的疾病。目前，已有很多种猪繁育场可常年提供大量猪苗。种猪繁育场、育肥场分离经营是养猪专业化发展的标志，这不仅给管理提供了极大的便利，同时也为搞好猪病防治创造了条件。

(3)“早、快、严、小”原则　前 2 项原则是在猪场(群)未出现某种疾病时要遵循的预防原则。对于一个猪场或一个乡镇、村屯来讲，不论实行多么严格的制度，采取多么先进的措施，猪仍然会发生这样或那样的疾病，而且猪场规模越大、养猪数量越多，疾病也就越多，越复杂。一旦猪群发生某种疾病，特别是传染病，就要遵循“早、快、严、小”原则。

①早：尽早发现病猪。要求管理者经常深入生产环节，监督和检查管理情况，饲养人员每

天细心观察猪群状况，看猪的精神、饮食、呼吸、粪便以及行动是否正常。

②快：当发现猪群或某头猪不正常时，要尽快采取措施。首先，不论是什么病，不论病轻病重，都要将病猪与健康猪隔离开；其次，查明发病的原因，病猪要尽快诊断。

③严：采取严格的措施控制猪群以及给健康猪进行紧急预防接种或药物预防，猪舍要清理、消毒，消除发病原因。

④小：将损失降低到最低程度。一些烈性传染病无有效药物对其进行治疗，也控制不了发病，病猪多活一天，就会增加很大的传染机会。在这种情况下，就应该舍小保大，将个别病猪扑杀、销毁，消灭传染源，阻止疫病蔓延，从而保证大群猪的安全无病。

(4)五强制、两强化原则　这一原则重点讲的是对重大动物疫情的防治。其主要内容包括强制免疫、强制检疫、强制消毒、强制封锁、强制扑杀、强化监督管理和强化疫情报告制度。

3. 猪病的综合性防治措施

对于大型养猪场来说，这些措施必须通过建立“猪场卫生防疫和管理制度”来实施。对于小型养猪场和养殖户来说，重点要放在日常的饲养管理和预防为主的防治措施上。综合性防治措施包括平时的预防措施和发生疾病时的紧急措施。

(1)平时的预防措施　平时的预防措施包括5个方面的内容：一是加强饲养管理；二是实施免疫接种；三是加强检疫；四是坚持定期消毒；五是驱虫、灭鼠、驱除蚊蝇。

①加强饲养管理。饲养管理的内容很多，也很复杂。各日龄、体重、用途的猪饲养管理要求不同。应该怎样达到这些指标取决于饲养管理水平。

②实施免疫接种。免疫接种是为了预防猪得传染病而进行的有针对性的防疫措施。其可分为平时的预防接种和发生传染病时的紧急接种。人们通常说的打防疫针就是平时的预防接种。搞好平时的免疫接种是预防和控制一些对养猪业危害严重的传染病的重要措施，如猪瘟、丹毒、口蹄疫等。一个地区或一个猪场究竟要预防哪些传染病、用哪种疫苗、什么时间用、用多少就是免疫程序的内容。这里要明确指出的是，由于各地传染病的种类不同，疫苗来源途径也多种多样，因此，不能生搬硬套某一个免疫程序和使用方法。没有免疫程序的地区或猪场可到当地畜牧兽医主管部门咨询，问清该地区目前或今后一段时间应该预防哪些传染病，使用何种疫苗。要特别注意的是，养猪场和个体养猪户要到国家指定部门购买疫苗，不要到个体商贩或兽药店购买。在免疫注射时，要求一头猪使用一个经消毒的针头，切不可一针多用。

③加强检疫。这里讲的检疫是指对活畜的检疫，特别是新引进的种猪必须在引进之前对其进行某些传染病的检疫。通过检疫可查明本地区或本猪场的某传染病免疫接种效果或查明猪群是否感染了某种传染病。检疫的内容主要是危害严重的传染病。一般情况下，检疫工作要请畜牧兽医部门实施，当然，有条件的猪场也可自行检疫。检疫方法主要是实验室检验。

④坚持定期消毒。消毒是预防和控制传染病的重要措施。消毒可大大杀灭养猪环境中的病原微生物，减少易感猪的感染机会，降低发病率。要达到以上效果，消毒前必须将地面、猪床、墙壁以及用具彻底清洗，然后进行消毒。环境的消毒可分为刷洗消毒、喷雾消毒、熏蒸消毒、浸泡消毒、火焰消毒和紫外线消毒等。凡使用消毒药物的消毒叫作化学消毒法。其要求使用对微生物敏感的消毒药物。一般情况下，每经1～2个月更换一种不同成分的消毒药物，5～7 d消毒一次即可。新购买的种猪或仔猪也要求在入场之前进行消毒。

⑤驱虫、灭鼠、驱除蚊蝇。寄生虫病是危害猪健康的重要疾病。新引进种猪必须经过驱虫才能入场，猪场原有的种猪每年至少要进行1～2次的驱虫(每种而言)。驱虫要选择好时间和

药物。某种驱虫药物一般不能驱除猪体内所有的寄生虫。老鼠和蚊蝇是某些猪病的重要传播者。老鼠会糟蹋饲料、用具和建筑，必须灭鼠和驱除蚊蝇。

(2)发生疾病时的紧急措施　在猪群发病(特别是传染病)时，应采取以下措施。

①隔离饲养。隔离是控制传染的重要手段。每个大型猪场都应建立隔离舍。当猪群发病时，不论什么时候、什么病，都应隔离。隔离要做彻底，与健康猪绝对不能有任何接触，也不能共用一套用具。病猪要安排专人喂养。最好该饲养员不与其他饲养员接触。隔离舍的环境条件应比正常猪舍好，以利于病猪的尽快康复。

②尽快诊断。对病猪要尽快诊断，自己不能确诊的病猪必须请兽医诊治，不能随意在兽药店买药治疗。传染病如果没有确诊就买药治疗，往往会导致不仅没有治好病，还浪费了许多医疗费，造成更大的损失。一般来讲，诊断方法有很多种，可以分为流行病学诊断、临床诊断、病理诊断、微生物学诊断和免疫学诊断等。从科学上讲，每一种病都要采取以上综合性方法进行诊断。通过平常看猪的症状进行的诊断就属于临床诊断。单靠临床症状诊断一种病是很困难的，很容易误诊。同样，单靠临床症状的对症治疗往往效果也不好。猪病的诊断有一定的规律。

第一，确定是传染病，还是普通病。由病毒引起的传染病，叫作病毒性传染病；由细菌引起的传染病，叫作细菌性传染病。在能够排除中毒性疾病时，凡是在很短时间内有许多猪先后发病，而且病猪的表现基本相似，如拉稀、咳嗽、发烧等，这时应主要怀疑是传染病。

第二，病毒性传染病与细菌性传染病有一个最明显的区别就是病毒性传染病对抗生素治疗无效，而且大多危害比较严重的病毒性传染病传播快、死亡率高，很难治好。大多细菌性传染病在用相应的抗生素治疗后，多少会收到一定的治疗效果。

第三，了解病猪是否进行过免疫接种，这对于诊断有很大的帮助。

第四，有时中毒性疾病和传染病难以区分。其原因是都呈现群发性，而且症状基本相同。一般情况下，中毒性疾病发生在饮水或喂料之后，大猪先发病。因为大猪吃得饲料多，喝得水多。毒物一般就在饲料或饮水中，即大猪吃入的毒物比小猪吃入的毒物多。在中毒时，一般猪体温不高。

第五，普通病的特点是单个猪发生，很少出现许多猪同时发病的情况，例如，关节的扭伤、子宫的炎症等。营养代谢病(大家常说的营养缺乏)也属于普通病，有时呈群发性，例如，白肌病(缺硒和维生素E)、仔猪缺铁性贫血等。凡是患有营养代谢病的猪都生长不良或经常患病。

③局部封锁。如果病猪较多，而且有明显的发展趋势，发病猪舍就应局部封锁，做到里不出、外不进，饲养员也不能出猪舍。

④扑杀销毁。一些难以救治的猪和患有烈性传染病的猪要对其进行扑杀销毁，防止病情继续蔓延。

⑤治疗病猪。对症状较轻，有治疗价值的成年猪或种猪采取积极的治疗措施。一般要求至少连续治疗3～5 d。一些呼吸道病应在肌内注射3～5 d的基础上，坚持口服用药15 d，这样会收到较好的治疗或防治效果。还要注意的是，有时健康猪也需要对其进行预防性给药，防止陆续发生疾病。

4. 猪传染病的有关知识

(1)传染病的概念　传染病是由病原微生物引起的具有一定的潜伏期和相同或相似的临床症状，并具有传染性的疾病。

(2)传染病的特征　用于区别于其他类型的疾病。

①所有传染病都是由病原微生物引起的。一种病原微生物只能引起一种传染病。例如，猪丹毒杆菌只能引起猪丹毒，而不能引起猪瘟或别的病。在诊断时，分离出病原微生物是区别传染病与非传染病的根本依据。

②传染性和流行性。所有传染病都具有一定的传染性。在猪群中的一头或几头猪发病后，其他健康猪相继发病。有的传染病会导致猪群中的猪几乎同时(3～5 d内)发病，如猪流行性感冒、蓝耳病、口蹄疫、传染性胃肠炎等。这是传染病与非传染病的又一重要区别。

③免疫性。患传染病痊愈的猪对引起该病的病原微生物能够产生特异性免疫应答(产生抗体)，并且在一定时间内，甚至终生对该传染病不再具有感染性。这个特点为血清学诊断提供了依据。

④相同或相似的临床表现和病理变化。患同一种传染病的猪往往症状基本相同，如发烧、粪便干燥，拉稀，咳嗽等。

项目二　猪病的临床检查、治疗和预防方法

任务一　猪病的临床检查方法

兽医对猪的检查一般应包括3个方面的内容：个体病猪的检查、发病猪群的检查和整个猪群健康状况的评估。个体病猪的检查通常限于成年猪和观赏猪。因为经济价值较大。发病猪群的检查包括对具有典型临床症状病猪的检查和疾病暴发时的流行病学调查。整个猪群健康状况评估包括确定猪群与环境的相互关系、猪群与标准饲养情况的对比。

1. 个体病猪的检查

对个体猪进行检查一般是其本身有一定的价值。更为常见的原因是该猪具有典型症状，而这些症状已发生在猪群中的部分猪身上。在通常情况下，猪不习惯被捕捉和束缚，应尽可能在自由状态下进行观察和检查，必要时可以进行保定。在保定之前不仅要观察猪的姿势、体形、行为、营养状况以及呼吸情况，而且要观察猪的排粪、排尿、喷嚏和咳嗽等生理活动。

(1)姿势与猪病　猪的某些特定姿势常可反映某种疾病的性质。猪的卧地姿势有侧卧和平卧两种。有心脏疾病的猪一般不侧卧，但其在极度疲乏或过热时通常采取这种姿势。在寒冷状态时，猪的四肢缩于腹下，以减少身体与寒冷地面的接触。犬坐姿势提示呼吸困难，常见于肺炎、心功能不全、胸膜炎或贫血。站立时头颈向前伸直，口张得很大表示呼吸障碍，还说明鼻道通气不良。患有胸膜炎的猪通常弓背站立。当猪患有蹄及腿部关节疾病时，不愿站立或靠墙而立。当严重的前肢疾病时，猪常常用鼻子触地来避免前肢的重负。头颈歪斜或做圆周运动表示中耳炎或内耳炎，进一步发展可出现脑脓肿或脑膜炎，出现更严重的症状，即头颈弯曲和圆周运动均向着患侧进行。需要注意的是，应将病猪和同栏的健康猪进行比较来判断精神的好坏或是否骚动不安。健康猪总是两耳树立或前伸。如果猪的两耳下耷或后贴，则表明其精神状态不佳；如果猪胡乱冲撞或对外界声音无反应，则提示猪可能已经瞎或聋。

(2)体征反应动物的健康状况　猪的直肠温度波动较大，受刺激(如捕捉)后，肛门温度升高很快。呼吸次数、心跳次数与体温高低有直接关系。通过测定脉搏和心脏听诊来检查心血管系统及呼吸系统的状况。健康猪的正常生理常数为体温 38～40℃，脉搏 60～80 次/min，呼

吸 10～20 次/min。

(3)保定检查　在视诊之后，可根据需要将猪保定起来，做仔细的全身检查。

观察猪全身皮肤的颜色，尤其要注意鼻、耳、腹下、四肢末端、股内侧、外阴和肛门等部位皮肤的颜色。白猪皮肤的颜色变蓝提示循环障碍，变红提示充血、发热或有感染，苍白提示贫血，黄染提示肝脏功能不全或溶血，灰色或出现结痂则提示寄生虫侵袭或营养失调。如果发现皮肤有损伤，则应注意是局部的损伤，还是全身均匀分布的损伤。病变部位是平坦的，还是凸起的；是弥漫性的，还是界限分明的。还要注意患猪是否经常摩擦皮肤。当怀疑猪有疥癣时，应从其耳道内取皮屑进行检查。

(4)粪便与猪病　猪粪的正常颜色为棕黄、棕绿或暗棕色，这主要取决于采食饲料的种类及猪的健康状况。如果粪便变红、变黑，特别是含有血液或黏液，表明胃肠道机能紊乱。有时在猪腹泻前和腹泻时，听诊可以听见其肠道的强烈蠕动音。

(5)猪的听诊　听诊往往用于除猪以外的其他哺乳动物的临床检查，很少用于猪。从实践中摸索发现，听诊用于猪的临床检查时，其同样有效。在听诊用于猪时，其主要应用于对心脏功能、呼吸功能及消化道状态的检查。具体做法应由兽医技术人员完成，养殖户一般不用掌握。

(6)尸体剖检　动物的尸体剖检是一项很重要的诊断手段，在没有其他设备的情况下，能够进行病死动物的尸体剖检，再结合流行病学情况、临床症状、免疫和治疗情况，一般可做出临床综合性诊断。虽然这种诊断不是最后确切的诊断，但一般不会出现严重的误诊。尸体剖检诊断的优点是时间短、费用低、设备简单。这项技术对兽医的技术水平要求较高。兽医必须经过系统的学习，掌握很多知识才能很好地完成。

2. 发病猪群的检查

除了应检查体格状况外，还要了解猪群动态、环境条件和饲养管理状况。检查时应着重了解猪的饲养密度、猪群均一性、公用设施的数量、猪与猪之间的群体关系以及猪对饲养人员的反应等几方面。应经常称量猪的体重，并与饲养标准中的数据进行比较。同栏猪的体重差异不应超过 10%。

首先，观察栏内猪是簇拥在一起，还是散开的。要注意猪栏中是否有蹄浴池及其状况。要详细检查猪栏各个部分的结构情况，地面、墙角以上 20 cm 内是否光滑等。查看地面的坡度是否合理。

其次，饲料检查应着重营养分析。饲料的粒度也直接关系到猪的消化和吸收。过细的饲料往往会导致猪发生胃溃疡。

最后，对猪场管理情况的检查。了解猪的流动是实行全进全出，还是连续饲养。查看发情和配种记录，配种多少次，具体在什么时间。另外，一些情况要详细询问饲养员。

3. 整个猪群健康状况的评估

各品种、日龄的猪都有各个的标准体重。将自己家的猪的平均体重与标准体重对照一下就能够了解其长势怎样、饲喂怎样。猪群健康状况的检查要由专门的兽医技术人员来完成，包括猪群与环境的相互关系、猪群实际生长情况与标准的差异、潜在的致病因素等。

任务二　猪病的治疗方法

猪病的治疗按照治疗的针对性(对象)分为对因治疗(特异性治疗)、对症治疗以及辅助治疗三种办法;按照治疗手段分为口服投药法(鼻口饲)、注射法(静脉、肌内、皮下、皮内、腹腔、关节腔、气管、心脏等)、手术疗法和外科处置以及灌肠与冲法。

1. 按照治疗的针对性分类

(1)对因治疗　主要是指对一些传染病使用血清、抗毒素、抗生素等。

(2)对症治疗　指根据疾病的症状,针对整个机体或局部器官的功能进行相应的调整。例如,在呼吸困难时,要使用氨茶碱或强心药物;在腹泻时,口服活性炭等。

(3)辅助治疗　指为了实施对症治疗和对病因治疗而采取的输液、补充维生素等治疗方式。

2. 按照治疗手段分类

(1)口服投药法(鼻口饲)　口服投药是指将药物直接灌入口腔,猪自动咽下,从而起到治疗作用。要注意的是,治疗全身性疾病在开始时最好不要采取口服投药的方法,而应该采取注射给药方法。当治疗效果基本巩固时,动物可以自主采食,通过饲料拌入药物的方式进行投药。要注意的是,口服投药要注意药物的吸收情况。不能或很少通过胃肠道吸收的药物不能通过口服方式来治疗全身性疾病。同时,在治疗胃肠道疾病时,最好不要使用注射给药方法。其药物最好不要被吸收,尽量减少吸收,维持有效的肠道药物浓度。根据口服药的剂型和猪只的大小,口服投药法又可分为灌服、胃管投服和舔服三种方法。

①灌服:对猪一般不提倡灌药。因为病猪叫喊、骚动,很容易将药液吸入气管,引起异物性肺炎,甚至窒息死亡。如在病猪性情温和又必须灌服时,可用木棒或开口器打开口腔,头部稍抬高,在其呼气时,将药液徐徐灌入。待其咽下一口后,再灌第二口。切勿过急,药液一般用长颈塑料瓶盛放,投灌。

②胃管投服:可在一根小木棒的中部打一个直径为 2 cm 左右的小洞(以能通过胃导管为宜),将其横置于病猪口中,将胃管自小洞穿入,轻轻向咽部推进。通过咽部后,立即进行检查。胃管插入食管的标志是将胃管的一端置于术者耳前听,无气体进出声音或将胃管的另一端置于水中,应无规律性水泡出现;病猪有吞咽的动作,无不安反应等。确认胃管在食道内后,再徐徐向前推进,进行投药。此法也适用于食道梗塞的治疗。

③舔服:此法常用于哺乳仔猪的投药。具体方法为可将药物研成细末,混于糊状料中,涂于母猪乳头,让仔猪吃奶时舔服。

(2)注射法　常用的注射法有皮下注射、肌内注射、静脉注射、腹腔注射、关节腔注射、气管注射、肺内注射和心脏注射等。

最常用的注射法是皮下注射、肌内注射和静脉注射。在对猪进行注射时,选择后腿内侧作为肌内注射的部位,而不要选耳后部,特别是在接种疫苗时更是如此。在注射时,针头要顺着肌肉的走向,不要和肌肉垂直,防止伤及骨膜。经济价值较高的种猪和比较温顺的仔猪可以对其采取静脉注射方式。在一般情况下,口服、肌内注射、静脉注射的用药剂量是 3∶2∶1。腹腔注射用于治疗仔猪腹泻脱水及酸中毒很有效。具体方法为将仔猪倒提,腹部向外,用双腿夹住仔猪背部,使之保定,术者将针头在上,数第 2 个乳头外侧 2 cm 处垂直于腹壁刺入腹腔,针头要长一些、细一些,然后接上输液器或针管,注入药液就可以了。

(3)手术疗法和外科处置　这是治疗疾病的重要手段。手术治疗最关键的 3 个环节是麻醉、消毒(无菌操作)和术式。在临床上,最常见的外科手术是劁骟术和化脓灶的处理。

(4)灌肠与冲洗法

①灌肠法:猪在患发热性疾病时往往出现便秘,故灌肠法常用于促进宿粪、结粪的排除,有时也用于向直肠内注入大量药液或营养液。其方法是将病猪站立或倒提保定(小猪),用吊桶式灌肠器或球式灌肠器,也可用 80～100 mL 的注射器,将液体灌入直肠。若为了通肠,灌完后立即放开,让液体自然排出;若系灌入药物,须在直肠内停留一段时间,可先灌入一些定量的温水,在排出宿粪后,再灌入药液。灌后可暂时不松(倒提),保定者也可用手指压迫尾根。

②冲洗法:常用于阴道炎及子宫内膜炎的治疗。冲洗前,外阴部、术者的手及器械先行消毒后,将连接漏斗胶管徐徐插入阴道或子宫颈,提高漏斗,加入药液(常用雷佛努尔等)。当管中液体快流完时,迅速放低漏斗让灌入液自动流出,如此反复,冲洗 2～3 次即可。冲洗后,可置入抗生素或其抗菌消炎药物。

模块八

猪的病毒性传染病

项目一　猪　瘟

猪瘟又叫“烂肠瘟”，是指由猪瘟病毒引起的一种急性、热性传染病，是法定的一类动物传染病。本病仍然是威胁养猪业的最重要疫病。只要能把猪瘟、口蹄疫、猪繁殖与呼吸综合征这三个疫病防制好，养猪成功率能够达到 80%。

1. 病原特点

猪瘟病毒对低温有较强的抵抗力。在干燥及腐败条件下，本病毒易于死亡。被污染的环境如果能保持干燥和强烈阳光暴晒 1～4 周，本病毒即可失去传染力。本病毒对各种常用消毒药物有抵抗力，对碱性消毒药物最为敏感，如苛性钠、生石灰等。最近国内流行的温和型猪瘟的病原在本质上与猪瘟病毒相同，只是毒力较低而已。

2. 流行情况

各种年龄、性别、品种的猪和野猪都易感。一年四季都能发病、流行，没有严格的季节性。未免疫猪群一旦发病，发病率和死亡率几乎达到 100%。本病毒可通过胎盘感染仔猪，导致母猪繁殖障碍。在大型猪场暴发猪瘟时，其主要传播途径是尿、粪便、眼和鼻分泌物，直接接触水平传播。暴发的根本原因是免疫程序不当，疫苗剂量不足，不按规定操作。温和型猪瘟的出现也是由长期疫苗剂量不足造成的。

3. 临床症状

潜伏期为 2～21 d，体温升高到 40.5～42℃，稽留热。病猪精神极度沉郁，脓性眼结膜炎；病初粪便干结呈羊粪球状，后发生腹泻；薄皮肤处出现大小不等的红点或红斑，指压不褪色；公猪包皮发炎，捏挤时有恶臭混浊液体射出；急性病例多在一周左右死亡，死亡率可达到 60%～95%。小猪有神经症状。目前发现，有时猪瘟不出现以上的表现，而是直接表现为：①繁殖障碍型，包括流产、死胎、木乃伊胎、大小不一的胎儿；②运动障碍型，即前肢或腰部以后瘫痪。③呼吸障碍型，即呼吸困难。有人用顺口溜来形容猪瘟的临床表现：“发高烧、拉干粪、喝脏水、尿黄尿、眵目糊、钻草垛、不吃食、命不保”。

4. 病理变化

其病理变化主要是败血症，即全身浆膜、黏膜有出血点或出血斑；淋巴结周边出血、肿胀，呈现大理石样外观，脾脏边缘有出血性梗死灶，心肌出血点或出血斑。肾脏、膀胱出血点及淋巴结的大理石样外观是猪瘟的典型病理变化。最急性时全身淋巴结仅表现为轻度肿胀、潮红，切面多汁，肾脏、膀胱散在的针尖大出血点。慢性病例由于继发或混合细菌感染，其病理变化趋于复杂化。年龄小的仔猪，特别是几天内的哺乳仔猪和刚断奶的仔猪在剖检时往往仅发现肾脏严重贫血，苍白毫无血色，表面有密集的针尖大或稍大一点的出血点，膀胱黏膜有出血点，淋巴结肿胀、周边出血。

5. 诊断

养殖户在自己诊断本病时应主要考虑的情况为发病猪较多，体温很高，不吃食，拉干粪，尿黄尿，什么药物都治不好，死亡率很高。

6. 防治措施

①平时加强疫苗接种，按照免疫程序进行。一般要求仔猪出生在 20 d 时第一次接种猪瘟弱毒疫苗，免疫剂量要达到 4 头份，在断奶或 55 d 左右时再注射一次，剂量同第一次。种猪则要求在第一年对其打 3 次猪瘟疫苗，在第二年对其打 2 次猪瘟疫苗，以后每年在配种前 15～20 d 注射一次。没有免疫的种猪所生的仔猪应尽早进行免疫接种。

②经常发生本病的猪场或地区可以进行超前免疫。仔猪在刚出生时就应注射猪瘟疫苗，注射 2 h 后，再吃奶，这样可以保证仔猪在哺乳期内不被感染，断奶时再注射一次猪瘟疫苗。

③猪场和养殖户要对猪舍经常消毒，最好使用碱性消毒药物，而且要求空舍消毒。曾经养过猪的猪圈或猪场在重新养猪时要进行严格消毒。一般使用 2% 的火碱对其消毒冲刷一次，2 h 后，用清水冲洗干净，在地面、墙壁干燥后，再用喷灯进行消毒，喷灯火焰在喷射的部位停留 1～2 s。

④发生本病的猪场需进行猪瘟疫苗紧急预防注射。一般在注射疫苗，4～7 d 后可终止发病。在疫苗完全产生免疫前，很可能出现集中的发病和死亡。疫苗要到国家指定的动物防疫部门购买，不要到兽药店购买，并做好运输、保管、使用过程的保温工作，尽量在低温下进行。在注射疫苗时，要做到一头猪使用一个消过毒的针头，而且要先注射健康猪，最后注射病猪。

⑤病死猪要进行深埋或焚烧等无害化处理，避免病毒被扩散。

项目二　猪流行性感冒

猪流行性感冒是指由猪流行性感冒病毒引起的一种急性、高度接触性呼吸道传染病，经常与猪嗜血杆菌或巴氏杆菌混合或继发感染，使病情加重。

1. 病原特点

本病毒对干燥和冻干有较强的抵抗力，高温 60℃经 20 h 可以灭活。一般消毒剂对本病毒都有灭活作用，对碘蒸汽和碘溶液特别敏感。本病毒与人的流感病毒不同的是患病猪在康复后产生免疫力，能够抵抗以后的感染。猪流感病毒可感染人，它是一种人畜共患传染病。

2. 流行情况

各种年龄、性别、品种的猪都易感，气温多变的秋末、早春及寒冷的冬季易发生，在寒冷的天气之后常有暴发。往往突然发病，全群猪几乎同时出现临床症状。本病接触传染性极强，常呈地方性流行或大流行。本病的潜伏期短，仅数小时到几天。病程为 2～6 d，康复得快。发病率达 100%，但死亡率很低，一般低于 4%，在有继发感染的情况下，也能达到 10%。好的饲养管理条件往往可以降低病死率，提高康复速度。

3. 临床症状

病猪体温突然升高到40～42℃，厌食或食欲废绝。往往注射退热药物后就能吃点食物，停药后又不吃，极度虚弱乃至虚脱，常卧地不起，单独站立时全身震颤，肌肉僵硬、疼痛，出现膈肌痉挛，时常伸懒腰。有时呼吸道症状明显，表现为咳嗽、流鼻涕、呼吸困难。

4. 病理变化

呼吸道黏膜肿胀、充血，黏液增多。肺间质水肿增宽，各肺叶出现局灶性病变，病灶与周围界限明显，颜色由红至紫，塌陷，坚实，韧度似皮革。病灶周围常有苍白的气肿，并有许多出血点。脾脏肿大。颈部淋巴结、纵隔淋巴结、支气管淋巴结肿大多汁。

5. 防治措施

无有效疫苗，无特效治疗方法。一般采取对症治疗。为了控制继发感染，可以全群给予抗生素或磺胺类药物，解热镇痛。最重要的是加强护理，猪舍要保持干燥、温暖，防止贼风和潮湿。康复的头几天，饲料要限制供给。在发病期间不得骚扰和移动猪群。具体治疗办法如下。

①给猪灌服安瑞克，25 kg内的猪，半包；25～60 kg的猪，1包。如果发热不缓解，6 h之内可重复用药一次，24 h内不能超过4次。

②200 kg的猪在其饲料中添加土霉素、阿莫西林、泰乐菌素各80 g，连续使用15 d。

③如果没有安瑞克，就使用地塞米松2～5 mg加硫酸阿米卡星15 mg/kg，肌内注射。地塞米松1次/d，硫酸阿米卡星2次/d，连续注射3 d。饲料中添加的药物同上。

加强饲养管理，搞好猪舍的保暖和通风。本病一旦发生，即呈暴发状态，几乎没有任何措施可以阻止病猪传染其他猪。

项目三　猪口蹄疫

猪口蹄疫是指由口蹄疫病毒引起的急性、热性和高度接触性传染病。它是法定的一类动物传染病。

1. 病原特点

口蹄疫病毒对碱性液体十分敏感。1%苛性钠1 min可杀死本病毒。猪舍消毒一般常用2%苛性钠或苛性钾或4%食用碱、1%～2%甲醛、30%草木灰。病毒分为7个血清型。目前流行的口蹄疫血清型属于O型和亚洲I型。

2. 流行情况

本病一年四季均可发生，但在气候较寒冷时多发，尤其在春季盛行。传染性极强，常呈大流行性。其传播方式有蔓延式和跳跃式两种，2～5年出现一次周期性流行。本病毒通过呼吸道、消化道、破损的皮肤、黏膜、眼结膜、人工输精等途径，进行间接或直接传播。本病毒能随风传播到50～100 km以外的地方，引起发病。

3. 临床症状

在发病初期，体温升高到40～41℃，食欲减少，精神不振。猪先出现跛行，随后蹄冠皮肤肿胀、发红，相继在蹄冠、蹄踵、蹄叉、鼻镜、唇、齿龈、舌面、口角、乳房等部位出现一个或几个大小不等的水疱。在哺乳母猪的乳头出现病灶后，泌乳量明显下降，不让仔猪吃奶，同时仔猪口腔出现水疱，造成饥饿死亡。猪口蹄疫一般呈良性经过，大猪很少发生死亡。初生仔猪和哺乳仔猪、断奶仔猪通常呈急性胃肠炎和心肌炎而突然死亡，这种病症被称为“恶性口蹄疫”，病死率可达50%～80%。这样的仔猪往往不见明显的水疱症状，在吃奶、吃食、玩耍、跳跃或捕捉过程中突然发病，尖叫，倒地抽搐，很快死亡。此时在同群猪中往往可以发现蹄冠出现水疱、跛行的病猪。一般情况下，出现水疱的病猪不会死亡，日龄较小没有水疱的仔猪往往突然死亡。

4. 病理变化

急性病死猪一般不是由继发细菌感染引起，而是由心肌炎发作造成的。急性死亡的仔猪营养良好、体格健壮，表皮及可见黏膜难以发现水疱。其主要表现为心肌炎，即心肌扩张，色淡，弹性下降，出现红白相间的条纹(变性坏死病灶)，有时出现局灶性坏死病灶，尤以右心室出现的概率最高。同时还能发现胃肠道的急性炎症变化，内容物稀薄、恶臭。

5. 防治措施

按照早、快、严、小的原则进行防治。为了防止急性、恶性口蹄疫病猪突然死亡，可考虑用地高辛、樟脑磺酸钠口服进行治疗性预防，结合镇静剂、肾上腺皮质激素及利尿剂的应用可收到良好效果。一旦发病，往往来不及救治，因此，对小猪全部投服樟脑可以起到预防和控制急性、恶性口蹄疫的作用。还要注意的是，尽量不要抓猪，尽量避免出现应激反应。

这里必须明确指出，按照《中华人民共和国动物防疫法》及相关动物防疫法规的要求，患口蹄疫病猪必须全部捕杀、销毁，对疫区进行封锁、消毒，而不是采取治疗措施。

项目四　猪　痘

猪痘是指由病毒引起的一种急性、发热、接触性传染病。其发病特征是在皮肤和黏膜上发生特殊的红斑、丘疹和结痂。

1. 病原特点

本病毒抵抗力不强，但对干燥有抵抗力。直射阳光或紫外线可迅速灭活本病毒。0.5%福尔马林、3%石炭酸、0.01%碘溶液、3%硫酸、3%盐酸可在几分钟内杀死本病毒。1%～3%的火碱和70%酒精经10 min可杀死本病毒。

2. 流行情况

不分季节，但在春秋阴雨、寒冷天气、猪舍潮湿污秽、营养不良等条件下，流行较重。4～6周龄哺乳仔猪、断奶仔猪多发，成年猪有抵抗力。

3. 临床症状和病理变化

皮肤出现突出的略呈半球型，直径为8 mm左右的结痂，很难见到水疱和脓包。

4. 病理变化

皮肤的病变出现1～2 d，腹股沟淋巴结肿大，容易触摸到，以后接近正常。当饲养管理不当时，常继发胃肠炎、肺炎，引起败血症而死亡。

5. 防治措施

加强饲养管理，搞好环境及猪舍卫生。

项目五　猪传染性胃肠炎

传染性胃肠炎是指由冠状病毒引起的一种急性、高度接触性传染病。

1. 病原特点

本病毒在冷冻条件下非常稳定，在室温或室温以下很不稳定。本病毒对光敏感，在阳光下曝晒 6 h 即可灭活，紫外线能使本病毒迅速失效。0.05%的福尔马林、0.5%的石炭酸在 37℃分别处理 20～50 min 即可灭活本病毒。本病毒对乙醚、氯仿及去氧胆酸钠敏感，对胰酶有一定抵抗力。

2. 流行情况

没有免疫的或从来没有患过传染性胃肠炎的各种年龄、性别、品种的猪都可感染，10 日龄以内的仔猪发病率和死亡率都很高。猪传染性胃肠炎多流行于冬春的寒冷季节，夏季发病少。猪传染性胃肠炎传播迅速，全群或全村猪同时或相继发生腹泻。

3. 临床症状

仔猪典型的临床表现是突然发生呕吐，接着出现急剧的水样腹泻，粪水呈黄色、淡绿色或白色，恶臭。病猪迅速脱水消瘦、体重下降，精神萎靡，被毛粗乱无光。10 日龄以内仔猪吃奶减少或停止吃奶，战栗，消瘦，口渴，在 2～5 d 内死亡，死亡率为 50%～100%。随着日龄的增加，死亡率下降。病愈猪生长发育受阻，甚至成为僵猪。1 月龄以上的猪，特别是成年猪，往往不需要治疗，3～7 d 可以康复，极少发生死亡。

4. 病理变化

其主要病变体现在胃和小肠，胃底黏膜充血，有时有出血点，小肠肠壁变薄，肠内充满黄绿色或灰白色液体，含有气泡和凝乳块，小肠肠系膜淋巴管内无乳糜，呈透明状。

5. 防治措施

①无特效药物用于治疗。

②采取停食、减食，多给清洁饮水和易消化饲料。小猪应对其进行补液，给予人工补液盐饮水效果良好。

③一旦发病，采取隔离和消毒措施效果不大。

④在规模较大的猪场，可对未分娩的母猪及年龄较大的猪进行人工感染，使之在短期内集中发病，从而终止疫情，还可使哺乳仔猪从免疫母猪初乳中获得免疫力，从而免受感染。

⑤可使用弱毒疫苗进行预防。

⑥发病猪可采取补液、纠正酸中毒、止泻以及投服酶制剂等方法进行治疗。

⑦人工补液盐配方为：氯化钠 3.5 g、葡萄糖 20 g、氯化钾 1.5 g、碳酸氢钠 2.5 g，加水至 1 000 mL 口服。

⑧在病情严重时，可以对出现脱水和酸中毒状态的病猪采取腹腔补液。其处方如表 8-1 所列。

⑨具有一定规模的养猪场应给哺乳仔猪设置独立的供水系统。一旦出现传染性胃肠炎，应在饮水中添加人工补液盐。这样可大大降低仔猪的死亡率。

表 8-1 腹腔补液

液体名称	用量
5%葡萄糖/mL	40
0.9%生理盐水/mL	20
10%碳酸氢钠/mL	2
地塞米松/mg	1
10%氯化钾/mL	1～2

注:以上是每千克体重的用量,每天 1～2 次,连用 3 d。

项目六 猪流行性腹泻

猪流行性腹泻是指由冠状病毒(流行性腹泻病毒)引起的一种急性肠道传染病。本病毒与传染性胃肠炎病毒无抗原关系

1. 病原特点

本病毒对外界环境和消毒药物抵抗力不强,一般消毒药物都可将其杀死。

2. 流行情况

各种年龄的猪都能感染发病。哺乳仔猪和育肥猪的发病率可达 100%,母猪的发病率为 15%～90%。有明显的季节性,其主要发生于冬季,每年 12 月到翌年 2 月发生最多。本病的死亡率明显低于传染性胃肠炎。

3. 临床症状

病猪表现为呕吐、腹泻和脱水。哺乳仔猪在吃食或吃奶之后发生呕吐。一旦出现腹泻,呕吐往往停止。年龄越小,症状越重。一周内的仔猪在发病后 2～4 d,脱水死亡,死亡率为 50%。断奶仔猪、育肥猪及种猪常表现为厌食、腹泻,4～7 d 恢复正常。

4. 病理变化

与猪传染性胃肠炎相似,但较轻微。

5. 防治措施

见猪传染性胃肠炎。

项目七 猪轮状病毒病

轮状病毒病是指由轮状病毒引起的仔猪、犊牛、羔羊、驹、幼兔及新生婴儿的急性胃肠炎。其发病特征为急性腹泻。

1. 病原特点

轮状病毒对乙醚、氯仿、去氧胆酸钠有抵抗力。轮状病毒需要胰蛋白酶来活化其感染性,这具有重要的生物学意义。在猪的体内,猪轮状病毒感染主要限于小肠上皮细胞,仔猪小肠下 2/3 处胰蛋白酶浓度最高,本病毒在此处的感染最严重。

2. 流行情况

仔猪的发病率高,主要是 1～10 日龄的哺乳仔猪。成年猪感染后的症状轻微或呈隐性经

过。本病毒传播迅速，多发生于晚冬或早春的寒冷季节。当卫生条件不良，致病性细菌及其他微生物合并感染时，病情加剧，病死率增高。

3. 临床症状

吃奶仔猪或断奶仔猪发生腹泻、脱水，死亡率变化无常。1～5日龄的仔猪的死亡率可达100%。

4. 病理变化

小肠绒毛短缩变平，肉眼可见。其主要出现在空肠、回肠。肠系膜淋巴结水肿、胆囊肿大。小肠绒毛变短的程度没有传染性胃肠炎严重。

5. 防治措施

加强护理，减少应激。应用口服人工补液盐溶液，每千克体重30～40 mL。同时使用对症疗法，内服收敛、止泻、消炎药物，防止脱水和酸中毒，严重时进行腹腔补液。

项目八　猪细小病毒病

猪细小病毒病是指以引起胚胎和胎儿感染及死亡而母体本身不显症状的一种母猪繁殖障碍性传染病。本病普遍存在，在大多数猪场呈地方性流行。国内猪场的阳性率达100%，猪群的阳性率达82.21%。

1. 病原特点

细小病毒能凝集豚鼠、大鼠、小鼠、鸡、鹅、猫、猴的O型红细胞，以豚鼠红细胞为最好。0.5%漂白粉或2%NaOH溶液5 min可杀死本病毒。

2. 流行情况

常见于初产母猪。猪细小病毒病的发生与季节关系密切，多发生在每年的4—10月或母猪产仔和交配后的一段时间。其感染率与动物年龄呈正相关。

①传染来源：感染本病的母猪、公猪及污染的精液等是本病的主要传染源。感染本病的母猪所产的死胎、活胎、仔猪及子宫内分泌物含有大量的病毒。被本病毒污染的猪舍空舍4天至5个月，仍可感染其他猪。

②传播途径：胎盘垂直感染和交配感染及污染环境的水平传播。

③易感动物：初产母猪。

3. 临床症状

其主要症状是母猪繁殖力下降。感染的母猪可能重新发情而不分娩或只产出少数仔猪或产出大部分死胎、弱仔及木乃伊胎等。个别母猪出现体温升高、后躯运动不灵活或瘫痪，关节肿大或体表有圆形肿胀等症状。当一窝仔猪中有木乃伊胎存在时，怀孕期和分娩间隔时间被延长，这就造成外表正常的同窝仔猪的死产(通过对产仔的研究发现，在正常情况下，每头仔猪出生的平均时间为26 min，大于26 min的一般为弱仔或死胎)。

4. 病理变化

无特征性病理变化。

5. 防治措施

①预防措施：猪细小病毒病没有有效的治疗方法，主要采取预防措施。防止将带毒猪引入无病猪场。在引进种猪时，对猪细小病毒的血凝进行抑制实验，当HI滴度在1：256以下或

阴性时，才能引进。

②免疫接种：疫苗有灭活疫苗和弱毒疫苗两种。我国普遍使用的是灭活疫苗。初产母猪和育成公猪在配种前一个月免疫接种。初产母猪推迟在9月龄后配种。将血清学阳性的母猪放入后备种猪群中或将初产母猪赶入污染猪圈，使其受到自然感染而产生自动免疫。这种方法在流行地区可考虑试行。因猪细小病毒病发生流产或木乃伊胎同窝的幸存仔猪不能留作种用，头胎母猪的后代也不易留作种用。

项目九　猪乙型脑炎

乙型脑炎又称日本乙型脑炎和流行性乙型脑炎，是指由日本乙型脑炎病毒引起的一种人畜共患传染病。病猪的主要特征是高热、流产、死胎和公猪睾丸炎。

1. 病原特点

病毒有血凝活性，能凝集鸡、鸽、鸭及绵羊的红细胞。本病毒对化学药品较敏感。常用的消毒药物都有良好的抑制和杀灭作用，如2%苛性钠、3%来苏儿等。本病毒对胰酶、乙醚、氯仿等亦敏感。

2. 流行情况

乙型脑炎是自然疫源性疫病。许多动物被感染后可成为本病的传染源。猪的感染最为普遍，各种品种、年龄、性别的猪都易感。其主要通过蚊子的叮咬进行传播，病毒能在蚊子体内繁殖，并可越冬，经卵传递，成为翌年感染动物的来源。本病的流行与蚊子的滋生及活动有密切关系，但有明显的季节性，80%的病例发生在7—9月。猪的发病年龄与性成熟有关，大多在6月龄左右发病。其特点是感染率高，发病率低。新疫区发病率高，病情严重，以后逐年减轻，最后多呈无症状的带毒猪。因此，我国北方地区习惯在春季选留种猪。体内有母源抗体的种猪在夏季能够经受蚊毒的感染而不致发病，而秋季选留的种猪到第二年春已进入性成熟期，此时母源抗体已经消失，怀孕后，在乙型脑炎流行季节十分容易受到蚊毒感染而危害胎猪。母猪只发生一次流产，不复发。种猪场、新建猪场发病明显。

3. 临床症状

感染猪几乎没有脑炎症状，常突然发生，体温升高到40～41℃，稽留热。精神委顿，食欲减少或废绝。粪便干燥呈球状，表面覆盖有黏液。有的病猪后肢轻度麻痹，步态不稳，关节肿大，跛行，有的病猪视力障碍，最后麻痹死亡。

妊娠母猪发生流产、产出死胎、木乃伊胎和弱胎，母猪没有明显临床表现，同胎也见正常胎。同胎的仔猪在大小和病变上有很大差异。妊娠母猪的分娩时间多数超过预产期数日，有的按期分娩。许多发育正常胎因脑水肿而死亡。

除了一般症状外，公猪常发生一侧睾丸肿大，也有双侧睾丸肿大，患病睾丸阴囊皱襞消失，发亮，有热痛感，3～5 d后肿胀消退，有的睾丸变小变硬，失去配种能力。如果一侧睾丸肿胀，仍有配种能力。

4. 病理变化

流产胎儿脑水肿，皮下血样浸润，肌肉似水煮样，腹水增多。木乃伊胎从拇指大小到正常大小。肝脏、脾脏、肾脏有坏死灶。全身淋巴结出血。肺淤血水肿。子宫黏膜充血、出血和有黏液。胎盘水肿或出血。公猪睾丸充血、出血和有坏死灶。

5. 防治措施

无有效治疗方法，一旦确诊最好淘汰，做好流产物的无害化处理。驱灭蚊子，尤其注意消灭越冬蚊。流行地区猪场在蚊子开始活动前1～2个月对4月龄以上至2岁的种猪应用乙型脑炎弱毒疫苗进行预防注射，第二年加强免疫1次，免疫期可达3年，有较好的预防效果。但要注意不要到有乙型脑炎的猪场或地区购买种猪。

项目十　猪伪狂犬病

猪伪狂犬病是指由伪狂犬病病毒引起的猪和其他动物共患的一种急性传染病。本病的特征是发热、奇痒(猪除外)，脑脊髓炎症状。成年猪呈隐性感染或有上呼吸道卡他症状，妊娠母猪发生流产、死胎，哺乳仔猪出现脑脊髓炎和败血症症状，最后死亡。

1. 病原特点

猪伪狂犬病毒对热、甲醛、乙醚、紫外线都很敏感。5%石灰乳、0.5%苏打、0.5%硫酸和盐酸3 min，0.5%～1%火碱都可杀死本病毒。

2. 流行情况

猪伪狂犬病一年四季都可发生，但以冬春寒冷季节和产仔旺季多发。在母猪被感染后，仔猪通过吃奶而感染。妊娠母猪通过胎盘侵害胚胎。哺乳仔猪死亡率高。

3. 临床症状

随年龄不同，其症状有很大差别，但都无瘙痒症状。新生仔猪及4周龄以内的仔猪常突然发病，体温升到41℃以上，病猪精神委顿，不食、呕吐或腹泻。随后兴奋不安，步态不稳，运动失调。有的病猪后腿抬起呈“鹅步式”运动。全身肌肉痉挛或倒地抽搐，有时不自主前冲、后退或转圈运动。随着病情发展，病猪出现四肢麻痹，倒地侧卧，头向后仰，四肢乱动，最后死亡，病程为1～2 d，死亡率很高(初期神经紊乱，后期角弓反张、麻痹而死亡)。有的出现感冒症状的4月龄左右的病猪会腹泻，几天可恢复，部分病猪出现神经症状而死亡。妊娠母猪流产、产死胎或木乃伊胎，产出的弱仔多在2～3 d死亡，流产率可达50%。成年猪一般隐性感染或仅表现为呼吸道症状。有的病猪眼帘和嘴角有水肿，腹部几乎都有粟粒大小的紫色斑。甚至有的病猪全身呈紫色(出现神经症状的猪几乎100%死亡)。

4. 病理变化

鼻腔卡他性或化脓性炎症，咽喉部黏膜和扁桃体水肿，并有纤维素性坏死性伪膜覆盖；肺水肿、淋巴结肿大，脑膜充血水肿，脑脊髓液增多胃肠卡他或出血性炎症。镜检脑有非化脓性脑炎变化；流产胎的肝脏、脾脏、淋巴结及胎盘绒毛膜有凝固性坏死。

5. 诊断

可进行动物接种实验确诊。取病料(脑、脾、淋巴结等)制成1∶10悬液，加抗生素处理，离心，取上清液1 mL皮下或肌内注射于家兔背部或后腿部，在2～3 d后，注射部位奇痒，家兔不断摩擦或啃咬局部，致使该部脱毛、皮肤出血，1～2 d或麻痹死亡，将上述病料喂猫，2～4 d后猫头部奇痒，喉头麻痹、流口水，精神委顿，24～36 h死亡。

6. 防治措施

弱毒苗有某些缺点，使用与否要视疫情而定。有的单位制成灭活苗供预防用。但要注意不要到有伪狂犬病的猪场或地区购买种猪。

项目十一 猪繁殖与呼吸综合征

猪繁殖与呼吸综合征病是一种新病，也称为神秘病、猪艾滋病，又称猪蓝耳病。其临床表现为母猪繁殖障碍、流产、早产，产出木乃伊胎或弱仔；仔猪呼吸困难，断奶前的死亡率高。

1. 病原特点

繁殖与呼吸综合征病毒属于动脉炎病毒。

2. 流行情况

母猪、仔猪易感。本病毒可通过胎盘和精液传播。仔猪死亡增加，繁殖与呼吸综合征流行迅速，通过气溶胶可以传播到 2 000 m 以外。荷兰科学家制定了流行病学指标用以进行该病的初步诊断：母猪流产发生率＞8％，死产发生率＞20％，断奶仔猪死亡率＞26％，具备三项指标中两项即可做出繁殖与呼吸综合征的初步诊断。

3. 临床症状

共同的临床症状是不论大小猪都食欲减退，不愿吃食，属于顽固性厌食。粪便干结如羊粪蛋。母猪流产、死产、产出木乃伊胎或弱仔。有的母猪体温升高，后躯运动障碍。以一个月内的仔猪最易感染，并表现典型的临床症状。仔猪呼吸次数明显增加，呼吸困难，体温升高，肌肉震颤。5％～10％的仔猪出现耳尖发紫。有的仔猪腹泻，脱水，食欲废绝；有的仔猪出现神经症状很快死亡；有的仔猪表现口鼻奇痒，经常用鼻子摩擦圈舍墙壁。死亡率高达 83％。耐过的仔猪长期消瘦，生长缓慢。育肥猪表现为轻微的体温升高，食欲减退，轻微的咳嗽，类似流感症状，有时不见症状。少数病例表现为咳嗽，双耳背面、边缘及尾部皮肤出现青紫色斑块。种公猪性欲、性机能减退，体温升高。

4. 病理变化

发生呼吸困难的猪出现肺水肿、间质性肺炎。有的病猪伴发膀胱炎。病程长的病猪容易造成其膀胱破裂。有的仔猪在死后的胸部、腹部、颈部肌肉呈灰白色或黄白色，似开水烫过一样，肺门淋巴结及腹腔淋巴结呈铁锈色。

5. 防治措施

(1)防疫事项

①防止和控制先天性胎盘感染是防治繁殖与呼吸综合征的关键措施，也是防治繁殖与呼吸综合征的主要目标。母原抗体可以保护仔猪至 6 周龄，不感染本病。由于本病毒可通过胎盘和精液传播，因此，种公猪和妊娠母猪不能接种活疫苗。本病的免疫效果不确实，而且产生免疫速度慢。后备母猪在配种前应免疫两次，经产母猪在空怀期加强免疫一次。

②由未免疫过的母猪所生的仔猪应尽早免疫。

③由免疫过的母猪所生的仔猪应在 6 周龄前后免疫接种两次。免疫可减少感染猪群中猪繁殖与呼吸综合征病毒(PRRSV)的传播，弱毒苗可引起非免疫猪感染，而且可引起先天性感染。如果采用同源毒株，免疫力产生就较快，保护时间长。

④停止留用出现过死胎、流产的同窝仔猪。淘汰发病猪群。在严格清洗和消毒后，可终止疫病的传播。贯彻全进全出制度是消除污染的重要措施。

(2)治疗措施

①镇静,减少骚动,可利用氯丙嗪、苯巴比妥。

②减轻心脏负荷,减轻肺水肿,制止进一步的炎症渗出。

③应用利尿剂:甘露醇静脉注射或呋塞米肌内注射或静脉注射。

④应用肾上腺皮质激素,如地塞米松。

⑤消炎、消除和制止继发感染:应用抗生素肌内注射或静脉注射,一个疗程要 14 d。能够自动吃食的病猪可以在其饲料中添加抗生素。

⑥应用肺脏表面活性物质:山莨菪碱、阿托品等。

⑦应用强心药物:首选洋地黄类强心药物,如毒毛 K、毒毛 C、地高辛等。

模块九

猪的细菌性传染病

猪的细菌性传染病具有这些特点：临床症状和病理变化较典型，容易辨认；抗生素治疗有效，可通过药物敏感性实验来确定最敏感的药物；相对病毒性传染病来讲，传染较慢；猪群一旦被病原菌污染，短期难以根除；可以用长期或阶段性投药的方法进行预防，但费用较高；许多患细菌性传染病的猪都会出现生长不良、饲料消化率增加的情况；猪群中一旦有细菌性传染病发生，如果不采取果断措施，病情就会越来越重。

项目一　猪丹毒

猪丹毒是指由猪丹毒丝菌引起的猪的一种急性、败血性传染病。其主要症状为败血症表现和皮肤上出现紫红色疹块。慢性病猪主要表现为心内膜炎和关节炎。

1. 病原特点

猪丹毒丝菌对热较敏感，在高温55℃下，经15 min死亡；在高温70℃下，经5～10 min死亡，大块肉必须煮沸2.5 h才能杀死。一般化学消毒药对本病菌有较强的杀伤力。3%来苏儿、1%～2%苛性钠、5%漂白粉5～15 min可杀死本病菌。猪丹毒耐酸性较强，所以猪胃内的酸度不能杀死本病菌，其可通过胃进入肠道。

2. 流行情况

猪丹毒有一定的季节性，在气候较暖和的季节发生较多。3～6月龄的猪发病最多，老龄和哺乳猪发病较少。在流行初期，猪群中的猪只常取最急性经过，突然死亡1～2头，而且多为健壮的大猪，以后陆续发病和死亡。在发病后，如果能及时采取治疗措施，常可终止流行。青霉素为首选药物。本病有较明显的常在性，呈散发和地方性流行。

3. 临床症状

在自然感染情况下，流行初期第一批发病突然死亡的猪在病前无任何症状，前一天晚上吃食良好，而翌日早晨发现猪已死亡，全身皮肤发绀。如果是群养猪，其他猪也会相继发病，并有数头呈最急性死亡。

(1)败血型猪丹毒　以体温升高到42℃以上，突然发病和死亡，皮肤上有红斑，指压褪色，呕吐等症状为其特征。

(2)疹块型猪丹毒　以皮肤上出现典型疹块为其主要症状。在背、腹、腹侧、颈部及四肢等处出现大小不等的方形、圆形、菱形及不规则的疹块，其颜色由淡红色变为紫红色，甚至黑紫色，略凸出于皮肤表面。慢性病猪表现为贫血、消瘦、食欲时好时坏，体温基本正常，呼吸急促、心跳加快；四肢关节肿胀、疼痛、僵硬、走路不稳，跛行，甚至卧地不起。有的猪表现为皮肤坏死，病猪耳部、肩部、背部、尾部或蹄部皮肤变黑，干硬如皮革，最后皮肤脱落留下淡色瘢痕。

4. 病理变化

急性型见淋巴结肿大，切面多汁；脾肿大，紫红色，切面结构不清，易刮脱；肾脏肿大，紫红色；胃底部及小肠出血性卡他性炎症。慢性病例可见左心二尖瓣菜花样赘生物或有关节炎和皮肤坏死。

5. 防治措施

平时做好预防注射。仔猪在45日龄时注射1次猪丹毒疫苗，在60日龄时再注射1次，成年猪每年注射1次。发病后应早期诊断，隔离病猪，及时治疗。青霉素为首选药，1万～2万IU/kg，静脉或肌内注射。当体温下降，食欲和精神好转时，病猪仍需要继续注射3～5 d，以巩固疗效，防止复发或转为慢性。猪场环境及饲养管理用具应彻底消毒。污染物、污物及病死猪尸体应进行无害化处理。

目前，许多养猪场认为经常使用一些抗生素进行拌料，可以阻止猪丹毒的发病和流行，而不用使用猪丹毒疫苗，这是错误的认识。

项目二　猪肺疫

猪肺疫是指由多杀性巴氏杆菌引起的一种急性传染病，又称“锁喉疯”或“肿脖子瘟”。急性病例呈出血性败血症、咽喉炎和肺炎症状，慢性病例主要表现为慢性肺炎。本病呈散发性流行，经常为其他病的继发病。

1. 病原特点

本病菌的抵抗力很低，在自然界中生长的时间不长，浅层土壤中可存活7～8 d，粪便中可存活14 d。一般消毒药物在数分钟内可杀死本病菌。

2. 流行情况

在秋末春初和气温多变季节发生的最多，中、小猪发病的多。由于部分正常猪的上呼吸道带菌，在长途运输、饲养管理不当、卫生差、环境突变时，猪的抵抗力降低，猪群易暴发本病。本病在北方多为散发或继发，在南方多以流行性形式出现。

3. 临床症状

潜伏期为1～3 d，有时潜伏期为5～12 d。

(1)最急性　呈败血症症状，常突然发病，迅速死亡。晚间食欲正常，翌日清晨已死于栏内，来不及或看不到临床表现或体温升高到41～42℃，食欲废绝、全身衰弱、卧地不起或烦躁不安，心跳加快，呼吸高度困难，颈下咽喉部红肿、发热、坚硬。临死前呼吸极度困难，呈犬坐姿势，伸长头颈呼吸，皮肤及可视黏膜发绀。其病程为1～2 d，死亡率为100%。

(2)急性　最常见的类型。症状比最急性型的症状轻微缓和。呼吸极度困难为其主要症状。体温升高到40～41℃，呼吸高度困难，呈犬坐姿势，张口伸舌。其病程为4～6 d，有的猪转为慢性。

(3)慢性　主要表现为慢性肺炎和胃肠炎症状，最后衰竭死亡。

4. 病理变化

(1)最急性　表现为败血症变化,咽喉部急性炎症。

(2)急性　主要为肺水肿,纤维素性肺炎。胸部淋巴结肿胀、出血。散发性病例见纤维素渗出或肺胸膜粘连的肺炎病灶。

(3)慢性　纤维素性坏死性肺炎,肺与胸膜粘连。尸体消瘦、贫血。

5. 防治措施

防治本病的根本办法是必须贯彻预防为主的方针,消除和减少降低猪抵抗力的一切不良因素,加强饲养管理,做好兽医卫生工作,增强机体抵抗力。每年春秋定期进行疫苗接种。现有疫苗免疫期一般为6个月,一般为口服。需要注意的是,目前许多浓缩饲料中含有的一定剂量的抗生素会影响疫苗的免疫效果。在使用疫苗前后3～5 d,最好不用浓缩料。发病猪严格隔离,及时采取大剂量青霉素和链霉素治疗。加强消毒。

项目三　猪传染性萎缩性鼻炎

猪传染性萎缩性鼻炎是指由支气管败血波氏杆菌和产毒素的多杀性巴氏杆菌引起的一种慢性呼吸道传染病。其特征是慢性鼻炎,颜面部变形,鼻甲骨萎缩,病猪生长迟缓,饲料报酬率降低10%以上等。

1. 病原特点

波氏杆菌与巴氏杆菌都是两极浓染的革兰氏染色阴性的小杆菌,其病原体抵抗力不强。常用消毒药对其有效。

2. 流行情况

各个年龄、品种、性别的猪都有易感性。通常以出生后几天到数周的幼猪病变最明显,病情较重。最早于1周龄时即可发病,6～8周时最显著。大猪感染不表现或仅表现为轻微的鼻甲骨萎缩,一般表现为鼻炎症状。在症状消失后,大猪就成为带菌猪,病菌主要通过飞沫传播。病猪或带菌猪通过喷嚏、咳嗽将细菌排入环境,传染给其他猪只,因此,种猪往往成为本病的传染源。目前,本病在大型种猪场普遍存在,严重影响了猪的饲料报酬率。

3. 临床症状

受感染的小猪表现为鼻炎症状,打喷嚏是其最重要的表现。呼吸有鼾声,常用前肢挠鼻子或用鼻子摩擦地面、墙壁等,时常从鼻孔流出黏性或脓性分泌物,有时带有少量鲜血。同时,由于鼻泪管阻塞和眼结膜炎,眼角不断流出眼泪和分泌物与尘土、饲料等沾染,常在内眼角下部的皮肤上形成一个半月形的泪痕,呈褐色或黑色。经2～3个月后,多数这样的病猪进一步发展为鼻甲骨萎缩。当鼻甲骨两侧的损伤大致相当时,鼻腔的长度和直径减少,可见到鼻子缩短,鼻端上翘,鼻子背部皮肤出现皱褶,下颌伸长,形成"地包天"。当两侧损害不一致时,鼻子歪向较重的一侧。此时头部的外形也发生改变。

4. 病理变化

将可疑病猪屠宰,在其头部的上颌骨第一臼齿和犬齿之间用锯锯成横断面,观察鼻甲骨和鼻中隔的形状和变化。正常的鼻甲骨明显地分为上、下两个卷曲,占据整个鼻腔的大部分,鼻中隔正直。当鼻甲骨萎缩时,卷曲变小而钝直,甚至消失,形成空洞,鼻中隔偏曲。

5. 防治措施

①贯彻自繁自养原则，加强检疫；在引进猪时，做好检疫，隔离消毒，淘汰阳性病猪。

②在常发地区进行预防接种，仔猪于3～5日龄时即可用油佐剂灭活苗免疫，于15日龄时加强免疫一次。妊娠母猪应在产前25～40 d接种一次。

③治疗病猪采用青霉素、链霉素、磺胺类药物。阳性母猪在产前2周开始在其饲料中添加泰乐菌素、磺胺类药物，直到仔猪断奶为止。日本兽医对繁殖母猪于分娩预定日的前3 d、分娩当天、分娩1周后、分娩2周后、分娩3周后，共5次向鼻孔喷雾卡那霉素960 mg/头，同时进行消毒，这样断奶仔猪就不会因感染而发病。

项目四　猪气喘病

猪气喘病是指由肺炎霉形体(或支原体)引起的一种高度接触性慢性传染病。猪气喘病是集约化养猪场常见的疫病之一。其主要症状是猪在气候变化时发生激烈的(阵发性)咳嗽、气喘，病猪不能正常生长。

1. 病原特点

猪气喘病的病原体在固体培养基培养十分困难，对乙醚敏感，在体外存活不了多长时间。

2. 流行情况

不同年龄、性别、品种的猪均能感染。全世界均有发生。集约化养猪场的发病率高。小猪症状明显，死亡率高些。体格健壮的猪只偶尔有咳嗽声，以慢性经过为主。在新疫区，其可呈急性暴发。当饲养管理不当、饲喂干料、应激严重、天气变化时，症状明显。用一般药物治疗后，症状暂时减轻或消退，之后经常复发。本病一年四季均可发生，但在寒冷、多雨、潮湿或气温骤变时较为多见。本病会严重影响饲料转化率和日增重。

3. 临床症状

其以咳嗽和气喘为特征。一般体温、精神、食欲正常，病程较长。不良因素导致其症状明显或加剧。一些科学家指出，当猪连续深咳7声以上时，就可以基本确定为感染了本病。

4. 病理变化

两肺脏的心叶、尖叶和膈叶发生对称性的实变，肺脏中间叶实变，肺门淋巴结肿大、增生，其他器官无明显变化。

5. 防治措施

贯彻自繁自养的原则。严格隔离病猪是防治本病的重要环节。种猪场应将病猪淘汰。早期病猪应用土霉素、卡那霉素对其进行治疗，该治疗有一定效果。“母仔不见面，小猪不窜圈”是培养健康猪群的重要措施。目前，国内已经生产出预防猪气喘病的疫苗，养殖者可试用。

项目五　猪接触传染性胸膜肺炎

猪接触传染性胸膜肺炎是指由胸膜肺炎放线杆菌引起的猪的一种严重的呼吸道传染病，以急性出血性纤维素性胸膜肺炎和慢性纤维素性坏死性胸膜肺炎为特征。猪接触传染性胸膜肺炎与猪气喘病、猪传染性萎缩性鼻炎是国际公认的危害现代养猪业的重要呼吸道传染病。

1. 病原特点

猪接触传染性胸膜肺炎的病菌抵抗力不强，易被一般消毒药物杀灭，对结晶紫、杆菌肽、林肯霉素、壮观霉素有一定的抵抗力。

2. 流行情况

任何年龄、性别、品种和用途的猪都可以发病，3 月龄小猪最易感染。急性发病率高达 80%～100%，病死率为 40%～100%。饲养管理、卫生条件和恶劣气候明显影响发病率和死亡率；冬季 9—11 月和春季 4—5 月是发病的较高时期。

3. 临床症状

(1)最急性　猪突然发病，体温升高到 41.5℃以上，精神沉郁、食欲废绝、腹泻。后期呼吸困难，常呈犬坐姿势，张口伸舌，从口、鼻子流出血色带泡沫的分泌物，心跳加快，口、鼻、耳及四肢末端皮肤呈暗紫色，在 48 h 内死亡，个别猪见不到明显症状就立即死亡。死亡率高达 80%～100%。

(2)急性　较多的猪发病时的体温为 40.5～41℃，不进食、咳嗽、呼吸困难、心跳加快。受气候和饲养管理条件影响，其病程长短不定，可转为亚急性和慢性。

(3)亚急性和慢性　体温不高，全身症状明显，只见间歇性咳嗽，生长迟缓，有的病猪呈隐性感染。

4. 病理变化

其主要是胸膜炎和肺炎，根据病程长短稍有差异。其一般特点是气管和支气管内有大量血色液体和纤维素，黏膜水肿，出血和增厚；肺脏充血、肿大、出血、水肿和肝变，病程久者有大小不等的坏死灶和脓肿；胸腔积液，胸膜表面覆有纤维素，病程较久者常于胸膜发生粘连。在最初暴发时可见流产，个别猪可发生关节炎、心内膜炎和不同部位的脓肿。

5. 诊断

猪接触传染性胸膜肺炎发病突然、传播迅速，并伴发高热和严重呼吸困难，死亡率高。剖检可见肺脏和胸膜出现特征性的纤维素性坏死和出血性肺炎、纤维素性胸膜炎，据此可做出初步诊断。

6. 防治措施

抗生素治疗能够降低由本病导致的死亡率，提高平均日增重。经治疗的猪常持续带菌，这些持续带菌的猪成为其他猪的传染源，而且会经常出现耐药菌，抗生素疗法难以解决长期问题。病猪必须经过肌内注射或静脉注射，口服药物难以治好病猪。使用土霉素拌料，剂量为 0.6 g/kg，连用 3 d，可阻止新发病例的出现。青霉素、氟苯尼考和增效磺胺可作为首选药物。首次治疗必须采用注射方法，治疗剂量要大一些。

项目六　猪链球菌病

猪链球菌病是指由多种链球菌感染引起的传染病。其特征是败血症、化脓性淋巴结炎、脑膜炎及关节炎。其中以败血症和脑膜炎的死亡率较高。

1. 病原特点

链球菌的抵抗力不强，高温 60℃，经过 30 min 即被杀死。在痰液和其他体液中被干燥后，本病菌能生存数星期；其在冷冻干燥的条件下可保存数月到数年，而不丧失致病力。青霉素是链球菌感染的首选药物。

2. 流行情况

各种年龄的猪均有易感性。30～50 kg 的架子猪多发，而败血症型和脑膜炎型多发于仔猪。淋巴结脓肿型多发于中猪。一年四季都可发生，春秋多发，呈地方流行性。现代集约化密集型养猪更易流行链球菌病。

3. 临床症状

(1)败血症型　流行初期常有最急性病例，往往前一天晚上未见症状，翌日早晨已经死亡或者停食，体温升高到 41.5～42℃及以上，呼吸困难，便秘，粪便干结，结膜发绀，流泪，流鼻液。部分病猪出现关节炎症状，跛行或不能站立。有的病猪共济失调，出现磨牙、空嚼或昏睡等神经症状。流行后期呼吸困难，1～4 d 后死亡。

(2)脑膜脑炎型　多见于哺乳仔猪和断奶仔猪。除全身症状外，很快表现出神经症状，四肢共济失调、转圈、磨牙、仰卧、后肢麻痹、爬行；部分病猪关节炎，病程为 1～5 d。

(3)关节炎型　由前两型转化而来或单独发生。

(4)淋巴结脓肿型　多见于颌下淋巴结，有时见于咽部和颈部淋巴结。淋巴结肿胀、发热、疼痛，影响采食、咀嚼、吞咽和呼吸。有的病猪咳嗽、流鼻液。淋巴结脓肿成熟，中央变软，皮肤变薄，自行破溃，流出脓汁，全身症状好转。病程为 2～3 周。

4. 病理变化

(1)败血型　鼻、气管、肺脏充血、肺炎。全身淋巴结肿大、出血。心包积液，心脏内膜出血。脾脏、肾脏肿大出血。胃肠黏膜充血、出血。关节囊内有胶样液体或纤维素脓性物。

(2)脑膜脑炎型　脑膜充血、出血，脑脊髓灰白质有小点出血。心包、胸腹腔有纤维素性炎症。淋巴结肿大、出血。关节肿大。

5. 防治措施

急性、关节炎型病例及时用青霉素、土霉素和磺胺类药物对其进行治疗。该治疗有一定效果，可消除外伤引起感染的因素，应搞好猪舍及环境的卫生及消毒工作，必要时可用猪链球菌氢氧化铝菌疫苗免疫接种，免疫期为半年。

项目七　李氏杆菌病

李氏杆菌病是指由单核细胞增多性李氏杆菌引起的家畜、家禽、啮齿类动物和人的一种散发性传染病。家畜和人患病后的主要表现为脑膜炎、败血症和妊娠流产，家禽和啮齿类动物患病的主要表现为坏死性肝炎和心肌炎。此外，本病还能引起单核细胞的增多。

1. 病原特点

本菌的生存力较强，可在低温下生长。菌液在 60～70℃，经过 5～10 min 可被杀死。一般消毒药物可使之灭活，2.5％石炭酸、70％酒精经过 5 min；2.5％苛性钠、2.5％甲醛经过 20 min 可杀死病菌。本菌对链霉素、四环素和磺胺药物敏感。

2. 流行情况

呈散发性，偶尔呈暴发流行，病死率很高。各种年龄动物都可感染发病，幼龄较易感，发病急，妊娠母畜也较易感染。本病主要发生于冬季和早春。

3. 临床症状

(1)败血型　多发于仔猪。病程为 1～3 d,病死率高。肢体末端发绀,腹泻,咳嗽,呼吸困难,全身衰弱。妊娠母猪流产。

(2)脑膜脑炎型　多发生于断奶后的仔猪,也见于哺乳仔猪。初期兴奋,运动失调,肌肉震颤,无目的乱跑或在圈内转圈跳动,不自主地后退、头抵地不动。有的角弓反张两前肢或四肢张开呈典型的观星姿势或后肢麻痹拖地不能站立。严重的卧地,口吐白沫,四肢滑动,轻微刺激即发出尖叫。病程为 1～3 d,有的病程可长达 4～9 d。

(3)混合型　多发生于哺乳仔猪,常突然发生。体温高达 41～42℃,吃奶减少或不吃。粪干尿少,多数病猪表现脑炎症状。

4. 病理变化

(1)败血型　除了一般败血症病变外,其主要特征病变首先是局灶性肝脏坏死,其次在脾脏、淋巴结、肺脏、肾上腺、心肌、胃肠道和脑组织也可发现较小的坏死灶。

(2)脑膜脑炎型　脑膜和脑实质充血、发炎和水肿。

5. 诊断

采取病畜的血液、肝脏、脾脏、脑脊液、脑组织及流产胎儿的肝脏组织等触片或涂片镜检。如发现呈“V”形或“Y”形的排列或并列的革兰氏阳性小杆菌,即可确诊。

6. 防治措施

加强饲养管理,搞好环境卫生。减少潜在的应激因素。治疗以链霉素较好,但易产生抗药性。大剂量抗生素和磺胺类药物可取得一定效果。有人认为使用氨苄西林和庆大霉素的效果较好。

项目八　仔猪黄痢

仔猪黄痢又称早发性大肠杆菌病,是指由一定血清型的大肠杆菌引起出生仔猪急性、致死性的一种传染病。本病是危害仔猪的重要传染病之一。

1. 病原特点

多数具有 K88(L)表面抗原,能产生肠毒素。

2. 流行情况

其主要特点为在出生后几小时到 1 周仔猪发病,以 1～3 日龄的仔猪最为常见,7 日龄以上的仔猪发病较少。同窝仔猪的发病率很高,常在 90%以上;病死率很高,50%以下,有的全窝死亡。由第一胎母猪所产仔猪的发病率最高。传染源主要是带菌母猪,传播途径主要是消化道。其流行特点是没有季节性。

3. 临床症状

仔猪在出生时健康,但在几小时内突然发病死亡。其主要症状是拉黄痢,粪便大多呈黄色水样,内含凝固的乳块,顺肛门流出,肛门周围不留痕迹,易被忽视。病情较轻、病程较长的猪精神沉郁、不吃奶、脱水、昏迷死亡。有的急性病猪不见下痢,身体软弱,倒地昏迷死亡,这是毒素作用的结果。

4. 病理变化

胃肠卡他性炎症,胃肠黏膜肿胀、充血或出血。肠系膜淋巴结肿大、切面多汁。心脏、肝脏、肾脏有变性，重者有出血点。有的病猪无明显变化。

5. 防治措施

平时做好猪舍和环境的卫生和消毒，做好产房及母猪的清洁和护理，产前对母猪乳房和后躯清洗和消毒。加强初生仔猪的保温工作，特别是地面温度应达到 35℃以上。在常发地区，母猪在产前 40 d 和前 21 d 免疫接种 K88 疫苗，仔猪通过母乳得到保护，防止发病；大蒜泥和醋按照 1∶2 混合后给仔猪口服。美国采用菠萝蛋白酶口服，预防仔猪黄痢，收到了良好效果。

本书作者曾给出生仔猪口服多酶片，也收到了良好效果。其主要做法是出生后每天给仔猪口服多酶片 2 次，每次 1 片。

项目九　仔猪白痢

仔猪白痢又称迟发性大肠杆菌病，是 10～30 日龄以内仔猪常见的肠道传染病。仔猪白痢对养猪业具有相当大的影响。

1. 病原特点

引起仔猪白痢的大肠杆菌血清型，主要以 O8∶K88 多见。

2. 流行情况

其流行特点为发生于 2～3 周龄仔猪；同窝仔猪陆续或同时发病；一年四季都可发生，但以寒冷、炎热及阴雨季节发生较多；气候突变时的发病数量会显著增加；当突然更换饲料、缺乏维生素、矿物质，母乳过浓、过多或不足时，本病的发生率和严重性都会增加。

3. 临床症状

体温不高，排除白色或灰白色粥状稀粪便或黄白色稀便。

4. 防治措施

加强饲养管理和卫生消毒工作；加强妊娠母猪和哺乳母猪的饲养管理。预防性给药提倡早期诊断，早期及时治疗。

项目十　猪水肿病

猪水肿病是指由病原性大肠杆菌的毒素引起仔猪的一种急性散发性疾病。

1. 流行情况

其主要发生于断奶前后的仔猪，经常突然发生，病程短，迅速死亡，致死率高。发病多是营养良好和体格健壮的仔猪。一般局限于个别猪群，不广泛传播。本病多见于春季和秋季，与饲料的营养水平及饲养方式有密切关系。目前，许多猪群发生的主要原因是营养过剩，生长太快，乱用抗生素，肠道正常菌群受到破坏。

2. 临床症状

突然发病，体温不高，四肢运动障碍，后躯无力，共济失调；各种刺激或捕捉时发出尖叫，常见倒地，四肢乱动，似游泳状。病猪常见脸部、眼帘水肿，重者蔓延到面部、颈部，头部变“胖”。

3. 病理变化

上下眼帘、面部、下颌、头顶部皮下出现灰白色，呈凉粉样水肿；结肠间膜及肠系膜淋巴结水肿；胃大弯、贲门部水肿在胃的黏膜层和肌肉层之间呈胶冻样水肿；肠黏膜红肿，甚至出血。

4. 防治措施

仔猪提前补料(5～7 日龄);断奶不能太突然,饲喂量逐渐增加;在本病常发期控制日粮营养和日喂量;在常发期前 5～7 d 的饲料中添加酸化剂。

病初投服适量的盐类泻剂,促进胃肠蠕动,以排除肠道有毒细菌和毒素,使用抗生素进行预防大肠杆菌。病猪主要对其采取对症治疗和综合治疗。一旦病猪出现神经症状,一般治愈率很低,多数病猪以死亡告终。建议的治疗措施是:泻剂、利尿剂、强心剂、抗毒素药物共同应用。静脉注射高渗糖盐液体、氯化钾、地米、抗生素。另外,K^+ 离子在水肿病发生的作用未见研究报道。

项目十一　副伤寒

副伤寒是指由猪霍乱和猪伤寒沙门菌引起的仔猪传染病。急性病例为败血症变化,慢性病例为大肠坏死性肠炎及肺炎。本病多发生于幼龄仔猪。

1. 病原特点

副伤寒的细菌对干燥、腐败、日光等因素具有一定的抵抗力,在外界环境中可生存数周到数月。在高温 60℃下,经过 1 h;在高温 70℃下,经过 20 min;在高温 75℃下,经过 5 min 死亡,本细菌对化学消毒药物的抵抗力不强,常用消毒药物都能将其杀死。

2. 流行情况

副伤寒多发生于 1～2 月龄(10～15 kg)的小猪,地方流行或散发,流行缓慢。一年四季都可发生,常在寒冷、气候多变及阴雨连绵的季节发生。环境卫生差,猪抵抗力抵可诱发本病。

3. 临床症状

初期急性发生时的临床症状与猪瘟非常相似。典型的症状是持续下痢,呈慢性经过。常见便秘与腹泻交替出现。部分病猪还患有肺炎、关节炎、脑膜炎和脑脊髓炎。

4. 病理变化

急性败血型病例常因休克而死亡,肢体末梢淤血呈青紫色;全身浆膜、黏膜充血、出血。慢性病例大肠黏膜有典型的坏死和溃疡或黏膜呈弥漫性坏死;肠壁变厚,失去弹性。肝门淋巴结、咽后淋巴结及肠系膜淋巴结干酪样坏死,体积明显增大,有时增大几倍,切面呈灰白色脑髓样(脑髓样增生),散在灰白色坏死灶,有时会形成大块的干酪样坏死物。肠系膜淋巴结有时肿胀坏死成串状,几乎分不出界限。突出的变化是肝实质内有许多针尖大到粟粒大的灰红色和灰白色坏死病灶,从表面和切面观察时,可见一个肝小叶内有几个小病灶。脾稍肿大,变硬,常见散在的坏死灶。肺的尖叶、心叶和膈叶前下部常有卡他性肺炎病灶,若继发巴氏杆菌或化脓细菌感染,则发展为肝变区或化脓灶。

5. 防治措施

①预防为主,搞好猪舍及环境卫生。

②加强免疫接种。仔猪在 45 日龄时口服仔猪副伤寒弱毒疫苗,15 d 后再加强免疫一次。需要注意的是,在使用疫苗时,饲料和饮水中不能含有任何抗菌药物。

③病猪应被隔离,清理圈舍和环境。

④及时诊断治疗病猪,对假定健康猪用呋喃唑酮或抗生素预防性投药。

项目十二　猪痢疾

猪痢疾又称血痢，是指由猪痢疾密螺旋体引起的一种严重的肠道传染病。急性型以出血性下痢为主，亚急性和慢性以黏液性腹泻为主。剖检病理特征为大肠黏膜发生卡他性、出血性及坏死性炎。

1. 病原特点

病原体对一般的消毒药物敏感，如来苏儿、1%的苛性钠在 2～30 min 内可死亡。对热、氧、干燥敏感。其在密闭猪舍粪尿沟中存活 30 d，在 37℃的粪便中很快死亡，在潮湿污秽环境和堆肥中可生存 7 个月以上，在沼泽和污水池中可生长繁殖，长期存在。

2. 流行情况

不同年龄、品种、性别的猪都可感染，以 1.5～4 月龄最为常见，哺乳仔猪发病较少，其主要通过消化道传播。本病发病季节不明显，四季都有发生，4—5 月和 9—10 月发病较多。断奶后的发病率常为 90%，死亡率在 50%左右。

3. 临床症状

(1)最急性　见于流行初期，死亡率高，个别无症状而突然死亡。多数病猪表现为停食、剧烈下痢，开始呈黄灰色软便，随即出现水泻，内有黏液、血块，之后粪便中含有脱落的黏膜或纤维素渗出物，气味腥臭。其病程为 12～24 h。病猪脱水，全身寒颤，往往在抽搐状态下死亡。

(2)急性　多见于流行初期和中期，其症状与最急性时的临床症状相似。粪便呈红色、咖啡色或黑色，内有脱落的黏膜和组织碎片。其病程为 7～10 d。

(3)亚急性和慢性　其病程为 2～4 周，下痢时轻时重，反复发作。

4. 病理变化

其主要病变局限于大肠(结肠、盲肠)。急性病死猪为大肠黏液性出血性炎症，黏膜肿胀、充血和出血，肠腔充满黏液和血液。病程稍长的病例主要为坏死性大肠炎，黏膜上有点状、片状或弥漫性坏死，坏死常限于黏膜表面，肠内混有多量黏液和坏死组织碎片。

5. 防治措施

搞好猪舍及环境的卫生和消毒工作，处理好粪便；病猪最好淘汰。药物、卫生、管理相结合的净化措施可收到较好净化效果。

病猪用痢菌净每千克体重 5 mg 内服，每天 2 次，3 d 为一个疗程或按 0.5%痢菌净溶液肌内注射，每千克体重 0.5 mL。硫酸新霉素、呋喃唑酮、林肯霉素、四环素族抗生素等都有一定的疗效。需要注意的是，猪痢疾在痊愈后容易复发，需疗程和改善饲养管理相结合的防治措施才能收到好的效果。

项目十三　仔猪梭菌性肠炎

仔猪梭菌性肠炎又叫仔猪红痢，也叫仔猪传染性坏死性肠炎，是指由 C 型魏氏梭菌引起的初生仔猪的急性传染病。

1. 病原特点

一般消毒药物可杀死本菌繁殖体，但芽孢抵抗力较强，在高温 95℃下，经过 2.5 h 可杀死。

2. 流行情况

其主要发生于3日龄内的新生仔猪，1周龄以上的仔猪很少发病。猪群中各窝的发病率往往差异很大，病死率为20%～70%，最高达100%。2～4周龄及断奶仔猪也会发生本病。规模化猪场一旦有本病的发生，常顽固地在猪场扎根，难以根除。

3. 临床症状

发病急、病程短、死亡率高。

(1)最急性　仔猪在出生后第一天发病，当天或第二天死亡。出生仔猪突然排血便，后躯沾满血样稀粪。病猪衰弱无力，处于濒死状态。少数病猪没有下痢而突然昏迷死亡。

(2)急性　一般出生后3 d死亡，排出浅红色或红褐色稀粪或混有组织碎片和气泡。

(3)亚急性　病猪呈持续非出血性腹泻，类似米粥样。一般出生后第5～7天死亡。

4. 病理变化

小肠，特别是空肠黏膜红肿，有出血性或坏死性炎症。肠道内容物呈红褐色，并混有小气泡。肠壁黏膜下层、肌肉层及肠系膜有灰色成串的小气泡。肠系膜淋巴结肿胀或出血。

5. 防治措施

做好产房及临产前母猪的清洁卫生和消毒。经常发病的猪场仔猪在出生后，没吃初乳前用抗生素(青霉素、土霉素、呋喃唑酮)进行预防性口服，有一定效果。在发病猪群，怀孕母猪于产前1个月和产前半个月肌内注射仔猪红痢氢氧化铝疫苗10 mL，仔猪在出生后吃初乳，以获得免疫保护。

项目十四　猪附红细胞体病

猪附红细胞体病是指由立克次体目，乏浆体科的猪附红细胞体引起的一种传染病。其临床特征是发热、贫血、溶血性黄疸、呼吸困难、皮肤发红和虚弱。各种年龄猪都可感染发病。本病对养猪业的危害较大。

1. 病原特点

猪附红细胞体对干燥和化学消毒剂的抵抗力不强。一般常用消毒药均可将其杀死，0.5%石炭酸在37℃的温度下，经过3 h可将其杀死。但本病对低温抵抗力强，在5℃的温度下可存活15 d，在冰冻凝固的血液中可存活31 d，冻干保存可存活数年。

2. 流行情况

猪附红细胞体仅感染猪。不同品种、年龄、性别的猪均可感染发病。节肢动物，如虱子、疥螨是本病的主要传播媒介。本病也可通过带病的手术器械、注射针头传播。交配可传播本病。

其主要发生于温暖季节，夏季多发，冬季也可见到。断奶仔猪互相殴斗、玩耍、过度拥挤、圈舍卫生条件差、营养不良等都可导致本病的急性发作。其病死率一般不超过1%。

3. 临床症状

体温升高至40～42℃，稽留热，厌食、反应迟钝，不愿活动。随后可见鼻腔分泌物增多，咳嗽，呼吸困难，可视黏膜苍白、黄疸，有时伴有血尿。耳郭、尾巴和四肢末端皮肤发绀，成暗红色或紫红色。

4. 病理变化

典型的黄疸、贫血为猪附红细胞体病死后的特征性病理变化。剖检可见皮肤黏膜苍白，血液稀薄，脾脏肿大，淋巴结水肿，胸腔、腹腔、心包腔积水等。

5. 治疗措施

发病猪群用土霉素对其治疗。母猪的用药剂量为每千克体重 20～30 mg，口服。仔猪使用肌内注射油剂土霉素对其治疗，剂量按说明使用。同时对仔猪和慢性病猪补充铁、维生素 B_{12} 等。使用土霉素之前，先降温，可使用肾上腺皮质激素类药物，如地塞米松每千克体重 1 mg。

项目十五　猪布鲁氏菌病

布鲁氏菌病是一种人畜共患的慢性传染病。猪感染本病的特征是妊娠母猪流产，公猪呈现睾丸炎，有的发生关节炎。布鲁氏菌病分布广泛，猪、牛、羊都能发生，人也能感染患病。本病对人的健康和畜牧业生产造成极大的危害。因此，必须做好防治工作。

1. 病原特点

猪布鲁氏菌在自然界中的抵抗力较强，在土壤、水和皮毛上能生存较长时间，在肉、乳中存活 2 个月。本病菌对热和一般消毒药的抵抗力不强，在 100℃ 的温度下，经过数分钟死亡，1% 来苏儿、5% 石灰乳等经过数分钟死亡。

2. 流行情况

(1)传染源　病猪和带菌动物是本病的主要传染源。病畜可以随粪便和尿液排出病菌，特别是在流产时，病母猪体内的布氏杆菌可随胎儿、胎衣、羊水、阴道分泌物及乳汁排出体外，成为最危险的传染源。在流产后，病猪并发慢性子宫炎时，可较长时期从阴道分泌物中排出病菌。病公畜的精液内也含有布鲁氏杆菌，由交配散布传染。

(2)传播途径　病原菌污染饲料和饮水，经消化道传染，也可经配种感染，还可以经皮肤伤口和眼结膜感染。

(3)易感动物　猪、牛、羊对布鲁氏菌病都易感，其他动物发病较少。各个品种和年龄的猪都有易感性。公畜对布鲁氏菌病的感染率一般比母畜对布鲁氏杆菌的感染率低，但公猪对本病的感染率却与母猪对本病的感染率相似。怀孕母猪最易患病，哺乳仔猪和小猪均无临床症状。

猪布鲁氏菌病的发生常呈地方流行性，一旦发生，往往不易清除，一般经过 1～2 年而渐渐消失，少数病猪保留症状。如果不采取防治措施，本病的传染源将长久存在。

3. 临床症状

潜伏期长短不一，短的潜伏期约为 2 周，长的潜伏期可达半年。其临床症状主要是第一胎母猪易发生流产，以妊娠 1～3 个月的流产者为多见，最早可于妊娠 2～3 周，最晚接近分娩时流产。在流产前，病猪乳头和阴唇肿胀，阴道流出黏液性或脓性分泌物。病猪精神沉郁，体温升高，不愿进食。在流产后，有的病猪由于胎儿胎盘与母体胎盘发生炎症而粘连，造成胎衣不下。

有的猪体温正常，没有显著征兆。母猪产下死胎后从阴道排出白色或黄色带恶臭的脓性分泌物，出现子宫炎，导致母猪不孕。有的母猪在流产后出现下痢，乳房水肿，精神差，食欲减退等症状。

布鲁氏杆菌在侵入公猪体内后，一般停留于睾丸及副睾内发育繁殖，往往引起两侧睾丸肿胀，阴囊也肿胀增厚。急性期局部发热，体温升高。随后无热无痛，睾丸硬且萎缩，性欲减退或丧失。有的病猪出现两后肢或一后肢跛行、瘫痪,出现关节炎及皮下组织脓肿。

4. 病理变化

流产后的子宫黏膜很少发生化脓病变,但常见有许多针头大和麻籽大的小结节,结节的中央含有脓液或干酪样物质,胎盘布满出血点,表面覆盖一层黄灰色渗出物,胎儿死亡,有的无显著变化,有的有败血症变化。公猪可发生化脓性坏死睾丸炎和附睾炎,贮精囊也常发炎。睾丸切面可见坏死灶和化脓灶,镜检可见精管萎缩。肘、膝、髋、肩甲等关节囊肿大、发炎和化脓。睾丸淋巴结、乳房淋巴结肿胀,切面多汁,脓肿及有灰黄色坏死灶。肝有时肿大充血。肝、脾、肺也可出现脓肿及坏死性病灶。

5. 诊断

根据流行特点,流产胎儿胎衣的病理损害以及胎衣不下等都有助于本病的诊断。本病的确诊必须进行实验室诊断。

6. 防治措施

①对平时未发生布鲁氏菌病的猪场或猪群,要加强饲养管理,坚持自繁自养原则。当必须调剂品种时,从外地引入的猪种必须经过检疫,在排除本病的前提下方可购入,购入后隔离观察一个月,最好再用凝集反应检疫一次,确认健康,方可混群,作种猪用。

②对发生布鲁氏菌病的猪场或猪群,应全群检疫,隔离阳性猪或屠宰处理,同群阴性反应猪也单独隔离,定期检疫,直至分娩正常并无阳性猪出现,方可混入健康猪群。

③病猪处理和消毒工作。检出的病猪可用抗生素或磺胺类药物治疗。小病猪可隔离育肥后,再屠宰处理。种公猪必须淘汰,不能作为种用。污染的猪圈、猪槽等用10%石灰乳或3%热火碱水对其消毒。流产的胎儿、胎衣、羊水及阴道分泌物应运到远处深埋。

④预防注射。对检疫阴性的全部猪只进行预防注射。用布鲁氏杆菌猪型二号弱毒冻干菌苗进行预防注射,每头猪耳根皮下注射 1 mL,免疫期可达一年。以后每半年或一年免疫一次,连续 3～4 年。口服猪型二号弱毒菌苗可用生理盐水稀释冻干苗或按瓶签说明使用,将其一次性放入猪食,搅拌均匀,迅速饲喂,尽量让猪吃干净。

应当注意的是,预防注射或饲喂免疫最好在配种前 1～2 月进行;怀孕母猪、3 月龄以下的仔猪不进行免疫。母猪在分娩后补针,仔猪在断奶后补针。

项目十六　猪坏死杆菌病

坏死杆菌病是指由坏死杆菌引起猪和多种畜、禽和野生动物的一种慢性传染病。其病状特征是受到损伤的皮肤和皮下组织、口腔黏膜或胃肠黏膜发生坏死。

1. 病原特点

坏死杆菌为革兰氏阴性杆菌,在自然界分布较广。本菌对外界环境的抵抗力不强,空气干燥,经 72 h 死亡,日光照射 8～10 h 可被杀死。1%福尔马林、1%高锰酸钾、4%醋酸都可杀死本菌。

2. 流行情况

(1)传染源　病畜是本病的主要传染源。坏死杆菌由病畜的皮肤坏死处的分泌物或坏死组织排入外界而传染。猪和各种动物的消化道、扁桃体、唾液、粪便等均可含有本菌。

(2)传播途径　病原体主要通过皮肤和黏膜的创伤而发生感染,也可经血流到达其他组织和器官,形成坏死性病灶。

(3)易感动物　各种温血动物对本菌都有易感性,尤以猪、马、牛、绵羊最为易感。

本病呈散发或地方流行。在多雨季节、低温地带常发本病。饲养管理不当、营养不良、矿物质缺乏、维生素缺乏等均可成为本病发生的诱因。

3. 临床症状

潜伏期为 1～3 d,有的潜伏期为数小时。由于发生部位不同,猪坏死杆菌病可分为坏死性皮炎、坏死性口炎、坏死性鼻炎和坏死性肠炎 4 种类型。

(1)坏死性皮炎　一般较多见,呈散发性。其表现为体表皮肤和皮下组织发生坏死和溃疡。常发生于耳部、尾部、颈部、胸侧、臀部、母猪的乳房等部位。耳部肿胀,日渐变黑、龟裂,逐渐坏死脱落。尾巴发生干性坏死性皮肤,皮肤干枯、坏死、脱落。病初其他部位的皮肤患部微肿,随后被毛脱落,创口发炎,溃烂面积可达铜钱至拳头大,坏死组织迅速液化,积有大量黄色、恶臭的液体,继而皮肤溃烂。严重者病变深入肌层,甚至使腹壁穿透,形成瘘管。严重时全身症状明显,体温升高,甚至发生死亡。

(2)坏死性口炎　唇、舌、咽和附近的组织发生坏死或扁桃体有明显的溃疡,上有伪膜和痂块。去掉伪膜有干酪样渗出物和出现坏死组织,恶臭,同时食欲消失,逐渐消瘦,全身衰弱,往往因败血症而死亡。

(3)坏死性鼻炎　病猪在鼻黏膜上出现溃疡,溃疡面附有坏死组织,鼻孔流出污秽不洁、恶臭的鼻液,鼻部肿胀,呼吸困难。严重时骨质坏疽,甚至蔓延至鼻窦、气管和肺。

(4)坏死性肠炎　多发生于仔猪,常与仔猪副伤寒并发。病猪出现腹泻症状,消瘦,大小肠黏膜坏死,形成白色假膜,假膜下为不规则溃疡。

4. 病理变化

除上述病变,内脏没有明显病变。部分病猪的实质器官可发生转移性坏死灶和坏死性肠炎,尤其以直肠常见。病程长者可见肝硬化,肾包膜不易剥离,口腔和胃黏膜上有纤维素坏死性炎症。有的病猪的肝、脾、肺、胸腔、心可发生坏死性炎症,出现脓疮、灰白色圆结节、坏死灶。

5. 诊断

根据流行特点、症状和坏死组织的病理变化,可初步做出诊断。但本病的确诊必须进行实验室诊断。取病、健组织交界处的病料作触片,染色镜检。必要时应用细菌分离培养、生化试验、动物试验等进行确诊。

6. 防治措施

(1)一般预防措施　猪舍保持清洁、卫生、干燥,定期消毒,防止潮湿和拥挤,粪便做发酵处理。猪群不宜过大,将个体大小相似的猪关在一起。按时喂料,喂料量适中,强弱猪分开喂,以免食斗咬伤。仔猪要剪短犬齿,以免争奶而咬伤颊部,损伤母猪奶头。消灭蚊、蝇避免刺螫而感染坏死杆菌。如在健康猪群中发现病猪,应迅速隔离病猪。受病灶污染的用具、垫草、饲料等要进行消毒或烧毁。

(2)药物防治　一旦发现皮肤外伤,应尽早用 5%碘酊消毒,预防感染。局部坏死灶应首先彻底清除坏死组织;其次用 0.1%的高锰酸钾冲洗;最后在患部涂抹消炎软膏,同时配合全身治疗,肌内注射或静脉注射抗生素或磺胺类药物。有的病猪可用甲醛直接滴于坏死灶部位,每天 1 次,数次后也可治愈。处理坏死性口炎可先用 0.1%高锰酸钾洗涤口腔,然后选用下列任何一种药物涂擦口腔:①碘甘油;②10%氯霉素酒精溶液;③5%龙胆紫,每天 2 次,直至痊愈。

模块十

猪的寄生虫病

项目一　猪蛔虫病

猪蛔虫病是指由猪蛔虫引起的一种最常见的寄生虫病。猪蛔虫病对3～6月龄的猪危害最为严重。本病引起患病猪的生长发育不良，严重者发育停滞，甚至造成死亡。

1. 流行情况

猪蛔虫的繁殖力很强，产卵数多，严重污染外界环境，一般经口感染。蛔虫虫卵的抵抗力很强，一般需用温度为60℃以上的3%～5%热碱水或20%～30%热草木灰或新鲜的石灰才可将其杀死。猪蛔虫病一年四季均可发生，全世界广泛流行。当卫生条件差，猪只拥挤，饲料不足，饲料品质差，缺乏微量元素或维生素时，猪的感染尤为严重。

2. 临床症状

一般3～6月龄的仔猪症状明显。成年猪因有较强的抵抗力可忍受一定数量的虫体侵害，而不表现明显的症状。但这些成年猪却是本病的传染源。在幼虫移行期间，若感染较严重，病猪可出现体温升高，咳嗽，呼吸及心跳加快等；成虫寄生在小肠期间，感染严重时，可表现出消化不良，经常腹泻，食欲不振，贫血，消瘦，生长缓慢，磨牙。有的病猪因生长发育长期受阻而成为僵猪。若蛔虫过多，阻塞肠道，病猪则表现为疝痛，严重者还会发生肠破裂或死亡。患有胆道蛔虫病的猪在开始时拉稀，体温升高，食欲废绝，以后体温下降，卧地不起，腹痛，四肢乱蹬，多经6～8 d后死亡。

3. 防治措施

(1)预防措施　平时应注意保持饲料和饮水的清洁，防止污染。饲槽和用具经常用开水冲洗。保持猪圈卫生，勤换垫草，粪便做发酵处理后才能用作肥料。在常发地区，每年春秋两季各驱虫一次。3日龄至6月龄的仔猪应每隔2个月对其驱虫一次，母猪应在空怀期内对其进行驱虫。

(2)药物治疗　对蛔虫有效的药物很多，常用的几种介绍如下。

①精制敌百虫：每千克体重100 mg，一头猪总量不超过10 g，溶解后拌料饲喂，一次喂给，必要时每隔2周再喂一次。

②阿苯达唑：每千克体重5～20 mg，一次口服。

③左旋咪唑：每千克体重8～10 mg，一次口服或每千克体重4～6 mg肌内注射。

项目二　猪囊虫病

猪囊虫病又称猪囊尾蚴病、米猪肉或豆猪肉病，是指由寄生在人体内的猪带绦虫的幼虫，即囊尾蚴引起的一种寄生虫病，是一种危害十分严重的人畜共患寄生虫病。它不但严重了影响养殖业的发展，给畜牧业造成较大损失，而且给人类健康带来了危害。

1. 流行情况

猪囊虫病呈地方性流行。除了直接食入孕节或虫卵外，本病还不能忽视厕蝇、禽类、蚯蚓等传播六钩蚴的作用。猪食用感染六钩蚴的厕蝇会感染，食用由厕蝇排出的粪也可感染。人吃生猪肉或未煮熟的猪肉也可感染本病。

2. 临床症状

一般患病猪多不出现症状。若脑部有虫体寄生，则表现出癫痫症状或因急性脑炎而死亡；若虫体寄生在喉头，则表现出叫声嘶哑，吞咽、咀嚼及呼吸困难，常伴有短咳；若寄生在舌部，则表现出舌麻痹；若寄生在咬肌上，则表现出病猪头部增宽；若寄生在眼内，则表现出视觉障碍甚至失明；若寄生在肩部和臀部肌肉，则表现为两肩显著外张，臀部不正常肥胖，宽阔成“哑铃”状。

3. 病理变化

严重感染的猪肉苍白湿润，虫体可寄生在部分肌肉、脑、眼、舌下、肝、脾、肺，甚至淋巴结与脂肪内。在囊尾蚴外周有细胞浸润，继而发生纤维素性病变。

4. 防治方法

(1)预防方法　扑灭本病的关键在于预防。

①严格检疫：加强肉晶检验。若猪肉切面 40 cm^2 内有 3 个以上囊虫，猪肉就只能作工业用，不可食用。加强农贸市场的兽医卫生检验。对含囊尾蚴猪肉的检验应严格按肉品卫生检验的有关规定处理。

②驱虫方法：在猪囊虫病流行地区，应对居民进行猪带绦虫病检查。可用氯硝柳胺及南瓜子、槟榔合剂对患者进行驱虫，以便消灭囊虫病原。其使用方法是空腹服炒熟的南瓜子 250 g，20 min 后，服槟榔水(槟榔 62 g 煎汁而成)，经 2 h，服硫酸镁 15～25 g。

③管理方法：拆除“连茅厕”，猪群和人的厕所严格分开，设公共厕所，禁止随地大小便。粪便集中发酵处理。人不吃有猪囊虫病的肉，防止猪吃人粪，控制人绦虫、猪囊虫的相互感染。

(2)治疗方法　常用药物有①吡喹酮：每千克体重 30～60 mg，每天口服 1 次，连用 3 d。②丙硫苯咪唑：每千克体重 40～50 mg 口服(片剂、粉剂或水悬液)，每天 1 次，间隔 1 d，连服 3～5 次，也可用乳悬剂按每千克体重 50～60 mg 肌内注射，每隔 5 d 1 次，连续 3 次或按每千克体重 40 mg，每天 1 次，连续 3～5 d。③氟苯咪唑：每千克体重 60 mg 口服，每天 1 次，连服 4 d。

项目三　猪细颈囊尾蚴病

猪细颈囊尾蚴病是指由泡状带绦虫的幼虫——细颈囊尾蚴所引起的一种传染病。幼虫寄生在猪、牛、羊等的肝脏浆膜，网膜和肠系膜等部位，成虫寄生在狗、狼等动物的小肠内。

1. 流行情况

本病广泛传播。凡养狗的地方一般都有感染。家畜中以猪感染最为普遍,牧区的绵羊感染也较多,黄牛和水牛感染较少。

2. 临床症状

除个别严重感染的成年猪会有临床症状外,其他病猪一般症状不明显,但仔猪表现出明显的症状。当仔猪发病时,有时会突然大叫后,倒地死亡。多数仔猪表现为虚弱,消瘦,黄疸。若发生腹膜炎,则体温升高并伴有腹水,触诊腹部有疼痛感,腹围增大;若幼虫侵入呼吸道,会引起支气管炎、肺炎和胸膜炎。

3. 病理变化

急性病例可见肝脏体积增大,肝表面有很多小结节和小出血点,肝叶为黑色或灰褐色,在肝实质中能找到虫体移行的虫道。腹腔中有时有腹水并混合渗出的血液,内含幼小的虫体。慢性病例可在肠系膜、网膜或肝实质中找到虫体。严重的病例可在肺和胸腔等找到虫体。

4. 防治措施

(1)预防方法 严禁狗进入猪舍或猪屠宰场。猪只屠宰后,禁止取下囊尾蚴去喂狗。保证猪饲料和饮水等清洁,不被狗粪污染。对家狗要定期驱虫,对病狗应予以宰杀。

(2)治疗方法 目前尚无治疗方法,以预防为主,可试用吡喹酮治疗,一般每千克体重用量为 200 mg,一次拌料投服。

项目四 猪疥螨病

猪疥螨病又称猪癞,是指由疥螨寄生于猪的皮肤内所引起的慢性寄生性皮肤病,也是猪常发生的一种寄生虫病。以剧痒、结痂、脱毛为其主要特征。

1. 流行情况

猪疥螨病主要是由健康猪与患病猪直接接触感染,猪栏、墙壁、用具、饲养员的工作服、鞋、手等均可传播。一般幼猪发病较重。随年龄增长,猪对螨的抵抗力也随之增强。本病在秋冬与早春多见。猪皮肤温度高,猪舍阴暗,猪只拥挤,在寒冷季节发病较重。当饲养管理差,卫生条件不好,猪瘦弱时,更易遭疥螨的侵害。

2. 临床症状

本病多发生于 5 月龄以下的猪。通常由头部开始,常发生在眼周围、颊部和耳等部位,然后蔓延至颈部、背部、四肢而扩展到全身。其主要症状是剧痒。在患病初期,疥螨吸附皮肤,患部发红,表现出剧烈的奇痒。病猪常在围墙、栏柱等处摩擦,有时患部因摩擦而出血。数日后,患部皮肤上出现针头大小的结节,随后形成水疱或脓疮,破溃后,渗出液同被毛、污垢及脱落的上皮一起形成结痂,痂皮被擦破后,创面出血,液体流出,又更新结痂,如此反复多次,毛囊及汗腺受损,皮肤角质层角化过度,局部脱毛,皮肤粗糙增厚,形成皱褶。当病情严重时,出现病猪的皮肤枯裂,食欲减退,精神萎顿,消瘦,发育停滞,贫血等全身症状,甚至死亡。

3. 防治方法

(1)预防方法 新引进的猪只应对其进行仔细检查。当确定无病时,新引进的猪只才可混群饲养。猪舍要保持干燥、清洁,通风应良好,冬季勤换垫草。病猪应及时隔离治疗,同时,病猪使用过的用具应彻底消毒,然后再用。猪圈应半个月消毒 1 次。

(2)药物治疗

①涂药:在涂药前,彻底检查患猪体表,不遗漏一处患部,以防扩散。在涂药前,将患部及周围3～4 cm处的被毛剪去,用温肥皂水洗去污物及痂皮,然后涂药。其常用药物有如下几种。

A. 敌百虫:用0.5%～1.0%水溶液直接涂擦或用喷雾器喷洒患部,可获得良好的效果。

B. 滴滴涕乳剂:滴滴涕1份,溶于9份煤油,再加来苏儿1份,加入19份水,混匀后,涂擦患部。

C. 硫黄:硫黄1份,植物油5份,煎开,待凉,涂擦患部。

D. 杀虫脒:用0.1%～0.2%水溶液涂擦或喷洒局部。

②其他用药途径及药物。

A. 伊维菌素(1%):按每千克体重0.3 mg颈部皮下注射1次。

B. 害获灭注射液:按每千克体重0.2 mg,皮下或肌内注射,1周后可再注射1次。

C. 阿维菌素(1%):按每30 kg体重1 mL,颈部皮下注射。

模块十一

猪的营养代谢性疾病

项目一　新生仔猪低血糖症

新生仔猪低血糖症是指由血糖降低而引起的中枢系统机能障碍的营养代谢病。本病多发生于出生后 1 周内的仔猪。同窝仔猪可大部分或一部分同时发病，全窝仔猪也可同时发病。

1. 病原特点

母乳不足是新生仔猪发生低血糖症的主要原因。饲养管理不当，营养缺乏常导致母猪在分娩后缺乳或无乳，得不到充足乳汁的仔猪会因饥饿而发病。

2. 临床症状

在发病初期，仔猪精神沉郁，停止吸乳，四肢无力，步态不稳；约有半数病猪发生阵发性痉挛症状，头向后仰，倒地四肢作游泳状；感觉迟钝或消失，体表温度及体温均下降。病猪肚体轻度瘫痪，不能负重，卧地不起，四肢软绵任人摆布。在发病后期，仔猪表现出昏迷，体温下降，意识丧失，很快死亡。急性患病的仔猪可在 2 h 之内死亡，也有的急性患病仔猪拖延至 1～2 d 后才死亡。

3. 病理变化

肝脏变化特殊，呈橘黄色，边缘锐利，质地像豆腐，稍碰即破，胆囊肿大；肾盂和输尿管有白色沉淀物；消化道空虚，脱水。

4. 防治方法

(1)预防方法　加强怀孕母猪后期的饲养管理，保证在怀孕期内供给胎儿充足的营养，生产后有充足的乳汁供应，防止仔猪饥饿和寒冷。

(2)治疗方法　腹腔注射 5%葡萄糖溶液 5 mL，可每隔 4～6 h 重复腹腔注射，也可用小胃导管灌服 5%葡萄糖溶液 30～50 mL 或人工喂乳，可交替使用促肾上腺皮质激素和肾上腺皮质激素类药物，以促进糖原异生，血糖升高。

项目二　仔猪缺铁性贫血

仔猪缺铁性贫血是指 2～4 周龄的哺乳仔猪由于机体的铁缺乏或不足引起的造血系统机能紊乱导致的营养性贫血。仔猪缺铁性贫血多发生于冬春季节，可造成一定的死亡。

1. 病原特点

除由血管损伤、破裂引起的失血性贫血外，母猪乳汁或饲料中缺乏铁、铜也可引发仔猪贫血。如果猪舍地面为水泥、木板或石板，则仔猪无法从土壤中摄取铁，只能从母乳中得到很少的铁，这些是无法满足仔猪营养需要。倘若得不到外源性铁，仔猪血红蛋白的含量减少，就会发生缺铁性贫血。

2. 临床症状

仔猪在患病初期膘情尚好，但可视黏膜颜色偏淡，轻度黄染，精神委顿，呼吸及心跳快而弱，运动之后更明显；肌肉无力，皮肤松弛，被毛粗乱，体温不高，食欲减退；有的仔猪出现水肿，下痢等症状。病程长者逐渐消瘦，低头弓背，肚腹卷缩，因极度衰竭而死亡。少数耐过的仔猪生长发育迟滞，抗病力差，易患其他疾病。

3. 防治方法

(1)预防方法

①妊娠母猪的日粮应保证全价营养，供给足够的蛋白质、矿物质和微量元素、维生素，适当增加多汁饲料和青饲料。

②母猪在产前 7 天和产后 20 天添加 0.1%苏氨酸铁，仔猪在 3 日龄时肌内注射右旋糖酐铁 3 mL，有很好的预防效果。

③舍饲的猪在栏内放一些黏土、红土或泥炭土，让仔猪自由采食，可以补充铁质。仔猪必须早补料，从饲料中获得铁的补充。

(2)治疗

①口服铁制剂：治疗本病通常采用铁制剂口服以补充外源铁质，充实体内的铁质贮备。口服的常用制剂有硫酸亚铁、焦磷酸铁、乳酸铁及还原铁等，其中以硫酸亚铁为首选药物。其处方是硫酸亚铁 2.5 g、硫酸铜 1 g、沸水 100 mL、盐酸少许，混合溶解后，纱布过滤，瓶贮备用。然后可将滤液涂在母猪乳头上，让仔猪通过吮乳服下或按每千克体重 0.25 mL 灌服，每天 1 次，连服 7～14 d。

②肌内注射铁制剂：适用于集约化猪场或口服铁制剂反应剧烈以及铁吸收障碍的腹泻仔猪。用右旋糖酐铁注射液 2 mL，深部肌内注射，一次即可。

项目三　仔猪先天性震颤病

仔猪先天性震颤病是仔猪在出生后不久即表现出来的以全身性或局部性的阵发性痉挛为主的疾病，俗称“小猪跳跳病”或“小猪抖抖病”。在临床上，有时仅部分仔猪发生，有时则全窝发生，给养猪业造成一定的经济损失。

1. 病原特点

目前对病原还没有一致的意见，可能是一种先天性疾病。有的认为公猪的品质差是一个重要因素，也有的认为是母猪体质差，而饲料中缺乏蛋白质是一个重要因素。

2. 临床症状

新生仔猪在出生后或在出生后数小时即发生震颤，症状轻重不一，有的仔猪全身一致地、有节奏地震颤，甚至无法站立。当躺卧时，震颤减轻或停止，当再站立时，又出现症状。有的仔猪全身各处震颤程度不一或头、颈部强烈震颤或后躯震颤明显，仔猪被迫呈跳跃状。病情轻的新生仔猪虽全身震颤，但仍可运动，体温、呼吸、脉搏无明显变化，经数日自愈。重者的病程可持续数周。

3. 防治措施

加强公、母猪的饲养管理，对患病仔猪要加强护理，注意防寒保暖，避免外界不良因素的刺激。药物治疗本病往往效果不好，可用维丁胶性钙为每只猪肌内注射 1 mL，每天 1 次，连续 2～3 d。

项目四　仔猪白肌病

仔猪白肌病是指仔猪由于硒元素和维生素 E 缺乏而引起的一种营养代谢障碍性疾病。本病以骨肌、心肌及肝脏的变性坏死为特征。

1. 病原特点

对于仔猪白肌病的病因，多数认为是由硒元素和维生素 E 缺乏所致。土壤和饲料中硒的缺乏与仔猪白肌病的发生密切相关。如果长期饲喂来自缺硒地区的饲料，又缺乏青绿饲料，同时维生素 E 补充不足，仔猪就很容易发生仔猪白肌病。本病主要发生于 7～60 日龄的仔猪，常呈地方性发生。黑龙江省是严重缺硒地区，因此，必须在动物饲料中添加硒。

2. 临床症状

发病的仔猪通常营养良好，体质健壮，但表现出精神沉郁，怕冷，肌肉战栗，常发出嘶哑的尖叫声，喜卧，常钻入垫草内。在患病初期，行走时后躯摇晃或跛行，严重时则后肢瘫痪，站立困难，食欲减退，甚至废绝，心跳、呼吸快而弱，常呈前肢跪下或犬坐姿势，甚至卧地不起，心脏衰弱，最后死亡。急性突然发病的仔猪常来不及治疗而突然死亡。

3. 病理变化

腰、背、臀等肌肉变性，色淡，似煮肉样，灰黄色或黄白色，点状、条状、片状不等，肌肉松弛，横纹肌坏死，松软，心内膜与心外膜下有黄白色或灰白色与肌纤维方向平行的条纹斑，心脏外观呈桑葚状；肝大，淤血，脂肪变性；脑白质软化。

4. 防治措施

(1)预防方法　妊娠母猪要注意饲料合理搭配，添加硒和维生素 E，同时饲喂青绿多汁饲料。泌乳母猪可给予亚硒酸钠 10 mg，混于饲料中喂给，可有效预防哺乳仔猪发病。3 月龄的仔猪可用 0.1%亚硒酸钠注射液，肌内注射 1 mL，有较好的预防作用。

(2)治疗方法　肌内注射 2 mL 0.1%亚硒酸钠注射液，3 d 后再重复注射一次。仔猪按 50～100 mg/头，肌内注射醋酸维生素 E 注射液。

项目五　钙、磷缺乏症

钙、磷缺乏症是指由饲料中钙和磷的缺乏或者二者比例失调引起一种疾病。幼龄猪表现为佝偻病，成年猪则形成骨软病。在临床上，以消化紊乱、异食癖、跛行、骨骼弯曲变形为其特征。

1. 病原特点

如果饲料中缺乏钙与磷，猪吃这种饲料，久而久之，机体就会发生钙、磷缺少。饲料中钙、磷的比例应是 2∶1 或 1∶1。如果钙、磷的比例失去平衡,机体对钙、磷的吸收就会受到影响。维生素 D 不足与日光照射的缺少会妨碍钙、磷的代谢,本病可被诱发。

2. 临床症状

仔猪佝偻病表现出生长发育受阻,食欲减退,有异食现象,喜食泥土、污物,啃咬食槽、墙壁、石块、垫草等,往往消化不良。病猪逐渐出现面骨肿胀,硬腭突出,口腔闭合不严,后肢关节肿大,骨变形,易骨折、瘫痪。

3. 病理变化

病理变化为软骨增生,骨骺增大,黄骨髓呈红色胶胨样,关节面溃疡。成猪骨软症在妊娠后期的母猪和泌乳中后期的母猪中最为常见。病猪表现出后躯麻痹,跛行,行动强拘,头部肿大,骨质松软,易发生骨折和肌腱附着部撕脱,尤其盆骨、股骨、腰基部椎骨等易骨折。

4. 诊断

佝偻病和骨软症可根据动物的年龄、饲养管理条件、症状和治疗效果做出诊断。必要时可结合血液学检查、X 光检查以及饲料分析来帮助确诊。

5. 治疗措施

(1)预防方法　保证日粮中钙、磷和维生素 D 的含量,合理调配日粮中钙、磷的比例。改善妊娠母猪、哺乳母猪和仔猪的饲养管理,饲喂钙、磷和维生素 D 充足的饲料,如青绿饲料、骨粉、蛋壳粉等。猪圈通风应良好,扩大光照面积,让猪只有充足的阳光照射,促进维生素 D 的转化。

(2)治疗方法　对发病的仔猪按每千克体重 0.2 mg 维丁胶性钙注射液,肌内注射,隔 1 天注射 1 次。对发病的成年猪可用 10%葡萄糖酸钙注射液 50～100 mL,静脉注射,每天 1 次,连用 3 d。同时,口服浓鱼肝油,早晚各 1 粒,连服 3 d。用 2～5 g 磷酸钙拌料喂给,每天 2 次。

项目六　异食癖

异食癖是指由代谢机能紊乱、味觉异常所致的种种疾病的综合征。其临床表现以到处舔食、啃咬为特征。

1. 病原特点

通常认为本病是由一些矿物质、维生素的不足,某些蛋白质和氨基酸缺乏以及体内碱性物质消耗过多而引起的。矿物质缺乏的主要原因是饲料中的钠盐不足或钾盐过多或饲料钙、磷的比例不当或维生素的缺乏。其中 B 族维生素的缺乏、某些疾病(佝偻病、骨软症、慢性消化不良、寄生虫病)、饲喂精料或酸性饲料过多等都可引发异食癖。研究认为,饲料过细、纤维不足是其主要原因。

2. 临床症状

幼猪喜啃泥土、墙壁、食槽、砖瓦块、鸡屎或有咸味的异物。病猪表现出消化不良,渐渐消瘦,贫血,初期便秘,后期下痢或便秘、下痢交替出现,食欲降低,生长不良。育成猪表现出相互啃咬对方耳朵、尾巴,喝血,可发生因相互攻击所致的外伤。母猪一般在产后吃食胎衣,咬食仔猪等。病猪表现出胆小怕惊,被毛粗乱。个别病猪的体温增高,脉搏加速,泌乳减少,弓背,磨牙,逐渐消瘦、衰弱,最后死亡。

3. 防治措施

①加强饲养管理,改善饲料配比给予全价日粮。多喂青贮料或青草,补饲维生素饲料,如麦芽、酵母等。

②若诊断为软骨症或佝偻病,应在饲料中加入骨粉、碳酸钙和维生素 A、维生素 D 等。

③兽用生长素含铜、铁、锰、钴等多种微量元素,根据说明书给予。

④对患有单纯性异食癖的病猪可试用碳酸氢钠、食盐、人工盐,剂量为每头猪 10～20 g,也可用草木灰,按每千克体重 50～100 g,给予治疗。

模块十二

猪的常见内科病

项目一　猪消化不良

猪消化不良是指由于消化器官机能受到扰乱或障碍，胃肠消化吸收功能减退，食欲减少或停止。

1. 病原特点

多是由饲养不当，时饱时饥，突然变换饲料或喂给霉烂变质和粗硬、过凉的饲料；长途运输、过度疲劳等引起的消化不良症状。

2. 临床症状

病猪表现出精神不振，食欲减退，异嗜、喜饮水等症状，体温多正常。有的病猪表现出呕吐，吐出物酸臭，有厚舌苔，为灰白色，口臭，腹痛，腹胀粪便干硬，有时腹泻，混有未消化的饲料，粪恶臭。有的病猪眼结膜可见有不同程度的发黄。患慢性消化不良的病猪则日渐消瘦。

3. 防治方法

(1)预防方法　合理调配饲料，改进饲养管理，定时、定量、定食温；饮食应注意卫生，不喂发霉变质的饲料。幼猪不喂含粗纤维较高的饲料，防止受寒。病猪给予易消化的饲料。

(2)治疗方法　清肠制酵，调整胃肠机能。

①服泻剂：适用于排粪干燥的猪。可选用硫酸镁或人工盐 30～100 g，加水适量内服，每天 1 次。

②消化止泻：适用于剧泻或久泻的病猪。可按每千克体重施用磺胺脒 0.1～0.3 g、呋喃唑酮 0.007～0.01 g。

③助消化：通常在清理胃肠后选用健胃散或人工盐 10～20 g，内服。

项目二　胃溃疡

胃溃疡是成年猪常发生的一种内科疾病。其主要表现为食后呕吐，贫血、消瘦。

1. 病原特点

其主要是由饲料过细造成的。有些养殖户使用的饲料粉碎机筛孔过小，如 1～1.5 目，筛孔尺寸应以 4～6 目为宜。另外，长期大量使用乳清粉喂猪也会造成猪的胃溃疡。

2. 临床症状

病猪呕吐，特别是在进食后更明显，呕吐物呈酸性，往往在呕吐后继续吃食。长期呕吐的猪则会出现营养不良，生长缓慢。

3. 防治措施

(1)预防方法　防止饲料过细，适当添加乳清粉，增加饲料中的粗纤维含量。

(2)治疗方法　口服小苏打，1 d 2 次，每次 5～10 g，连续 3～5 d，还可以使用思迷达口服，用法见药品说明书。

项目三　母猪食欲不振

母猪食欲不振是指母猪于产前 10 天左右开始或产后即发生的食欲不振，甚至食欲废绝。本病是最近 2～3 年常发生的疾病之一，严重影响了仔猪的成活率和健康。

1. 病原特点

(1)病原微生物感染　许多慢性病毒、细菌及其产生的毒素都会引起母猪食欲不振。

(2)饲料营养不平衡　某些维生素缺乏、矿物质缺乏或不平衡。

(3)母猪运动不足　运动不足是目前养猪业常见的通病。因运动不足的母猪胃肠蠕动减弱，造成食欲不振。

(4)饲料品质不良　有些饲料含有霉菌或霉菌毒素。

(5)饲料过细　如果母猪长期食用过细的饲料，消化机能就会紊乱或低下。

(6)饮水量不足　常见于断水、自动饮水器过小，水流过急等。

2. 流行情况

本病一年四季均可发生，没有年龄和次数限制，经常发生于临产前 10 天左右或产后 1～3 d 内。

3. 临床症状

食欲不振或没有食欲，不进食为其主要病症。有时会见母猪运动减少，喜欢躺卧，饮水量也减少，哺乳母猪奶量减少或无乳。体温一般无明显变化。

模块十三

猪的其他常见疾病

项目一　关节炎

猪的关节炎最常发生于腿部和蹄部。其主要原因是细菌感染。不同位置的关节炎的治疗方法基本相同，即长期使用抗生素，如青霉素、链霉素和庆大霉素等。

项目二　产期瘫痪

产期瘫痪是指在母猪分娩前后，突然发生的一种急性、严重的神经疾病，以知觉消失、四肢瘫痪为特征的一种疾病。

1. 病原特点

首先是营养性障碍，母猪缺乏维生素或矿物质；其次是母猪年老、衰弱、饲养管理失调或母猪在怀孕期及在产后的泌乳消耗了大量血钙，而饲料中的钙质不足或甲状腺机能紊乱，钙的吸收发生障碍以及缺乏运动等。运动不足也是导致产期瘫痪很重要的原因。

2. 临床症状

在发病初期，病猪表现出运动障碍，四肢僵硬，弓腰，有时出现踏步动作。个别母猪表现出神经兴奋，盲目乱跑。病程长的病猪即长时间卧地不起，饲喂时虽能挣扎站起，但行走极其困难，强迫行走时，则痛苦嚎叫。有的病猪严重跛行，病重时不能翻身。病猪常伴有消化紊乱，食欲减退，异食癖，粪便干燥等症状。

3. 防治措施

在日粮中掺入1%石粉或粗制碳酸钙及1%食盐，可预防本病。在治疗时，应加强护理，垫草清洁干燥，病重的猪只应每天给其翻身数次，防止褥疮发生。用10%葡萄糖酸钙溶液50～150 mL，静脉注射。投喂缓泻剂，如硫酸钠、硫酸镁，在清除直肠内的宿粪后，用温糖液灌肠。当体质弱、血糖低时，用10%葡萄糖注射液400 mL，加20～40 mL葡萄糖酸钙，混合，一次性静脉注射。

项目三　泌乳不足及无乳

猪发生泌乳不足及无乳较多。本病多在产后立即发生，也有于泌乳中期发生的情况。

1. 病原特点

饲养管理不当，母猪在怀孕和哺乳期间饲喂精料及多汁饲料不足、维生素和矿物质缺乏，可导致泌乳不足。因乳腺炎、胃肠疾病，猪瘟、猪丹毒、口蹄疫等传染病而应用的碘剂、泻剂、雌激素等均可影响泌乳。母猪产后胎衣不下可引发子宫炎、乳腺炎和无乳综合征。

2. 临床症状

仔猪吃乳次数增多，但吃不饱，常追赶母猪吮乳，仔猪因吃不到奶而嘶叫，并且很快消瘦，母猪因疼痛而拒绝哺乳。母猪的乳房皮肤松弛，小而松软，用手挤乳挤不出乳汁或乳汁量很少。

3. 防治措施

(1)预防方法　改善饲养管理，给予全价营养且易消化的饲料，增加青绿多汁饲料，经常按摩乳房或温敷。

(2)治疗方法　体温升高的母猪可肌内注射 10～20 mL 阿尼利定注射液或 10 mL 安乃近注射液。

①胎衣疗法。将猪胎衣用水洗净，煮熟切碎后，加入适量食盐和饲料，分 3 次喂给，催乳效果较好。

②中药疗法。处方一：王不留行 40 g、穿山甲 15 g、白术 15 g、通草 15 g、黄芪 20 g、党参 20 g、当归 20 g、白芍 20 g，煎汤 2 次，一并胃管投服，每天 1 次，连服 2 d。处方二：当归 100 g、木通 50 g、鲜柳树皮 500 g，水煎，与小米混合喂给。

项目四　母猪不孕症

母猪不孕症是指母猪生殖机能发生障碍，以致暂时或永久的不能繁殖后代的病理现象。母猪发生不孕症的原因较多，除生殖器官发育不全外，其主要原因是生殖器官疾病及饲养管理不当。

1. 生殖器官疾病造成的不孕

常见由卵巢和子宫的疾病引起的发情异常，或者导致的精子、卵子或胚胎早期死亡。

(1)病原特点　由饲养不当或内分泌紊乱所引起的卵巢机能减退、卵泡囊肿、持久黄体及宫内膜炎等。有时子宫疾病也可继发卵巢疾病。

(2)诊断　由于生殖器官疾病的性质不同，所表现的症状也有差异。当卵巢机能减退时，发情不定期，发情微弱、延长或发情而不排卵。当卵巢囊肿时，由于分泌过多的卵泡激素，母猪性欲亢进，经常爬跨其他母猪，屡配而不孕。当发生持久黄体时，母猪在较长时间内持续不发情。

(3)防治措施　改善饲养管理，适当增加精料，喂给足够的无机盐和维生素饲料，增加运动和放牧时间，并配合药物治疗，可望收到效果。当卵泡囊肿时，可肌内注射黄体酮 15～25 mg，每天或隔天 1 次，连用 2～7 次，也可肌内注射绒毛膜促进性腺激素 500～1 000 IU 或注射促黄体激素 50～100 IU。在治疗卵巢机能减退造成的不孕时可参照饲养管理不当所造成的不孕。当持久黄体时，可肌内注射前列腺素类似物(PGFla 甲酯)针剂 3～4 mg，也可应用孕马血清进行治疗。

2. 饲养管理不当造成的不孕

在各类不孕中，由于饲养管理不当造成的不孕最为多见。这类不孕往往引起卵巢机能减退及障碍，有时母猪即使发情、交配和受孕，也常常导致少胎。

(1)病原特点　当饲料量不足或饲料中的养分不足，尤其是蛋白质缺乏时，母猪多瘦弱，生殖机能发生障碍。饲料中维生素和无机盐缺乏，精料过多而运动不足易造成母猪肥胖，导致卵巢内脂肪浸润，卵泡上皮脂肪变性，卵泡往往萎缩，导致不发情。饲料品质不良、管理不当等也可引起本病。

(2)诊断　母猪表现出发情不正常、发情不定期、发情期延长或持续发情。有的母猪虽出现发情，但不能排卵，屡配不孕。有的母猪即使发情、受孕，也会造成少胎。有的母猪则不出现发情。为了确定此类不孕的具体原因，必须根据母猪发情及配种、母猪营养状况、饲料种类和饲养管理制度等，分析不孕与饲养管理的关系，最后做出诊断。

(3)防治措施　根据不孕的原因和性质，改善饲料管理是治疗此类不孕的根本性措施。在此基础上，根据具体情况和条件，可选用下列一些方法催情。

①调整母猪营养。如因过肥而不孕，要先减少精料，增加青绿多汁饲料的喂给量。相反，如营养不足，体躯消瘦，性机能减退，则可调节精料比例。

②公猪催情。利用公猪来刺激母猪的生殖机能。通过试情公猪与不孕母猪经常接触以及公猪爬跨等刺激，作用于母猪的神经系统，脑下垂体产生促卵泡成熟素，从而促使母猪发情和排卵。

③按摩乳房。此法不仅能刺激母猪乳腺和生殖器官的发育，而且能促使母猪发情和排卵。其按摩方法可分表面按摩和深层按摩两种。

④隔离仔猪。如果母猪产仔后需要在断乳前提早配种，可将仔猪隔离，隔离 3～5 d 后母猪即能发情。

⑤注射促卵泡素(FSH)。有促使卵泡发育、成熟的作用。对于母猪无卵泡发育、卵泡发育停滞、卵泡萎缩等情况，可肌内注射 5 万～100 万 IU 促卵泡激素。

⑥注射前列腺类似物(PGFla 甲酯)。母猪一次可肌内注射 3 mg，一般于注射后 1～3 d 内出现发情。

⑦注射孕马血清。妊娠后 50～100 d 的母马血中含有大量胎盘所产生的促性腺激素。其主要作用类似促卵泡激素，可促使卵泡发育和排卵，同时还可提高母猪的产仔数。肌内注射孕马血清 200～1 000 U 即可。

⑧注射雌激素制剂。己烯雌酚每次皮下注射 3～10 mg。

项目五　马铃薯中毒

1. 病原特点

马铃薯的嫩绿茎、叶、花、果实(尤其是未成熟果实)及块根幼芽中都含有不同程度的有毒生物碱，即龙葵素。用马铃薯的茎、叶、花、果实及变绿、变质或久贮的马铃薯喂猪极易发生中毒。龙葵素对胃肠黏膜有刺激作用，可引起出血性胃肠炎。龙葵素被血液吸收后可引起溶血，中枢神经系统受到抑制，呼吸中枢及运动中枢麻痹。

2. 临床症状

当轻度中毒时，病猪有下痢、口腔黏膜炎、皮疹等症状；当严重中毒时，病猪表现出四肢无力，走路摇摆或倒地，肌肉痉挛，流涎，呕吐，腹泻、呼吸微弱，喘气，可视黏膜发绀，体温正常或稍低。母猪中毒会发生流产，常在1～2 d内死亡。

3. 病理变化

眼、口、鼻腔黏膜苍白；胃肠黏膜有出血性炎症变化；肝大，暗黄色；肾肿大；尸僵不全，血液凝固不良。

4. 防治措施

（1）预防方法　新鲜的马铃薯嫩叶、茎叶和花蕾不宜喂猪。马铃薯应存放于干燥、凉爽、避光的地方，防止发芽，变绿。已发芽或变绿的马铃薯应切除发绿部分和幼芽，挖去芽眼周围部分，剩下的薯块应用水浸泡30～60 min，进行蒸煮后再饲喂。孕猪尽量不喂。

（2）治疗方法　洗胃或内服1%的硫酸铜溶液50 mL或吐根2～3 g催吐。灌服1%鞣酸液100～200 mL或用黏浆剂、吸附剂灌服以保护胃肠黏膜。强心补液，即用10%安钠咖溶液5～10 mL皮下或肌内注射，或用10%樟脑磺酸钠5～10 mL皮下或肌内注射。对出现湿疹及皮炎的猪可以静脉注射氯化钙溶液，并局部涂擦硫黄水杨酸软膏。

项目六　酒糟中毒

酒糟是酿酒业的副产品，含有丰富的蛋白质和脂肪，具有促进食欲，利于消化等作用。如果贮存过久或贮存方法不当，酒糟喂量过大或饲喂方法不当，均可引起猪中毒。

1. 病原特点

突然饲喂大量酒糟或酒糟贮存不当被猪大量偷吃，在缺乏其他饲料搭配，长期单一饲喂酒糟或饲喂严重腐败变质的酒糟均可引起中毒。

2. 临床症状

当酒糟中毒时，病猪常出现消化系统紊乱，食欲减退甚至废绝，便秘后腹泻。严重时病猪有腹痛表现，气喘，心跳加快，行走摇摆不稳，逐渐失去知觉，卧地不起，常有皮疹，最后体温下降，四肢麻痹，昏迷而死。慢性中毒的猪主要表现为消化不良，黄疸，有时出现血尿、皮炎、腹泻。酒糟中毒的怀孕母猪往往会发生流产。

3. 病理变化

胃肠黏膜充血，直肠出血、水肿，肠系膜淋巴结充血；肺水肿、充血；肝肾肿胀、质脆。

4. 防治措施

（1）预防方法　注意酒糟饲喂用量不宜过多，喂期不宜过长。在饲喂时，酒糟一般应与其他饲料配合饲喂，在日粮中比例不能超过30%。酒糟不宜贮放过久，应注意保管。用不完的酒糟要隔绝空气，压紧存放在饲料缸中。不要用发霉酸败的酒糟喂猪。怀孕、哺乳母猪和公猪不宜喂酒糟，以免引起流产、死胎、弱仔及精子畸形等。如果轻度酸败的酒糟必须使用，就应在其中加入熟石灰粉或清石灰水以中和醋酸，降低毒性。

（2）治疗方法　中毒时，立即停喂酒糟，并用1%碳酸氢钠1 000～2 000 mL灌服或灌肠，同时用盐类泻剂轻泻。为调整血液循环，维护心脏，可肌内注射10%～20%安钠咖5～10 mL，静脉注射葡萄糖生理盐水500 mL。喂给适量豆浆，以保护胃肠黏膜。

项目七　霉玉米中毒

发霉的玉米中含有青霉菌和黄曲霉菌，用其喂猪后，猪易发生中毒和死亡。以走路僵硬、黏膜苍白、异嗜等为其特征。

1. 病原特点

因喂给发霉腐烂的玉米而引起猪只中毒。

2. 临床症状

如果饲喂发霉玉米，在发病前 1～2 d 可见患猪粪干硬，呈黑色之后，出现各种症状。病猪表现出食欲不振，精神沉郁，异嗜，口渴，头低垂，弓腰背，腹部卷缩，可视黏膜黄染，皮肤充血，腹下、四肢有弥漫性暗红色出血，被毛粗乱等情况。随着病情发展，病猪的食欲减少至废绝，后肢无力，步行不稳，可视黏膜苍白，头顶墙站立，呼吸急促心跳加快且弱，体温正常。有的病猪可见神经症状，如间歇性抽搐、共济失调，角弓反张，迅速死亡，有的病猪于 2～3 d 后死亡。

3. 病理变化

剖检可见全身黄疸，肝质脆肿大呈苍白或淡黄色；胆囊皱缩，胆汁浓缩呈油状，囊壁有时水肿增厚；胃肠黏膜呈不同程度水肿、出血；心内外膜出血，胸腔、腹腔和心包腔内积有清亮带黄白色的渗出液；肺有不同程度的气肿；膀胱黏膜充血或出血；全身黏膜、皮下、肌肉内均有出血点与出血斑。脾脏通常正常。

4. 防治措施

(1)预防方法　妥善保管玉米，防止玉米发霉，不用霉变玉米喂猪。如果发现中毒，应立即停喂霉烂玉米，喂给青嫩、易于消化的饲料。轻度发霉的玉米在用作饲料前应进行去毒处理。其方法为将有霉玉米加工成粉末，放入缸内或水桶中，加 3～4 倍清水，充分搅拌，静置 12 h，除去上清液，再加清水，如此反复几次，即可喂猪。在霉玉米中加入 1%～2%的石灰，磨成粉，加清水浸泡，静置，除去上清液，一天换 3 次水，沉淀物可作猪饲料。

(2)治疗方法　内服盐类泻剂硫酸钠 50 g。5%葡萄糖生理盐水 200～500 mL，一次性耳静脉注射或腹腔注射。肌内注射 10%安钠咖 5～10 mL 等强心剂。静脉注射 40%乌洛托品注射液 20 mL。发生痉挛的病猪可用 25%硫酸镁溶液 50～100 mL 或氯丙嗪 0.25～0.4 g，肌内注射或静脉注射含氯醛或安溴的注射液。

项目八　食盐中毒

猪食入过量的食盐可引起急性中毒症状。

1. 病原特点

发生中毒的原因多是喂酱渣、臭咸鱼、烂咸菜或咸鱼粉等含盐量多的饲料或直接摄入大量食盐或配料中的食盐比例过高，盐块混合不均匀等。猪的食盐中毒的致死量为 100～250 g。

2. 临床症状

当猪患急性食盐中毒时，不常波及消化道。其主要表现在神经系统，即病猪衰弱，肌肉震颤，衰竭，阵发性惊厥，昏迷，躺卧，四肢呈游泳动作，瞳孔散大，可在 2 d 内虚脱而死。当猪患食盐慢性中毒时，病猪表现出便秘、口渴，在吃食盐后 2～4 d，皮肤开始发痒，随后 12～24 h 内出现特征性神经症状。病初,患猪有明显视觉和听觉的机能障碍,对刺激反应淡漠,兴奋不安,盲目行走,或向前直冲,将头抵在障碍物上;空口咀嚼,流出白沫,体温正常;有时卧倒,头颈痉挛,头向后仰,四肢表现游泳样划动。严重的病猪癫痫发作,后躯麻痹,呼吸困难,心跳加速,昏迷而死亡。病程不定,可在发病后几小时或不到 3～4 d 即死亡。

3. 防治措施

(1)预防方法　严格控制食盐的用量。不要长期或大量饲喂含盐成分多的物质。在饲料中补充食盐一定要按规定给予(大猪每天约 15 g、中猪 10 g、小猪 5 g 左右)。避免猪只自行大量吞食食盐,保证充足的饮水。

(2)治疗方法　发现中毒后,立即停喂食盐及咸水,应少量多次给予新鲜的饮水,同时在耳尖、尾尖放血。选用以下治疗方法:内服油类泻剂,催吐可用 1%硫酸铜溶液。为调节离子平衡可以静脉注射 5%葡萄糖酸钙 200～400 mL 或 10%氯化钙。为缓解脑水肿,降低颅内压,可以腹腔注射或静脉注射 25%山梨醇或高掺糖盐水。为缓和兴奋和痉挛可用硫酸镁或溴化物等镇静解痉药。为促进钠离子排泄可用氢氯噻嗪利尿剂 50 mg,同时配合用溴化钾 5～10 g,以补充利尿时钾离子的丢失。当心脏衰弱时,可皮下注射 10%安钠咖 5～10 mL。

参考文献

[1]吴学军．猪生产技术．北京:北京师范大学出版社,2011.

[2]王燕丽,李军．猪生产．北京:化学工业出版社,2009.

[3]杨公社．猪生产学．北京:中国农业出版社,2012.

[4]李宝林．猪生产．北京:中国农业出版社,2001.

[5]李立山,张周．养猪与猪病防治．北京:中国农业出版社,2006.

[6]王爱国．现代实用养猪技术.2版．北京:中国农业出版社,2006.

[7]张周．家畜繁殖.2版．北京:中国农业出版社,2001.

[8]李炳坦,赵书广．养猪生产技术手册．北京:中国农业出版社,2004.

[9]车有权．养猪和猪病防治．哈尔滨:黑龙江人民出版社,2007.

[10]李和国．猪的生产与经营．北京:中国农业出版社,2001.

[11]刘清海,梁铁强．新编实用科学养猪．哈尔滨:黑龙江科学技术出版社,1998.